AF571071

EUL
VERLAG

# Die Internationalisierung der Produktentwicklung unter Berücksichtigung interkultureller Herausforderungen in China

**Dipl.-Kfm. Martin Schollmayer**

Vollständiger Abdruck der von der Fakultät für Wirtschafts- und Organisationswissenschaften der Universität der Bundeswehr München zur Erlangung des akademischen Grades eines

Doktors der Wirtschafts- und Sozialwissenschaften (Dr. rer. pol.)

genehmigten Dissertation.

Gutachterin/Gutachter:

1. Univ.-Prof. Dr.-Ing. habil. Dr. mont. Eva-Maria Kern
2. Univ.-Prof. Dr. Stephan Kaiser

Die Dissertation wurde am 17. Juni 2015 bei der Universität der Bundeswehr München eingereicht und durch die Fakultät für Wirtschafts- und Organisationswissenschaften am 5. Oktober 2015 angenommen. Die mündliche Prüfung fand am 18. November 2015 statt.

Reihe: Wissens-, Qualitäts- und Prozessmanagement · Band 3
Herausgegeben von Univ.-Prof. Dr.-Ing. habil. Dr. mont. Eva-Maria Kern, MBA, München

Dr. Martin Schollmayer

# Die Internationalisierung der Produktentwicklung unter Berücksichtigung interkultureller Herausforderungen in China

Mit einem Geleitwort von Univ.-Prof. Dr.-Ing. habil. Dr. mont. Eva-Maria Kern, MBA, Universität der Bundeswehr München

**Bibliographische Information der Deutschen Bibliothek**

Die Deutsche Bibliothek verzeichnet diese Publikation in der Deutschen Nationalbibliothek; detaillierte bibliographische Daten sind im Internet über <http://dnb.ddb.de> abrufbar.

**Dissertation, Universität der Bundeswehr München, 2015**

ISBN 978-3-8441-0443-1
1. Auflage Februar 2016



JOSEF EUL VERLAG GmbH
Brandsberg 6
D-53797 Lohmar
Tel.: +49 (0) 22 05 / 90 10 6-6
Fax: +49 (0) 22 05 / 90 10 6-88
http://www.eul-verlag.de
info@eul-verlag.de

**Bei der Herstellung unserer Bücher möchten wir die Umwelt schonen. Dieses Buch ist daher auf säurefreiem, 100% chlorfrei gebleichtem, alterungsbeständigem Papier nach DIN 6738 gedruckt.**

# Geleitwort

Der chinesische Markt hat großes Potential: aufgrund der von der chinesischen Regierung geschaffenen Rahmenbedingungen haben deutsche Unternehmen Produktentwicklungskompetenzen in China aufgebaut bzw. sind dabei, dieses zu tun. Dabei ist zu beachten, dass Produktentwicklung ein wissensintensiver Prozess ist, bei dem der Mensch als kreativer, kooperativer Problemlöser eine wesentliche Rolle spielt. Die Herausforderung der kulturellen Distanz zwischen Deutschen und Chinesen muss daher bei der Gestaltung der Produktentwicklung besonders adressiert werden.

Hier setzt nun die vorliegende Dissertation von Martin Schollmayer an. Sein Forschungsziel ist es, Gestaltungsempfehlungen für die Anpassung der Arbeitsabläufe bzw. Entwicklungsprozesse in einer internationalen deutsch-chinesischen Produktentwicklung zu erarbeiten, um dadurch die interkulturellen Herausforderungen in der Zusammenarbeit zwischen Deutschen und Chinesen zu bewältigen. Auf Basis einer umfangreichen Literaturrecherche und -analyse leitet Herr Schollmayer sehr systematisch interkulturelle Barrieren ab und untersucht empirisch am Beispiel der Automobilindustrie, ob bzw. in welcher Ausprägung diese Barrieren im Kontext der Produktentwicklung zu beobachten sind. Aufgrund seiner beruflichen Tätigkeit in der Automobilindustrie war der Feldzugang des Verfassers hervorragend; mit den durchgeführten Experteninterviews konnte eine beachtliche Datenbasis geschaffen werden. Aufbauend auf den gewonnenen Erkenntnissen ist es Herrn Schollmayer, der die vorliegende Dissertation als externer Doktorand an meinem Lehrstuhl verfasst hat, gelungen, wissenschaftlich fundierte, aber dennoch auch praktisch umsetzbare Handlungsempfehlungen zu formulieren, die dazu beitragen können, die interkulturelle kooperative Produktentwicklung reibungsfreier zu gestalten.

Ich freue mich daher, diese Arbeit als dritten Band in meine Schriftenreihe „Wissens-, Qualitäts- und Prozessmanagement" aufnehmen zu können und wünsche dem vorliegenden Werk viele interessierte Leser aus Wissenschaft und Praxis!

Neubiberg, im Jänner 2016 Univ.-Prof. Dr.-Ing. habil. Dr. mont. Eva-Maria Kern, MBA

# Vorwort

Die vorliegende Arbeit entstand während meiner Tätigkeit bei der BMW Group im Bereich Prozessmanagement für die Fahrzeugentwicklung. Zunächst als Doktorand und im Anschluss daran als Mitarbeiter konnte ich die Möglichkeit nutzen, ein Projekt zum Aufbau eines Entwicklungszentrums in China zu begleiten. Das Mitwirken in diesem Projekt war eine spannende Aufgabe, in der ich mich persönlich und fachlich-inhaltlich sehr wohlgefühlt habe. Die interessanten Erkenntnisse aus der täglichen Arbeit waren gleichzeitig fruchtbarer Input für mein Dissertationsvorhaben. An dieser Stelle möchte ich mich bei allen Projektteilnehmern für die offene Zusammenarbeit bedanken.

Ein großer Dank gilt Frau Professor Kern für das Interesse an meiner Fragestellung und die wissenschaftliche Begleitung meiner Promotion. Eine Doktorarbeit in der Industrie zu verfassen, ist ein Spagat für Professor und Doktorand, aber die flexible und strukturierende Betreuung hat mir sehr geholfen, diesen Weg erfolgreich zu beschreiten. Danke für die offenen und kritischen Diskussionen an diversen Montagabenden, die durch den Konsum von Süßigkeiten zwar angenehmer wurden, aber dem Vortragenden unverblümt die Schwierigkeiten in seiner Arbeit offenlegten. Ich habe diese direkte und zielgerichtete Betretung durchweg als sehr hilfreiche und konstruktive Unterstützung empfunden und bedanke mich dafür sehr herzlich.

Ein besonders großes Dankschön möchte ich auch an meinen Betreuer bei BMW richten, Hauke Helling. Mit viel Geduld hast du meine Arbeit über die Jahre begleitet, mir mit guten Ratschlägen zur Seite gestanden, durch kreative Impulse neue Denkanstöße gegeben und meine Motivation auch in stressigen Zeiten gefördert. Unsere Diskussionen haben nicht nur dazu beigetragen, meine Arbeit thematisch voranzubringen, sondern ich habe sie auch als persönliche Weiterentwicklung empfunden. Vielen Dank.

Eine Doktorarbeit ist nur mit dem entsprechenden Umfeld möglich. Daher gilt mein Dank auch meinem Team, mit dem ich zu jeder Zeit viel Spaß bei der Arbeit hatte und das mir in schwierigen Phasen den Rücken frei gehalten hat. Vielen Dank an meine Vorgesetzten Jens Meyer und Paul-Karl Gilke, die meine Forschungsarbeit unterstützt und mir den notwendigen Freiraum eingeräumt haben. Ebenso bedanke ich mich bei meiner Kollegin und Mit-Doktorandin Corrina Schaffer sowie den studentischen Unterstützern für das kritische

Sparring, die tatkräftige Unterstützung bei einigen Fleißarbeiten und die Hilfe bei den Korrekturen.

Ich möchte mich weiterhin bei allen Interviewpartnern bedanken, die an meiner empirischen Untersuchung teilgenommen haben. Vielen Dank an die Kollegen von BMW, aber auch die Gesprächspartner aus den anderen deutschen Premiumautomobilherstellern. Durch Ihre offenen Erzählungen ist der empirische Teil entstanden und hat spannende, neue Erkenntnisse für meine Arbeit geliefert. Danke für Ihre Teilnahme und dem entgegengebrachten Vertrauen.

Zu guter Letzt gebührt auch meinen Eltern ein großer Dank, die mir zu jeder Zeit mit familiärer Fürsorge beigestanden haben, um den teils volatilen Seelenzustand eines Promotionskandidaten stets aufzuheitern. Meinen bisherigen Werdegang inklusive dem erfolgreichen Abschluss von Schule, Studium und Promotion verdanke ich ganz wesentlich eurer unentwegten, liebevollen Unterstützung. Vielen Dank.

München, im November 2015 Martin Schollmayer

# Inhaltsverzeichnis

# Abbildungsverzeichnis

# Tabellenverzeichnis

# Abkürzungsverzeichnis

| | |
|---|---|
| BPM | Business Process Management |
| BPR | Business Process Reengineering |
| E / E | Elektrik / Elektronik |
| F&E | Forschung und Entwicklung |
| GPM | Geschäftsprozessmanagement |
| IDV | Individualism vs. Collectivism |
| IND | Indulgence vs. Restraint |
| IuK | Information und Kommunikation |
| JV | Joint Venture |
| KPI | Key performance indicator |
| LTO | Long-Term Orientation |
| MAS | Masculinity vs. Femininity |
| OEM | Original Equipment Manufacturer |
| PDI | Power Distance Index |
| PLZ | Produktlebenszyklus |
| PSV | Prozesssteuerungsverantwortlicher |
| PUV | Prozessumsetzungsverantwortlicher |
| UAI | Uncertainty Avoidance Index |

# 1 Einleitung

Die industrielle Forschung und Entwicklung wird seit den 80er Jahren zunehmend internationalisiert.[1] Dies wird durch unterschiedliche Potentiale motiviert, die durch eine Internationalisierung realisiert werden können. Zum einen wird das Ziel verfolgt, das Marktpotential besser auszuschöpfen, indem durch eine lokale Entwicklung im Zielmarkt ein besseres Verständnis von Markt- und Kundenanforderungen erzeugt wird und somit attraktivere, am lokalen Kunden orientierte Produkte entwickelt werden.[2] Zum anderen wird durch die Internationalisierung die Realisierung von Ressourcenpotentialen angestrebt: Es wird Zugang zu neuem Wissen und neuen Technologien ermöglicht. Ein weiteres Motiv sind politisch-gesellschaftliche Potentiale. Durch eine lokale Produktentwicklung werden staatliche Restriktionen vermieden bzw. Förderungen im Zielland erlangt und eine erhöhte gesellschaftliche Akzeptanz erreicht. In der Praxis ist die Größe des lokalen Absatzmarkts der dominierende Faktor für die Internationalisierung der Produktentwicklung. Je größer der Absatzmarkt, desto stärker wirken die Potentiale einer kundenorientierten Entwicklung und desto wichtiger ist die Erfüllung staatlicher Auflagen.[3]

## 1.1 Internationale Produktentwicklung in China

China ist seit Mitte der 90er Jahre eines der Hauptzielländer für den Aufbau internationaler Entwicklungszentren.[4] Der wesentliche Grund hierfür ist das große Potential des chinesischen Absatzmarkts. Zudem forciert die chinesische Regierung die Lokalisierung von internationaler Produktentwicklung durch das Prinzip *Technologie für Marktzugang*. Richtlinien schreiben den Aufbau von Entwicklungseinheiten und den Transfer von Technologie durch die internationalen Unternehmen vor. Die Erfüllung der Auflagen hat eine bevorzugte Behandlung durch die Behörden zur Folge, bspw. durch erleichterte Lizenzvergabe oder Steuervergünstigungen.[5] Darüber hinaus schafft die chinesische Regierung attraktive Umfeldbedingungen und verbessert somit die Ressourcenpotentiale, z. B. werden hohe Investitionen in die Universitäten getätigt.[6]

---

1 Vgl. Gammeltoft (2006), S. 1.

2 Vgl. v. Zedtwitz und Gassmann (2002), S: 578 ff.; Gassmann (1997), S. 64 ff., 99.

3 Vgl. Gassmann (1997), S. 64 ff., 99; Sun (2010), S. 358 ff.

4 Vgl. v. Zedtwitz (2004), S. 439 ff.; v. Zedtwitz et al. (2007), S. 20 ff.; Li und Zhong (2003), S. 24 ff.

5 Vgl. v. Zedtwitz et al.(2007), S. 22; Liu (2008), S. 38; Taube (2004), S. 31 f.

6 Vgl. Bielinski (2010), S. 61 ff.

Zahlreiche internationale Unternehmen haben daher Produktentwicklungskompetenzen in China aufgebaut oder sind im Aufbauprozess.[7] Lag der Schwerpunkt der lokalen Entwicklungsaktivitäten zunächst auf der Anpassung und Weiterentwicklung bestehender Produkte für den chinesischen Markt, ist in den letzten zehn Jahren jedoch ein deutlicher Zuwachs des Entwicklungs- und Verantwortungsumfangs der internationalen Entwicklungseinheiten in China festzustellen.[8]

Im Rahmen der Internationalisierung von Forschung und Entwicklung entstehen aber auch Herausforderungen.[9] Im Fall China ist für deutsche Unternehmen die kulturelle Distanz eine große Herausforderung bei der Internationalisierung der Produktentwicklung. An den internationalen Entwicklungsstandorten in China arbeiten typischerweise lokale chinesische Mitarbeiter mit aus dem Stammsitz der Entwicklung entsendeten deutschen Mitarbeitern zusammen. Aufgrund der unterschiedlichen, kulturell geprägten Arbeits- und Verhaltensweisen kommt es zu einer erhöhten Komplexität und zu Problemen in der Zusammenarbeit, die Reibungsverluste zur Folge haben.[10] Es ist davon auszugehen, dass der Einfluss dieser interkulturellen Herausforderungen in der Produktentwicklung besonders tiefgreifend ist, weil es sich um eine sehr arbeitsintensive Disziplin handelt, d. h. der Faktor Mensch eine hervorgehobene Rolle spielt. Dies gilt vor allem für die Entwicklung von komplexen technischen Produkten mit hohem Innovationsgrad, weil verschiedene Fachbereiche intensiv zusammenarbeiten müssen. Aus Sicht des Autors existiert ein Defizit bei der Bewältigung der Kulturunterschiede, die über die Maßnahmen des interkulturellen Trainings[11] hinausgehen. Diese Maßnahmen haben ausschließlich eine individuelle Wirkung auf die trainierte Person. Es existiert jedoch ein Bedarf für strukturelle Lösungen zur Bewältigung interkultureller Herausforderungen bei der deutsch-chinesischen Zusammenarbeit.[12]

---

7 Vgl. Sun et al. (2007). S. 312; Boutellier et. al (2008), S. 61 ff.; v. Zedtzwitz et al. (2007), S. 20 ff.

8 Vgl. Boutellier et. al (2008), S. 61 ff.; v. Zedtwitz et al. (2007), S. 20 ff.; Bielinski (2010), S. 110 ff.

9 Vgl. Hansen und Ahmed-Kristensen (2011), S. 213 f.; v. Zedtwitz et al. (2007), S. 22 ff.; Gassmann und Han (2004), S. 431.

10 Vgl. Boutellier et. al (2008), S. 68; v. Zedtwitz (2004), S. 446 ff.

11 Das interkulturelle Training dient zur Vermittlung der Inahlte des interkulturellen Managements (Vgl. Rothlauf, 2012) und bereitet die Mitarbeiter auf das Aufeinandertreffen mit einer fremden Kultur sowie den sensiblen Umgang mit Menschen aus einem anderen Kulturkreis vor.

12 Vgl. Grabowski et al. (2003a), S. 10; Hofstede et al. (2010), S. 406.

## 1.2 Forschungsziel der Arbeit

Das Ziel der vorliegenden Arbeit ist es, Gestaltungsempfehlungen für die Anpassung der Arbeitsabläufe bzw. Entwicklungsprozesse in einer internationalen deutsch-chinesischen Produktentwicklung zu erarbeiten, um dadurch die interkulturellen Herausforderungen in der Zusammenarbeit zwischen Deutschen und Chinesen zu bewältigen. Die zentrale Frage ist dabei, wie sich die kulturellen Unterschiede zwischen Deutschland und China auf eine gemeinsame Produktentwicklung auswirken und wie die kulturell unterschiedlichen Arbeitsweisen bei der Prozessgestaltung berücksichtigt werden können.

Um dieses Ziel zu erreichen, wird zunächst die Wirkung von Kultur auf die Produktentwicklung aufgezeigt. Es wird eine theoretische Analyse der interkulturellen Herausforderungen in einer deutsch-chinesischen Zusammenarbeit durchgeführt. Auf Basis dieser theoriegestützten Erkenntnisse werden die interkulturellen Herausforderungen einer deutsch-chinesischen Zusammenarbeit in der Produktentwicklung und die Konsequenzen für den Produktentwicklungsprozess abgeleitet. Diese Ableitungen aus der Theorie werden im Rahmen einer empirischen Studie in der Praxis der internationalen deutsch-chinesischen Produktentwicklung verifiziert. Auf Basis der empirisch belegten Erkenntnisse werden Gestaltungsempfehlungen zur Anpassung der Entwicklungsprozesse formuliert sowie konkrete Handlungsanweisungen und Beispiele für die Anpassung von Entwicklungsprozessen gegeben.

Im Laufe der Arbeit werden folgende Forschungsfragen beantwortet:

1. **Welche Herausforderungen entstehen bei der gemeinsamen Produktentwicklung bedingt durch die kulturellen Unterschiede zwischen Deutschen und Chinesen?**

2. **Welche Prozesse eignen sich im Hinblick auf die kulturbedingte Prägung von chinesischen Mitarbeitern besonders gut bzw. besonders schlecht für die Verlagerung nach China?**

3. **Wie ist bei der Gestaltung von Prozessen der Produktentwicklung die Interkulturalität im deutsch-chinesischen Umfeld zu berücksichtigen?**

4. **Welche Gestaltungempfehlungen für die Produktentwicklungsprozesse können unter Berücksichtigung der Interkulturalität im deutsch-chinesischen Umfeld gegeben werden?**

Die Umsetzung der Maßnahmen wird im Rahmen dieser Arbeit jedoch nicht vorgenommen. Einerseits ist die Isolierung und Erfassung der Effekte von Prozessveränderungen im Rahmen der Produktentwicklung nur bedingt beobachtbar und mit hohem Aufwand verbunden. Andererseits kann eine vollständige Erkenntnis erst durch Betrachtung des kompletten Produktlebenszyklus gewonnen werden. Eine Umsetzung der Konzepte hätte den Zeitrahmen dieser Arbeit überschritten und ist daher Gegenstand zukünftiger Forschung.

## 1.3 Abgrenzung des Untersuchungsgegenstands

Aus der oben dargestellten Motivation für die Fragestellung in der vorliegenden Arbeit (Kapitel 1.1) leitet sich folgende Abgrenzung des Untersuchungsgegenstands ab:

- Es wird die internationale Produktentwicklung zwischen Deutschen und Chinesen betrachtet.
- Es wird der Einflussfaktor Kultur und die Herausforderung der Zusammenarbeit aufgrund des unterschiedlichen kulturellen Hintergrunds der deutschen und chinesischen Mitarbeiter untersucht.
- Es wird die Produktentwicklung von technischen Produkten in Industrieunternehmen betrachtet. Aufgrund der besonderen Charakteristika und Anforderungen an die Entwicklung technischer Produkte hat der Faktor Kultur eine hohe Relevanz.

Um eine Fokussierung der Untersuchung bei Wahrung einer hohen praktischen Relevanz zu ermöglichen, wird folgende weitere Abgrenzung vorgenommen:

- Es wird eine Internationalisierung der Produktentwicklung aus deutscher Sicht betrachtet, d. h. die Untersuchung bezieht sich auf deutsche Unternehmen, die einen Entwicklungsstandort in China betreiben. Deutschland ist in der Praxis eines der führenden Länder bei der Internationalisierung von Entwicklung nach China. [13]
- Es wird davon ausgegangen, dass an diesem Standort sowohl entsendete deutsche Mitarbeiter (Expatriates[14]) als auch lokale chinesische Mitarbeiter zusammen in einem Projekt arbeiten.[15]

---

[13] Vgl. Li und Zhong (2003), S. 106.

[14] Expatriates sind Stammhausdelegierte, die aus der Zentrale für eine gewisse Zeit (ca. 3-5 Jahre) entsendet werden.

[15] Vgl Boutelliert et al. (2008), S. 68; v. Zedtwitz (2004), S. 446 f.

Die empirische Untersuchung der interkulturellen Herausforderungen in der Praxis einer deutsch-chinesischen Produktentwicklung wird anhand der Automobilindustrie durchgeführt. Die Automobilindustrie wurde aus den folgenden Gründen für die empirische Studie ausgewählt:

- Der chinesische Automobilmarkt wächst stark und ist inzwischen der größte Absatzmarkt für Neufahrzeugverkäufe. Die deutsche Automobilindustrie ist daher eine sehr aktive Branche bei der Internationalisierung der Produktentwicklung nach China.[16]
- Die Produktentwicklung in der Automobilindustrie wird stellvertretend für die Entwicklung technischer Produkte betrachtet.
- Es bestand im Rahmen der vorliegenden Arbeit ein guter Feldzugang für die Datenerhebung im Bereich der internationalen Produktentwicklung deutscher Automobilkonzerne in China.

Aus den empirischen Erkenntnissen über die interkulturellen Herausforderungen, die am Beispiel der Produktentwicklung im Automobilbereich erhoben werden, werden Rückschlüsse für allgemein gültige Gestaltungsempfehlungen für die Prozesse zur Entwicklung technischer Produkte gezogen.

Die Gestaltungsempfehlungen adressieren die Anpassung der bestehenden Arbeitsabläufe und Entwicklungsprozesse der Produktentwicklung, die aus Deutschland übernommen und im Rahmen der Internationalisierung nach China transferiert werden. Der Transfer der Prozesse ist grundsätzlich zielführend, weil es sich zum einen um erprobte Prozesse aus der Produktentwicklung in Deutschland handelt. Zum anderen werden die chinesischen Standorte meist in ein bestehendes Netzwerk eingebunden und die Schnittstellen können bei gleichartigen Prozessen an beiden Standorten besser abgestimmt werden.[17] Die standortübergreifenden Prozesse zur Interaktion im Entwicklungsnetzwerk sind jedoch nicht Gegenstand dieser Arbeit.

---

[16] Vgl. Lange und Weber (2009), S. 89; Bielinski (2010), S. 84 ff.; Thoma und O'Sullivan (2011), S. 216 ff.
[17] Vgl. Hofstede (2001), S. 374 f.; Hofstede et al. (2010), S. 406; Kostova (1999), S. 308 ff.

## 1.4 Vorgehensweise und Aufbau der Arbeit

In **Kapitel 1** wird die Problemstellung dargelegt sowie die Motivation für die Fragestellung und das Forschungsziel erläutert. Der Untersuchungsgegenstand wird abgegrenzt und die weitere Vorgehensweise aufgezeigt.

Zu Beginn der Untersuchung werden in den beiden folgenden Kapiteln die theoretischen Grundlagen erläutert, die für das Verständnis der Problemdarstellung relevant sind. In **Kapitel 2** werden die Grundlagen der Produktentwicklung, der Internationalisierung der Produktentwicklung und die Bedeutung von Prozessen in der Produktentwicklung erläutert. Ein Fokus wird auf die charakteristischen Besonderheiten der Produktentwicklung im Vergleich zu anderen Prozessen der Wertschöpfungskette gelegt. In **Kapitel 3** werden die Kultur und ihre Wirkungsweise als gesellschaftliches Phänomen dargelegt. Es werden die deutsche und die chinesische Kultur anhand eines Kulturmodells verglichen und die wesentlichen Unterschiede herausgearbeitet. Auf Basis dieser Erkenntnisse werden die kulturbedingten Probleme einer deutsch-chinesischen Zusammenarbeit bei industriellen Aktivitäten analysiert.

In **Kapitel 4** wird ein Überblick zum aktuellen Stand der Forschung gegeben. Es wird dazu die Literatur analysiert, die eine Kombination der beiden grundlegenden Themenfelder Produktentwicklung und kulturelle Unterschiede betrachtet. Die Betrachtung umfasst die Internationalisierung der Produktentwicklung nach China sowie die Wirkung von Kultur auf die Produktentwicklung und die Relevanz von Kultur bei der Prozessgestaltung bzw. die kulturspezifische Anpassung von Prozessen. Es wird schrittweise die Forschungslücke aufgezeigt.

Aufbauend auf dem aktuellen Stand der Forschung, werden in **Kapitel 5** die Erkenntnisse aus den Grundlagenkapiteln in Beziehung gesetzt: Es werden die herausgearbeiteten interkulturellen Probleme in der deutsch-chinesischen Zusammenarbeit auf die charakteristischen Besonderheiten der Produktentwicklung projiziert und die interkulturellen Herausforderungen sowie die damit verbundenen Risiken für eine deutsch-chinesische Produktentwicklung theoretisch abgeleitet.

In der empirischen Untersuchung in **Kapitel 6** werden die theoretisch hergeleiteten interkulturellen Herausforderungen am Beispiel der Automobilindustrie untersucht. Dabei wird das Auftreten der Herausforderungen analysiert sowie weitere interkulturelle Herausforderungen herausgearbeitet. Die Konsequenzen für die Produktentwicklung werden abgeleitet. Im Rahmen der Studie werden entsendete Mitarbeiter von Entwicklungseinheiten deutscher OEM (Original Equipment Manufacturer) in China in Form von semistrukturierten Interviews befragt. Die Datenauswertung erfolgt in Anlehnung an die qualitative Inhaltsanalyse nach Mayring.

In **Kapitel 7** wird auf Basis der Erkenntnisse über die Auswirkung von kulturellen Unterschieden auf die deutsch-chinesische Produktentwicklung dargestellt, anhand welcher Ausprägung von Prozesseigenschaften die Eignung eines Entwicklungsprozesses zur Durchführung in einer deutsch-chinesischen Produktentwicklung beschrieben werden kann. Darauf aufbauend werden prozessuale Handlungsbedarfe für die Anpassung der Entwicklungsprozesse abgeleitet und Gestaltungsempfehlungen formuliert. Es werden Beispiele zur praktischen Anwendung dargestellt.

Die Ergebnisse der Arbeit werden in **Kapitel 8** zusammengefasst und einer kritischen Würdigung unterzogen. Es wird abschließend ein Ausblick auf weiteren Forschungsbedarf gegeben.

Abbildung 1 gibt einen Überblick über die Struktur der Arbeit und die Einordnung der jeweiligen Kapitel:

Abb. 1: Aufbau der Arbeit

# 2 Theoretische Grundlagen der Produktentwicklung

Im folgenden Kapitel werden die Grundlagen der Produktentwicklung als unternehmerische Aktivität (2.1) sowie die Grundlagen zur Internationalisierung der Produktentwicklung (2.2) und die Rolle von Prozessen in der Produktentwicklung (2.3) erläutert. Das Ziel des zweiten Kapitels ist es, ein besseres Verständnis der Produktentwicklung zu erzeugen und sie von anderen unternehmerischen Aktivitäten abzugrenzen.

## 2.1 Grundlagen der Produktentwicklung

Im Kapitel 2.1 erfolgt zunächst eine inhaltliche Abgrenzung der Begriffe Forschung und Entwicklung sowie die Definition des Begriffs Produktentwicklung für die vorliegende Arbeit. Anschließend werden die charakteristischen Besonderheiten der industriellen Produktentwicklung von komplexen technischen Produkten herausgearbeitet.

### 2.1.1 Abgrenzung von Forschung und Entwicklung

Der Forschung und Entwicklung werden alle Aktivitäten zugeordnet, die zu neuem Wissen bzw. neuen Anwendungsmöglichkeiten für Wissen oder zu neuen Produkten führen sollen.[18] Forschung ist der experimentelle oder theoretische Teil, welcher auf die Gewinnung neuer Erkenntnisse abzielt. Entwicklung hat einen stärkeren Produktbezug, da sie auf die systematische Gestaltung neuer Produkte (Materialien, Prozesse, Dienstleistungen) ausgerichtet ist, welche dem Markt zum Verkauf angeboten werden können. Industrielle F&E wird unterteilt in Grundlagenforschung, angewandte Forschung und Produktentwicklung (Abbildung 2).[19]

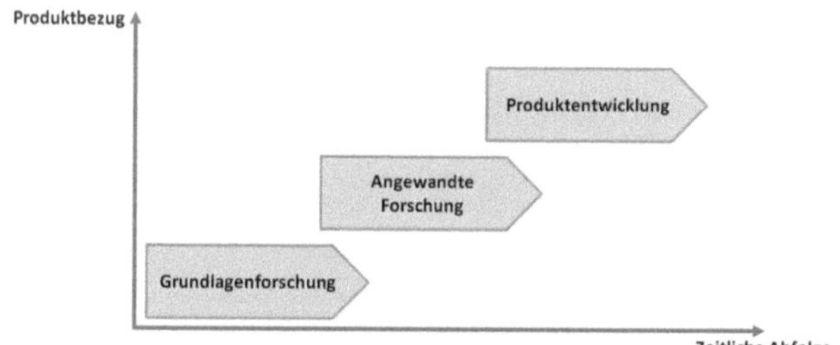


Abb. 2: Arbeitsfeld von Forschung und Entwicklung

[18] Vgl. Specht et al. (1996) S. 15 f.
[19] Vgl. Boutellier et al. (2008), S. 186.

Im Bereich der Grundlagenforschung werden auf theoretische oder experimentelle Weise Kausalzusammenhänge untersucht und grundlegende Erkenntnisse ermittelt, ohne dabei einen speziellen Anwendungszweck im Fokus zu haben. Die angewandte Forschung baut auf diesen Ergebnissen auf und soll durch den Aufbau von Know-How und Fähigkeiten in einem Unternehmen technische Lösungspotentiale aufzeigen. Diese Lösungen werden im Rahmen der Produktentwicklung zielgerichtet unter Berücksichtigung wirtschaftlicher Vorgaben zu Produkten ausgearbeitet. Die Produktentwicklung als Prozess zur Identifikation von Bedürfnissen und Entwicklung einer Lösung (Produkt), die diese Bedürfnisse erfüllt, wendet Wissen aus Ingenieurs-, Natur-, Human- und Kulturwissenschaften an.[20] Es wird dabei zwischen Neu-, Nach- und Weiterentwicklungen unterschieden.[21] Grundsätzlich können Forschung und Entwicklung getrennt voneinander erfolgen.[22]

Der Untersuchungsgegenstand in der vorliegenden Arbeit ist, wie in Kapitel 1.3 dargestellt, die internationale Produktentwicklung technischer Produkte, die abseits des deutschen Stammsitzes an einem chinesischen Standort durchgeführt wird. Die Begriffe *Produktentwicklung* und *technische Produkte* werden im Folgenden definiert.

### 2.1.2 Definition der Produktentwicklung

Die *Produktentwicklung* umfasst den Prozess vom Erkennen eines Kundenbedürfnisses bis zum Angebot eines zum Verkauf stehenden Produkts.[23] Ihr werden alle Tätigkeiten zugeordnet, die notwendig sind, um aus einer Idee realisierbare Erzeugnisse zu generieren.[24]

Für die vorliegende Arbeit wird die Definition von Ulrich und Eppinger (2000) für die Produktentwicklung verwendet. Diese Definition eignet sich zur Betrachtung der Entwicklung technischer Produkte, weil sie die Aktivitäten vom Erkennen einer Marktchance bis zur Auslieferung eines fertigen Produkts an den Kunden betrachtet: “Set of activities beginning with the perception of a market opportunity and ending in the production, sale and delivery of a product.“[25]

---

[20] Vgl. Blessing und Chakrabarti (2009), S. 1 ff.

[21] Vgl. Lutz (2008), S.13 f.

[22] Vgl. Boutellier et al. (2008), S. 111 f.

[23] Vgl. Krishnan und Ulrich (2001), S. 1.

[24] Vgl. Gusig und Kruse (2010), S. 12.

[25] Ulrich und Eppinger (2000), S. 2.

Die industrielle Produktentwicklung wird anhand der Sachsysteme unterschieden. Sachsysteme sind die aus der Arbeit der Mitarbeiter in der Produktentwicklung entstehenden Gebilde, also das zu entwickelnde Produkt. *Technische Produkte* sind wie folgt definiert: „Technische Systeme sind künstlich erzeugte geometrisch-stoffliche Gebilde, die einen bestimmten Zweck (Funktion) erfüllen, also Operationen (physikalische, chemische, biologische Prozesse) bewirken. [...] Sieht man vornehmlich das geometrisch-stoffliche Gebilde und weniger den Prozess oder das Verfahren, welches das Gebilde durchführt, so spricht man von einem technischen Produkt."[26] D. h. bei technischen Produkten handelt es sich um mehrgliedrige Erzeugnisse, die unterschiedlich komplex sein können. Die Komplexität hängt von der Anzahl und der Unterschiedlichkeit der Elemente (Varietät) sowie der Anzahl und der Vielfalt der Relation der Elemente (Vernetztheit) des technischen Produkts ab. Ein technisches Produkt mit einer hohen Komplexität ist bspw. ein Automobil. Die Entwicklung von komplexen technischen Produkten stellt besondere Anforderungen an das Handlungssystem (Arbeitsweisen und Prozesse) der Produktentwicklung. Diese Anforderungen bzw. charakteristischen Besonderheiten der Entwicklung technischer Produkte werden in Kapitel 2.1 dargestellt und stellen die Basis für die Untersuchung der kulturellen Auswirkungen dar.[27]

Für die weitere Untersuchung wird festgelegt, dass der Begriff Produktentwicklung sich auf die Produktentwicklung komplexer technischer Produkte, entsprechend der hier angeführten Definitionen, bezieht.

In der wissenschaftlichen Literatur wird häufig keine Unterscheidung zwischen den Begriffen Forschung und Entwicklung vorgenommen. In diesem Fall obliegt es dem Autor, die Erkenntnisse entsprechend zu differenzierten und für die vorliegende Arbeit heranzuziehen.

### 2.1.3 Prozessbeschreibung der Produktentwicklung

Die Impulse für die Produktentwicklung können vielseitig sein: aus dem Markt (Kundenbedürfnisse oder Wettbewerbsprodukte), interne Bedürfnisse (Kostensenkung, Produktionsautomatisierung), neue Forschungsergebnisse oder Anforderungen aus Umwelt, Gesellschaft und Politik. Wenn mehrere Ideen vorliegen, muss bei knappen Ressourcen eine Priorisierung vorgenommen werden. Die Produktidee wird anschließend konkretisiert und

---

[26] Ehrlenspiel (2003), S. 22.

[27] Vgl. Ehrlenspiel (2003), S. 14 ff., 31 f.

das zu entwickelnde Produkt definiert, d. h. es erfolgt ein Klären und Präzisieren der Aufgabenstellung und die Definition von (technischen) Zielen. Es wird ein zugehöriger Businessplan (Finanzierung, Rendite, Meilensteinplan, Time to market) vereinbart. Die Ziele werden anschließend in technische Anforderungen überführt und in fachspezifischen Lastenheften dokumentiert. Die Funktionen des Produkts bzw. deren Struktur wird ermittelt und entsprechende Lösungsprinzipien gestaltet. Dabei wird die Produktstruktur in realisierbare Module untergliedert. Die maßgebenden Module werden parallel ausgestaltet und schrittweise zu einer Gesamtstruktur integriert. Die technische Konzeptionierung und Realisierung des Produkts muss in enger Zusammenarbeit mit den involvierten Teilbereichen Marketing, Produktion, Vertrieb und Logistik erfolgen, damit die Produktlösung ein stimmiges Gesamtsystem ergibt. Wichtig ist es, die Qualität und Funktionalität frühzeitig zu testen und abzusichern, hierbei wird die Sicht des Kunden eingenommen (nicht nur die Unternehmens- oder Entwicklerperspektive). Diese Perspektive ist entscheidend für den späteren Markterfolg des Produkts. Die Realisierung geht in eine parallele Hardware-Prototypen- und Erprobungsphase über. Hier werden bereits ausgewählte Kunden befragt, wie sie das Produkt einschätzen und bewerten. Die Produktentwicklung schließt mit dem Produktionsstart und der Markteinführung ab. Die Vertriebs- und Logistikprozesse müssen implementiert sein und Aftersales-Serviceleistungen sind verfügbar.[28] Die wesentlichen Phasen der Produktentwicklung sind in Abbildung 3 dargestellt.

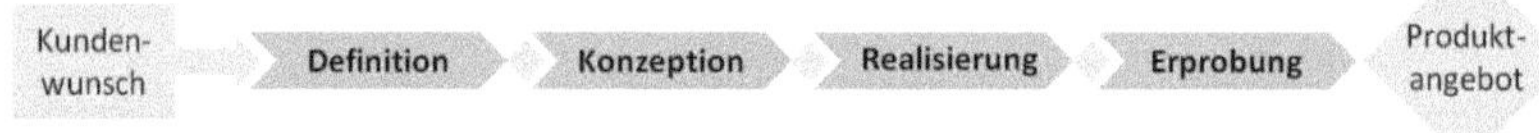


Abb. 3: Phasen der Produktentwicklung

### 2.1.4 Charakterisierung der Produktentwicklung

Der Hauptzweck produzierender Unternehmen ist die Erstellung (Entwicklung und Produktion) und der Vertrieb von Produkten. Die Gestaltung neuer und verbesserter Produkte im Rahmen der industriellen Produktentwicklung ist essentiell für die Sicherung der Wettbewerbsfähigkeit eines Unternehmens. Der Markterfolg der Produkte bestimmt den Erfolg des Unternehmens. Durch eine erfolgreiche Produktentwicklung sind die Unternehmen in der Lage, den Marktanforderungen mit einem entsprechend gestalteten und wettbewerbs-

[28] In Anlehnung an: Schäppi et al. (2005), S. 12 ff.; Blessing und Chakrabarti (2009), S. 1 ff. und VDI Richtlinie 2221 Methoden zum Entwickeln und Konstruieren technischer Systeme und Produkte

fähigen Produktangebot gerecht zu werden.[29] Austermann (2009) zeigt, dass eine gute Produktentwicklung signifikanten Einfluss auf den Unternehmenserfolg hat. Dies gilt gleichermaßen für die Unternehmen in Deutschland und China.[30]

Im folgenden Abschnitt werden die charakteristischen Besonderheiten der industriellen Produktentwicklung von technischen Produkten beschrieben. Diese Darstellung dient als Basis, um den Einfluss interkultureller Herausforderungen auf die Produktentwicklung in Kapitel 5 und 6 zu untersuchen. Zur übersichtlicheren Charakterisierung wird eine Unterteilung in drei Ebenen vorgenommen (Abbildung 4).

- Anforderungsebene: umfasst die Rahmenbedingungen und inhaltlichen Anforderungen an die Entwicklungsarbeit.
- Tätigkeitsebene: beschreibt die Eigenschaften der Tätigkeiten in der Entwicklungsarbeit.
- Mitarbeiterebene: umfasst die individuellen Einstellungen und Herausforderungen auf persönlicher Ebene. Auf dieser Ebene ist die Wirkung soziotechnischer Systeme wie kulturelle Unterschiede besonders stark.

Die Ebenen sind nicht isoliert zu betrachten, sondern beeinflussen und bedingen sich gegenseitig. Den Rahmen bilden die Organisation, welche gestalterischen Einfluss auf die Arbeit hat, und die verfügbaren Ressourcen.

Abb. 4: Charakteristische Besonderheiten der Produktentwicklung

[29] Vgl. Ehrlenspiel (2003), S. 145; Lindemann (2009), S. 7 ff.; Austermann (2009), S. 1 ff.
[30] Vgl. Austermann (2009), S. 147/148.

Anforderungsebene

**Neuartigkeit:** Ein neues Produkt zu kreieren, bedeutet eine einmalige Aufgabenstellung, die in dieser Form noch nicht durchgeführt wurde. Dabei geht es um das einzigartige Entwicklungsprojekt als Ganzes und nicht um einzelne Aktivitäten, Werkzeuge oder Methoden. Diese können bspw. bereits in einem Vorgängerprojekt angewendet worden sein. Die Neuartigkeit wird unterschieden in inkrementelle und radikale Innovationen.[31]

Für jede Eigenschaft werden am Ende des Absatzes die Kernaussagen festgehalten, die für den weiteren Verlauf der Untersuchung von Bedeutung sind. Sie werden eingerückt und kursiv dargestellt. Um ein einfaches Wiederaufgreifen zu ermöglichen, werden die Kernbotschaften mit den drei Anfangsbuchstaben der Eigenschaft (inkl. Nummerierung) indiziert:

- *Neu01: Einmaligkeit und Neuartigkeit des Prozesses.*

**Interdisziplinarität:** Produktentwicklung ist ein komplexer Prozess mit sehr vielen Beteiligten. Die heutigen Produkte stellen häufig eine Kombination aus interdisziplinären Lösungen dar. Diese Multifunktionalität erfordert Fachwissen aus verschiedenen Disziplinen, sodass die produktspezifischen Prozesse in die Produktentwicklung integriert werden (Abbildung 5). Das umfasst u. a. die Bereiche Einkauf, Produktion, Vertrieb, Aftersales und Controlling. Die Produktkomplexität und die Spezialisierung in den Fachgebieten haben stark zugenommen. Eine isolierte Bearbeitung der unterschiedlichen Problemstellungen ist nicht zielführend. Es ist eine interdisziplinäre Zusammenarbeit über die Hierarchieebenen, Fachbereichs- und Ressortgrenzen hinweg erforderlich, um eine marktgerechte Produktlösung bereitzustellen und somit die Erfolgswahrscheinlichkeit des Produkts zu erhöhen. Durch die Verteilung der Produktentwicklung auf verschiedene Fachbereiche entsteht ein hohes Maß an Kommunikation und Koordination.[32]

- *Int01: Intensive fachbereichs- und hierarchieübergreifende Zusammenarbeit.*

---

[31] Vgl. Blessing und Chakrabarti (2009), S. 2; Gassmann (1997), S. 29 f.

[32] Vgl. Lindemann (2009), S. 8 ff.; Ehrlenspiel (2003), S. 176 ff.; Schäppi et al. (2005), S. 16.

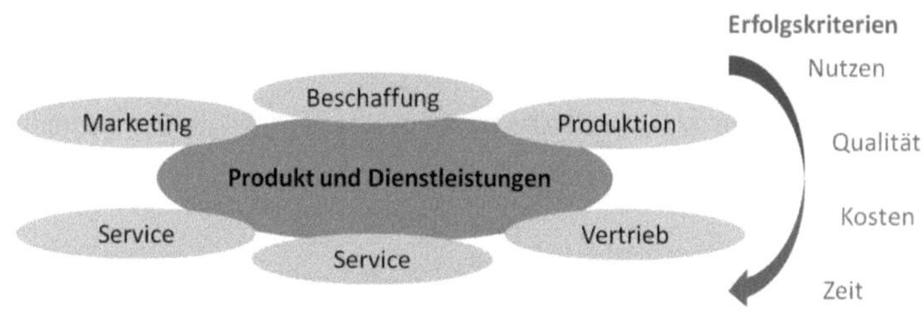


Abb. 5: Produkt und produktspezifische Prozesse[33]

**Zielkonflikte & Vielzahl relevanter Faktoren:** Zielorientiertes Arbeiten ist charakteristisch für die Produktentwicklung. „Zielorientierung bedeutet, dass jede Handlung einer Zielsetzung folgt und erarbeitete Ergebnisse hinsichtlich der Erreichung dieser Ziele überprüft werden können".[34] Bei den Erfolgsdimensionen Kosten, Qualität und Zeit spricht man vom „magischen Dreieck"[35] der Produktentwicklung (Abbildung 6). Es handelt sich um die übergeordneten Ziele des Gesamtprojekts. Eine Steigerung der Qualität ist i. d. R. nur durch höhere Kosten und mehr Zeit möglich. Umgekehrt kann eine Verkürzung der Entwicklungszeit häufig nur durch zusätzlichen Aufwand oder Qualitätseinbußen ermöglicht werden. Die Schwierigkeit ist es, den marktgerechten Kompromiss zwischen diesen verschiedenen Dimensionen zu erreichen. Bei den Kosten dürfen nicht nur die Entwicklungskosten, sondern auch die Folgekosten, wie bspw. Herstellkosten, betrachtet werden. Die Zeit bis zur Marktreife ist sehr wichtig, denn je früher ein Produkt am Markt sein kann, desto größer können die Wettbewerbsvorteile sein. Mit einem unreifen Produkt in den Markt einzutreten, kann jedoch zur Ablehnung bei den Kunden führen.[36]

Nicht nur die Dimensionen des magischen Dreiecks, sondern auch die spezifischen Ziele eines Entwicklungsprojekts sind interdependent. Die Interdisziplinarität führt dazu, dass eine Vielzahl von Akteuren mit unterschiedlichen fachbereichsspezifischen Zielen im Projekt tätig ist. Der Entwickler möchte seine Ideen realisieren; der Entwicklungsleiter ein innovatives Produkt schaffen, ohne ein Risiko einzugehen; der Produktionsleiter möchte die erprobten Fertigungsprozesse anwenden und der Einkäufer durch gezielte Lokalisierung Anforderungen erfüllen oder Währungsrisiken bewältigen. Es kommt erschwerend hinzu, dass die Ziele zu Beginn der Entwicklung noch wenig detailliert sind und erst im Laufe des

[33] In Anlehnung an Schäppi et al. (2005), S. 7.
[34] Lindemann (2009), S. 15.
[35] Gusig und Kruse (2010), S. 14
[36] Vgl. Engeln (2006), S. 30.

Projekts konkretisiert werden. Zielkonflikte sind in der Produktentwicklung daher inhärent. Ihnen muss eine erhöhte Aufmerksamkeit gewidmet werden.[37] Xie et. al. (1998) zeigen die Bedeutung von interfunktionalen Konflikten sowie die dazugehörige Konfliktauflösung und die Bedeutung für den Produkterfolg auf.

Abb. 6: Magisches Dreieck der Produktentwicklung[38]

Im Verlauf der Produktentwicklung müssen zahlreiche die Zielerreichung beeinflussende Faktoren im Auge behalten werden. Es müssen nicht nur die Kundenanforderungen und die Kundenmärkte (Marktzugang, -volumen, -anteil, -wachstum, Realisierungspotential), sondern auch Zuliefermärkte und der Finanzmarkt berücksichtig werden. Zudem spielt der Wettbewerb eine besonders wichtige Rolle. Zu den externen Faktoren zählen weiterhin auch ökologische und gesellschaftliche Aspekte. Auswirkungen auf das gesellschaftliche Image, neue soziale Trends und gesetzliche Rahmenbedingungen spielen eine Rolle. Bei den internen Faktoren ist die Strategiekonformität sowie die Betrachtung des Mitarbeiterpotentials und eigener technologischer Fortschritt zu nennen. Eventuell muss technologische Kompetenz extern erworben werden.[39]

- *Zie01: Zeit, Kosten und Qualität sind die übergeordneten Ziele einer Produktentwicklung.*
- *Zie02: Häufige Zielkonflikte sind in der Produktentwicklung inhärent.*
- *Zie03: In der Produktentwicklung muss eine Vielzahl beeinflussender Faktoren berücksichtigt werden.*

---

[37] Vgl. Lindemann (2009), S. 7 ff., 103; Gassmann (1997), S. 28 f.

[38] In Anlehnug an Engeln (2006), S. 30.

[39] Vgl. Schäppi et al. (2005), S. 8 f.; Lindemann (2009), S. 7 ff.

**Parallelität:** Die Grundidee der integrativen Produktentwicklung ist die abgestimmte Gestaltung aller Ressourcen und Prozesse, die für Einkauf, Produktion und Vermarktung des Produkts über den Lebenszyklus relevant sind. Durch diese systematische Beachtung aller verknüpften Prozesse wird die Erfolgswahrscheinlichkeit für das Produkt erhöht.[40]

Zudem wird durch die Arbeitsteilung in Prozesse die Komplexität reduziert und der zeitliche Ablauf aufgrund der parallelen Durchführung der Prozesse beschleunigt. Der Produktentwicklungsprozess ist somit ein dezentraler Prozess mit einem hohen Grad an Arbeitsteilung. Die Aktivitäten finden simultan in den Fachbereichen mit unterschiedlichen Verantwortlichen und Kompetenzen statt. Die parallele Durchführung von Prozessschritten hat einen hohen Informationsfluss und Dokumentationsaufwand zur Folge. Die Zwischenergebnisse werden erfasst und aufeinander abgestimmt. Das erhöht den Koordinationsaufwand.[41]

- *Par01: Dezentrale und parallele Bearbeitung der Problemstellung.*
- *Par02: Interdisziplinäre Arbeitsteilung führt zu hohem fachübergreifenden Koordinations- und Abstimmungsaufwand.*

Tätigkeitsebene

**Kreativität:** Kreativität ist grundsätzlich für die Schaffung von etwas Neuem notwendig. Kreativität ist daher ein Schlüsselelement in der Produktentwicklung. Ohne kreative Ideen kann ein Unternehmen nicht innovativ sein. Innovationen sind die praxisorientierte Anwendung von kreativen Ideen.[42] Kreativität bezeichnet in diesem Zusammenhang auch die Fähigkeit, sich von bekannten Sachverhalten und Lösungen zu distanzieren und neue Wege einzuschlagen. Neben dem Neuheitsgrad ist vor allem die Zweckmäßigkeit der Lösung wichtig. Zweckmäßigkeit bezeichnet, dass eine Lösung gut auf ein Problem passt. Eine gezielte Erweiterung des Lösungsfeldes der bestehenden Produkte ist häufig der Schlüssel zum Erfolg. Bestehende Lösungen bilden eine gute Basis und es können durch Modifikationen neue Ideen entwickelt werden. Die Erweiterung des vorhandenen Lösungsraums erweist sich in der Praxis als Herausforderung. Einerseits sind Wissen und Erfahrung notwendig, andererseits führen Wissen und Erfahrung jedoch teilweise zu einer ge-

[40] Vgl. Schäppi et al. (2005), S. 6 ff.

[41] Vgl. Lindemann (2009), S., 8, 9, 15; Ehrlenspiel (2003), S.145ff.

[42] Vgl. Westwood und Low (2003), S. 236.

danklichen Fixierung auf bestehende Lösungen. Hier gibt ein kreativitätsfördernder Managementstil die notwendigen Freiräume.[43]

- *Kre01: Kreativität ist essentiell in der Produktentwicklung und die Herausforderung ist, sich von bekannten Sachverhalten zu lösen und neue Wege einzuschlagen.*

**Unsicherheit:** Die Aktivitäten in der Produktentwicklung können in Aufgaben und Probleme unterteilt werden. Im Vergleich zu anderen unternehmerischen Aktivitäten ist der Anteil der Probleme in der Produktentwicklung deutlich höher. Bei Aufgaben kann routinemäßig vorgegangen werden, da Erfahrungswerte vorliegen und ein reproduktives Vorgehen für die Bewältigung ausreichend ist. Aufgaben sind demzufolge geistige Anforderungen, die mit bekannten Methoden und Mitteln bewältigt werden können. Bei einem Problem ist der Weg zur Zielerreichung nicht bekannt oder bekannte Wege können aufgrund besonderer Randbedingungen nicht beschritten werden. Probleme haben einen unklaren Zielcharakter, da ein unerwünschter Anfangszustand in einen erwünschten Zielzustand überführt werden muss, ggf. erschwert eine Barriere die Überführung. Probleme führen zu Unsicherheiten bzw. zu einem Risiko, die Ziele nicht zu erreichen, Termine zu überschreiten (Zeitrisiko) oder die Kosten zu übersteigen (Aufwandsrisiko). Die wesentlichen Treiber für diese Risiken sind die Dynamik und die Neuartigkeit in der Entwicklung.[44] Zudem herrscht keine vollständige und kontinuierliche Transparenz über den Entwicklungsfortschritt bzw. die Zielerreichung. Die Eigenschaften und Zielgrößen können erst mit Zeitverzug beobachtet werden. Fortschreibungen und Zwischenstandsbewertungen hängen häufig von subjektiven Einschätzungen ab. Den Gesamtstatus eines Projekts zu bewerten, ist aufgrund der zahlreichen vernetzten Teilaktivitäten sehr komplex und aufwendig.

Im Laufe der Produktentwicklung treten immer wieder unerwartete und unerwünschte Ereignisse und Situationen auf. Sie können anhand des Grades der Abweichung vom Ziel und der verfügbaren Zeit zur Korrektur bzw. bis zur vorgeschriebenen Erreichung des Ziels charakterisiert werden. Je früher im Prozess diese Fehler erkannt werden, desto geringer sind die Auswirkungen und desto einfacher ist die Korrektur.[45]

- *Uns01: In der Produktentwicklung existieren vergleichsweise viele Probleme (Vorgehensweise und Zielcharakter unklar).*

---

[43] Vgl. Lindemann (2009), S. 26 141 ff.; Schäppi et al. (2005), S. 22.

[44] Vgl. Ehrlenspiel (2003), S. 46 ff.; Lindemann (2009), S. 35; Gassmann (1997), S. 30 f.

[45] Vgl. Lindemann (2009), S. 211 ff.

- *Uns02: Die Zielerreichung ist unsicher und kann nicht eindeutig und zu jeder Zeit gemessen werden.*
- *Uns03: Fehler und Zielabweichungen (durch unerwünschte Ereignisse) müssen möglichst früh erkannt und behoben werden.*

**Komplexität:** Wie in Kapitel 2.1.2 bereits definiert wurde, wird Komplexität durch die Art, Anzahl und Verschiedenartigkeit der Elemente sowie die Beziehungen der Elemente zueinander festgelegt. Technische Produkte, wie bspw. ein Automobil, sind komplexe Systeme mit einer hohen Teilezahl, einem starken Vernetzungsgrad und somit zahlreichen Schnittstellen. Aufgrund des technologischen Fortschritts, der steigenden Integrationsbestrebungen sowie Plattform- und Modularisierungsstrategien bei der Produktgestaltung steigt die Komplexität weiter an. Dies spiegelt sich in einem hohen Systemcharakter der Aufgaben und Aktivitäten wieder. Das bedeutet, die Aufgaben sind nur bedingt logisch und inhaltlich voneinander abgrenzbar, sondern es herrschen wechselseitige Abhängigkeiten. Die Aufgaben- und Problembewältigung erfordert mehr Kreativität sowie eine intensive und situationsabhängige Steuerung. Der Kommunikationsaufwand steigt. Die Beherrschung der Komplexität wird durch die Anwendung von Methoden und Modellen, wie bspw. die Prozesse in der Produktentwicklung, angestrebt.[46]

- *Kom01: Die Entwicklung technischer Produkte zeichnet sich durch eine hohe Komplexität aus.*

**Dynamik:** Dynamik beschreibt die Häufigkeit, Intensität, Irregularität und Geschwindigkeit von Änderungen, welche sich auf Zielsetzung, Produkt, Prozess oder den Erkenntnisstand beziehen. Produktentwicklung ist sehr dynamisch, da sich verschiedene Facetten über die Zeit des Entwicklungsprojekts verändern. Das zentrale Dilemma hierbei ist eine geringe Planungsstabilität, weil die Festlegung und Realisierung der Eigenschaften (Beobachtung der Zielerreichung) zeitlich auseinanderfallen. Die Definition zu Beginn der Entwicklung ist nur mit eingeschränkter Genauigkeit möglich. Im Laufe des Entwicklungsprozesses erfolgt die Konkretisierung häufig durch Iterationen. Änderungen, die spät erkannt und durchgeführt werden, sind umso aufwendiger (Zeit und Kosten). Flexibilität und Reaktionsfähigkeit sind notwendig, um sich verändernde Umfeldsituationen rasch zu beherrschen. Die Veränderungen können extern motiviert sein, z. B. durch andere Kundenwünsche, neue Wettbewerbsprodukte, technologischen Fortschritt oder geänderte rechtliche Randbedin-

---

[46] Vgl. Ehrlenspiel (2003), S.31, 49; Lindemann (2009), S. 10; Gassmann (1997), S. 30, 141 ff.

gungen. Darüber hinaus wird die Dynamik durch die internen Faktoren Kreativität, Unsicherheit und Komplexität stark beeinflusst.[47]

- *Dyn01: Einflüsse und Veränderungen frühzeitig zu erkennen, sowie Flexibilität und Reaktionsfähigkeit sind aufgrund der hohen Dynamik notwendig.*
- *Dyn02: Zeitlicher Verzug zwischen Festlegung und Realisierung der Produkteigenschaften beeinflusst die Planungsstabilität.*
- *Dyn03: Bei späten Änderungen steigen die Aufwände stark an.*

Mitarbeiterebene

**Führung:** Die Eigenschaften der Interdisziplinarität und Parallelität zeigen sich auch in der Führungskultur in der Produktentwicklung. Es erfolgt eine Dezentralisierung der Verantwortung und der Entscheidungsbefugnis in gleichgewichtigen Einheiten, die eigenständig und flexibel arbeiten. Die Selbstorganisation ist notwendig, da die Entstehung von Innovationen nicht von der Hierarchie angeordnet werden kann. Autoritäre Führung ist kontraproduktiv, da hierarchische und funktionale Grenzen überwunden werden müssen. Es dürfen keine einseitigen, fachlichen Sichtweisen entscheidend sein, sondern ein prozessorientiertes Handeln im Sinne der besten Gesamtlösung steht im Mittelpunkt. Führungskräfte verstehen sich als Moderatoren und praktizieren einen partizipativen Führungsstil, der Raum für querdenkerisches Handeln und Mut zum Experimentieren gibt. Durch den Abbau formaler Barrieren und die Verteilung von Wissen entsteht Offenheit, Konfliktfähigkeit und Lernfähigkeit. Die Mitarbeiter inspirieren sich gegenseitig und Konflikte werden als Impulse aufgefasst. Man ist bereit, Kompromisse einzugehen und Eigeninteressen zurückzustecken. Somit ist das Unternehmen in der Lage, auf unterschiedliche Anforderungen mit hoher Umsetzungskompetenz zu reagieren.[48]

- *Füh01: Autoritäre Führung ist kontraproduktiv, da hierarchische und funktionale Grenzen in der Zusammenarbeit überwunden werden müssen.*
- *Füh02: Partizipativer und ermutigender Managementstil, der Raum für Querdenken gibt und einen offenen Umgang mit Konflikten ermöglicht, ist förderlich.*

**Mitarbeiter und Team:** Die Produktentwicklung ist sehr arbeitsintensiv und das Humankapital spielt eine sehr wichtige Rolle. An erster Stelle steht die Fachkompetenz der Mitar-

[47] Vgl. Blessing und Chakrabarti (2009), S. 2; Lindemann (2009), S. 8 ff.; Gassmann (1997), S. 31 f., Specht et al. (1996), S. 5 f.; Schömann (2012), S. 64 f.

[48] Vgl. Schäppi et al. (2005), S. 66 ff., 89 ff

beiter. Der Wissensstand eines Entwicklers setzt sich aus seinem fachlichen Wissen und seinen Erfahrungen sowie den verfügbaren Daten, Informationen und Erkenntnissen bzgl. der aktuellen Situation zusammen. Darüber hinaus ist Handlungswissen, also Klarheit über die Aufgabenstellung und die Ziele, erforderlich, damit der Entwickler die richtigen Handlungen in der richtigen Abfolge vollziehen kann. Die Sozialkompetenz der Mitarbeiter ist wichtig, da Teamarbeit einen großen Teil der Arbeitszeit einnimmt, um die Vernetzung der unterschiedlichen Disziplinen herzustellen. Aufgrund der Gegensätzlichkeit der Ziele sind diskursive Verhaltensmuster, wie z. B. Alternativen aufzeigen, Standpunkt wechseln und kritisches Hinterfragen, erstrebenswert. Hierfür ist ein korrektes Verhalten der Teammitlgieder und eine gewisse soziale Homogenität notwendig, damit keine Hemmungen bei der Beteiligung der Teammitglieder entstehen. Alle müssen relevante Informationen rechtzeitig teilen, um den hohen Ansprüchen des Informationsaustausches und der Koordination gerecht zu werden.[49]

- *Mit01: Es wird viel interdisziplinäre Teamarbeit praktiziert, in der diskursive Verhaltensmuster verlangt werden.*
- *Mit02: Informationen müssen mit allen Beteiligten frühzeitig ausgetauscht und diskutiert werden.*

**Entscheidungen:** In einer Produktentwicklung sind im Vergleich zu anderen industriellen Aktivitäten vergleichsweise viele Entscheidungen zu treffen. Diese Entscheidungen haben häufig eine sehr hohe Bedeutung für den Erfolg des Produkts. Sie müssen darüber hinaus aufgrund von Unsicherheit, Komplexität und Dynamik häufig unter unklaren Randbedingungen getroffen werden.[50] Eine Entscheidung zu treffen heißt, zwischen vorliegenden Alternativen oder Handlungsoptionen auszuwählen. Die Entscheidung muss nicht für eine Alternative sein, sondern es kann auch gegen alle Alternativen entschieden werden und die Erarbeitung neuer Lösungsalternativen beauftragt werden. Bei den Entscheidungen kann es sich um bewusste und unbewusste (implizite) Entscheidungen handeln. Eine implizite Entscheidung ist bspw. die Wahl eines Radius in einer Freihandskizze. Die Tragweite einer Entscheidung ist teilweise schwer abzusehen, weil sich die Konsequenzen erst im weiteren Verlauf der Konkretisierung zeigen. Aufgrund der Dynamik und der (Planungs-) Unsicherheit müssen Annahmen getroffen werden, sodass auch bei unsicheren Randbedingungen die richtigen Entscheidungen getroffen werden. Die Arbeitsteilung erhöht dabei

[49] Vgl. Lindemann (2009), S. 8, 19 ff., 141 ff.
[50] Vgl. Krishnan und Ulrich (2001), S. 4 ff.

die Entscheidungskomplexität. An formal wichtigen Entscheidungspunkten (Auswahl einer Lösung, Vereinbarung von Zielen) werden alle relevanten Fachbereiche eingebunden. Eine solche Weichenstellung hat erhebliche Konsequenzen für die Zielerreichung in der Produktentwicklung. Je mehr Aspekte bei der Bewertung berücksichtigt werden müssen, desto unüberschaubarer und langwieriger kann der Entscheidungsprozess sein.[51]

- *Ent01: Richtungsweisende Entscheidungen bedürfen einer intensiven Bewertung und Abstimmung mit allen Beteiligten.*
- *Ent02: Es müssen viele unbewusste Entscheidungen auf Basis von Erfahrungen getroffen werden.*
- *Ent03: Bei vielen Entscheidungen sind die Konsequenzen zum Entscheidungszeitpunkt nicht absehbar und es müssen möglichst belastbare Annahmen getroffen werden.*

**Arbeitsweisen:** Wo Menschen zusammenarbeiten, entstehen immer auch Konflikte. Aufgrund der interdisziplinären Arbeitsteilung und der gegensätzlichen Ziele ist die Produktentwicklung die herausfordernde Suche nach dem besten Kompromiss. Dazu gehört die sachliche Bewältigung der zahlreichen (Ziel-) Konflikte. Bis zu einem gewissen Grad sind Konflikte förderlich für die Entwicklung, da sie die Zieldivergenzen aufzeigen. Reine Harmonie wirkt sich leistungsmindernd aus.[52]

Genauso wie Konflikte gehören auch Fehler zur Produktentwicklung. Der Weg zu Innovationen ist mit einem Fehlerrisiko verbunden, denn nur wer riskiert, eine nicht optimale Lösung zu erzeugen, kann einen innovativen Prozess starten. Nur bei Routinehandlungen lässt sich dieses Fehlerrisiko weitestgehend minimieren, da hier automatisierte Prozesse angewendet werden können. Es werden bewusste Risiken eingegangen und Fehler akzeptiert, da sie wichtige Elemente im Konkretisierungsprozess sein können. Bei Problemen wird daher häufig ein iteratives Vorgehen gewählt. Iterationen sind das wiederholte, zyklische Durchlaufen von Arbeitsschritten. Je komplexer und innovativer eine Aufgabe bzw. ein Problem ist, desto mehr Wiederholungen sind nötig. Grundsätzlich sollen jedoch so wenige Iterationen wie möglich durchgeführt werden.[53]

Für den korrekten Umgang mit Konflikten und Fehlern sind gute Arbeitsbeziehungen und ein hohes Maß an Kooperation über die Fachbereiche hinweg erforderlich. Die Führungs-

---

[51] Vgl. Lindemann (2009), S. 35, 174 ff.

[52] Vgl. Lindemann (2009), S. 24; Schäppi et al. (2005), S. 88.

[53] Vgl. Ehrlenspiel (2003), S. 86, 127 ff.

kräfte praktizieren einen konsultativen und partizipativen Führungsstil. Aufgrund der hohen Komplexität und der Menge der verschiedenen Fragestellungen kann die Führungskraft sich jedoch nicht inhaltlich mit allen Themen auseinandersetzen. Sie gibt die Ziele vor und erwartet innerhalb der gesetzten Leitplanken eine eigenverantwortliche und -initiative Zielerreichung der Mitarbeiter. Die Mitarbeiter in der Produktentwicklung müssen daher gewisse Einstellungen und Denkweisen aufweisen:[54]

Lindemann (2009) definiert in diesem Zusammenhang Grundprinzipien des Handelns in der Produktentwicklung. Es handelt sich dabei um allgemeingültige und problemunabhängige Strategien, die die Aktivitäten im Produktentwicklungsprozess prägen und somit die Erfolgswahrscheinlichkeit erhöhen. Das Grundprinzip des *Systemdenkens* soll der Gefahr entgegenwirken, Dinge zu fokussiert zu betrachten. Vielmehr hält es dazu an Wechselwirkungen innerhalb des gesamten Systems und im eigenen Umfeld zu betrachten. Das Grundprinzip der *Problemzerlegung* basiert auf dem Gedanken, komplexe Problemstellungen in Teilprobleme zu zerlegen, die dann einfacher zu bearbeiten sind. Darüber hinaus gibt es zwei Annäherungsprinzipien: *Vom Ganzen zum Detail* und *vom Abstrakten zum Konkreten*. Die Grundprinzipien des *diskursiven Vorgehens* und der *wiederkehrenden Reflexion* animieren dazu, Ergebnisse und bestehende Lösungen zu hinterfragen. Das Grundprinzip *Denken in Alternativen* fördert alternative Lösungsideen, also neue Wege einzuschlagen und somit die Chance auf innovative Lösungen zu erhöhen. Dafür kann es hilfreich sein, den Blickwinkel zu ändern. Dies verlangt das Grundprinzip des Modalitätenwechsels.[55]

- *Arb01: Konflikte und Fehler sind produktive Elemente, die Zielkonflikte aufzeigen und neues Wissen generieren.*
- *Arb02: Es wird Initiative und eine selbständige, zielorientierte Arbeitsweise erwartet. Leistung wird honoriert, wenn die Ergebnisse erreicht wurden.*
- *Arb03: Die Mitarbeiter nutzen die gegebene Autonomie (zeigen Initiative) und übernehmen die Verantwortung für ihre Umfänge. Sie kontrollieren und artikulieren die relevanten Punkte in ihrem Verantwortungsbereich und treffen die notwendigen Entscheidungen eigenständig.*

---

[54] Vgl. Hoppe (1993), S. 319 ff.; Jassawalla und Sashittal (2002), S. 43 ff.

[55] Vgl. Lindemann (2009), S. 55 ff.

- *Arb04: Die Mitarbeiter zeigen Bereitschaft, sich gegenseitig und den Vorgesetzten zu kritisieren sowie bestehende Lösungen in Frage zu stellen. Vorgesetzte und Mitarbeiter begrüßen kritisches Feedback.*
- *Arb05: Bei kritischen Situationen werden frühzeitig alle relevanten Parteien involviert, Probleme und Fehler werden offengelegt und ausgearbeitet.*
- *Arb06: Es erfolgt ein regelmäßiges Zusammenkommen mit dem Ziel des Informationsaustausches, Konfliktmanagement und gemeinsamer Entwicklung von (Problemlösungs-) Ideen.*

**Organisation:** Die Aufgabe der Organisation ist es, die Komplexität beherrschbar zu machen. Es wird zwischen Aufbau- und Ablauforganisation unterschieden. Die Aufbauorganisation legt Verantwortung, Zuständigkeit und Kooperation fest. Die Ablauforganisation regelt die inhaltliche, personelle, zeitliche und räumliche Gestaltung der Produkterstellung durch die Einheiten der Aufbauorganisation. Die Gestaltung einer Aufbauorganisation kann funktionsorientiert oder spartenorientiert (Produktfamilien) erfolgen. Die sogenannte Matrixorganisation stellt eine Mischform dar, die häufig in der Produkentwicklung angewendet wird. Bei der Matrixorganisation greifen die produktorientierten Linienfunktionen im Rahmen der Entwicklungsprojekte auf die Spezialisten der funktionsorientierten Kompetenzzentren zu. Die temporären Projektorganisationen existieren parallel zu den Linienfunktionen. Das verlangt von den Mitarbeitern in den Entwicklungsteams eine hohe Eigenverantwortung und den Umgang mit doppelter Berichtsverantwortung: an den Linienvorgesetzten im Fachbereich und einen Projektverantwortlichen. Die Projektarbeit erfolgt in abteilungsübergreifenden Teams mit flachen hierarchischen Strukturen. Die Zusammensetzung der Teams variiert, bspw. nach Funktions- und Baugruppe, Eigenschaften oder Phasen. Matrixorganisationen erhalten die funktionale Spezialisierung im Projekt und verbessern gleichzeitig die funktionsübergreifende Integration. Die interfunktionalen Teams reduzieren die Barrieren der Spezialisierung einer Funktion (Dominanz), verteilen die Verantwortung auf die Fachbereiche und sorgen für Informationstransparenz. Die Folge sind kürzere Entwicklungszeiten und eine höhere Erfolgswahrscheinlichkeit am Markt.[56] Die Ablauforganisation (Prozessmodell) der Produktentwicklung wird in Kapitel 2.3 erläutert.

- *Org01: Produktentwicklungsprojekte werden überwiegend in einer Matrixorganisation umgesetzt. Die Mitarbeiter in Entwicklungsteams haben eine doppelte Berichtsverantwortung.*

---

56 Vgl. Griffin und Hauser (1996), S. 207 f.; Lindemann (2009), S. 13, 16, 32; Ehrlenspiel (2003), S. 157; Gusig und Kruse (2010), S. 27 f.; Gassmann (1997), S. 29.

- *Org02: Die Projektteams sind temporär und haben flache hierarchische Strukturen. Die Team-Zusammensetzung variiert.*

**Ressourcen:** Für die Durchführung eines Entwicklungsprojekts sind Ressourcen notwendig: finanziell, personell und sachlich. Produktentwicklung ist vor allem personal- und wissensintensiv. Die Aufgaben in der Produktentwicklung sind häufig nicht automatisierbar, sondern stellen hohe Anforderungen an die Qualifikation des Personals. Die Entwickler müssen über das Produkt selbst, den Prozess einer effektiven und effizienten Realisierung des Produkts inkl. der verschiedenen Methoden und Werkzeuge Bescheid wissen. Darüber hinaus betrachten sie den gesamten Lebenszyklus (bspw. Produktion, Transport, Installation, Nutzung, Wartung und Abbau). Dies verlangt Wissen aus verschiedensten Bereichen, wie z. B. Physik, Chemie, Mathematik, Ingenieurswissenschaften, Wirtschaft, Ästhetik, Ergonomie, Psychologie und Soziologie. Es handelt sich dabei zu einem Großteil um Erfahrungswissen, das speziell auf ein Produkt oder ein Unternehmen bezogen ist und nur bedingte Allgemeingültigkeit hat. Dieses implizite Wissen ist nicht kodifizierbar und kann daher nicht studiert werden, sondern muss über die Zeit erlernt werden.[57]

Die Produktentwicklung ist sehr ressourcenintensiv. Sie kostet viel Geld, nimmt eine lange Zeit in Anspruch, beschäftigt viele gut qualifizierte Mitarbeiter und beinhaltet damit ein erhebliches unternehmerisches Risiko. Die Entwicklung stellt eine Investition zur Sicherung der zukünftigen Wettbewerbsfähigkeit dar. Eine fehlgeschlagene Entwicklung hat erhebliche Auswirkungen auf die wirtschaftliche Situation eines Unternehmens, wenn die Ausgaben für die Entwicklung nicht durch die Erlöse gedeckt werden können.

- *Res01: Die Produktentwicklung ist sehr ressourcenintensiv, vor allem im Personal. Demzufolge sind Produktentwicklungsprojekte mit einem erheblichen unternehmerischen Risiko verbunden.*
- *Res02: Die Mitarbeiter der Entwicklung verfügen über umfangreiches Wissen, insbesondere Erfahrungswissen.*

[57] Vgl. Gassmann (1997), S. 29; Blessing und Chakrabarti (2009), S. 2.

### 2.1.5 Produktentwicklung in der Automobilindustrie

Die empirische Untersuchung der Produktentwicklung in der vorliegenden Arbeit (Kapitel 6) wird, wie eingangs der Arbeit bereits erläutert, am Beispiel der Automobilindustrie durchgeführt. Im Folgenden werden daher die aktuellen Herausforderungen in der Produktentwicklung der Automobilindustrie dargestellt. Im nächsten Kapitel werden daraufhin zwei der vorherrschenden Strategien der Produktentwicklung gezeigt, die zur Bewältigung dieser Herausforderungen dienen sollen. Diese Strategien sind notwendig, um auf die Veränderungen des Umfelds zu reagieren, führen jedoch zu einer stärkeren Ausprägung der gezeigten charakteristischen Besonderheiten in der Produktentwicklung und machen die Arbeitsabläufe anspruchsvoller.

Die Automobilindustrie umfasst „alle Unternehmen, die überwiegend mit der Herstellung, der Vermarktung, der Instandhaltung sowie der Entsorgung von Automobilen und Automobilteilen beschäftigt sind."[58] Die im vorigen Kapitel gezeigten charakteristischen Eigenschaften der Produktentwicklung treffen auf die Fahrzeugentwicklung in besonderem Maße zu: Die Fahrzeugentwicklung kombiniert verschiedene Disziplinen wie Maschinenbau, Informatik, Elektrik und Elektronik etc. Sie zeichnet sich durch hohe technische Komplexität, eine Vernetzung und Wechselwirkung zwischen vielen Teilbereichen aus. Modularisierungs- und Plattformstrategien verstärken diese Effekte. Es kommt zu einer Vielzahl von Zielkonflikten. Überlappende Aufgabenfelder und zunehmende Vernetzung bzw. Integration zwischen OEM und Zulieferern führen zu einem hohen Abstimmungsbedarf. Eine simultane Bearbeitung der großen Komponentenzahl muss koordiniert werden.[59]

Aufgrund des hohen Ressourcenanspruchs (Zeit, Wissen und Geld) ist das unternehmerische Risiko groß.[60] Eine zentrale Herausforderung ist eine ausreichende Produktivität. Sie setzt sich zusammen aus Effizienz und Effektivität. Effektivität bedeutet, die richtigen Dinge zu tun und die gesetzten Ziele zu erreichen, d. h. die entwickelte Lösung muss den Bedarf am Markt decken und den Kundenanforderungen entsprechen. Effizienz bezieht sich auf die ökonomische Vorgehensweise, also die Dinge richtig zu tun. Sie verlangt, dass die Unternehmensressourcen möglichst sparsam und zielführend eingesetzt werden.[61]

---

[58] Diez et al. (2012), S. 19.

[59] Vgl. Lindemann (2009), S. 7 ff.; Gusig und Kruse (2010), S. 11, 19, 27 ff., 34 f.; Heftrich (2000), S. 61.

[60] Vgl. Gusig und Kruse (2010), S. 17.

[61] Vgl. Kedia et al. (1992), S. 3; Austermann (2009), S. 1.

Abb. 7: Produktivitätszange der Produktentwicklung in der Automobilindustrie[62]

Der Produktivitätsdruck in der Fahrzeugentwicklung steigt, weil sich das Umfeld in der Automobilindustrie sehr dynamisch verändert (Abbildung 7). Einige Punkte sind besonders hervorzuheben: Die Wandlung vom Verkäufermarkt zum Käufermarkt sowie die zunehmende Globalisierung und Deregulierung der Märkte führen zu einer Intensivierung des Wettbewerbs. Die Kundenanforderungen steigen und werden differenzierter. Qualität und Zuverlässigkeit werden vorausgesetzt und sind keine Differenzierungsmerkmale mehr. Wettbewerbsvorteile lassen sich durch Innovationen erzielen, jedoch sinkt die Mehrpreisbereitschaft hierfür. Die steigende Produktvielfalt bei gleichzeitig kürzer werdenden Lebenszyklen führt zu kleineren Volumina der einzelnen Fahrzeugtypen und somit zu abnehmenden Skaleneffekten. $CO_2$-Vorschriften forcieren die Entwicklung von alternativen Antriebskonzepten, wie bspw. Elektromobilität, und machen große Investitionen notwendig. Die technologische Weiterentwicklung in der Elektronikindustrie (Information und Kommunikation) fordern neue Vernetzungsmöglichkeiten.[63]

---

[62] In Anlehnung an Schönmann (2012), S. 5. Quelle der Inhalte: Schönmann (2012), S. 1 ff., 91 ff., 109 ff., 222; Gusig und Kruse (2010), S. 26 f., 102; Gierhardt (2001), S. 49 f.

[63] Vgl. Schönmann (2012), S. 33 ff., 109, 120 ff.

Aufgrund der oben genannten Anforderungen aus dem Branchenumfeld müssen neue Produkte in kürzerer Zeit und zu geringeren Kosten realisiert werden. Dabei müssen Flexibilität und Reaktionsvermögen gewährleistet werden. Zur Bewältigung dieser Herausforderungen sind langfristige Pläne notwendig, die einen Handlungsrahmen für die Produktentwicklung vorgeben. Im Folgenden werden daher zwei in der Praxis vorherrschende Strategien dargestellt, welche die Bewältigung der Herausforderungen und Erreichung der Ziele sicherstellen sollen.[64]

### 2.1.6 Strategien der Produktentwicklung

Die *integrierte Produktentwicklung*[65] und das *Simultaneous Engineering*[66] sind Strategien zur Gestaltung und Optimierung der Abläufe in der unternehmerischen Produktentwicklung. Sie treten in der Praxis häufig gemeinsam auf, da neben der Integration auch eine Parallelisierung (aus Zeitgründen) angestrebt wird.[67]

Die *integrierte Produktentwicklung* ist ein Ansatz, der eine enge Verzahnung von Produkt und produktspezifischem Prozess ermöglicht. Es werden alle in die Produkterstellung involvierten Unternehmensfunktionen integriert und durchgängige, bereichsübergreifende Kernprozesse etabliert, die eine abgestimmte Produkt-, Produktions- und Vertriebsentwicklung ermöglichen. Die Produkterstellung erfolgt systembezogen (statt produktbezogen), indem die Leistungserstellung frühzeitig aufeinander abgestimmt und der Informationsfluss optimiert wird. Die Beeinflussung der Produkteigenschaften erfolgt in den frühen Phasen, die verlässliche Erkennung jedoch in den späten Phasen des Prozesses. Kurze Regelkreise zwischen Informationsvorfluss (etwas wird festgelegt) und Informationsrückfluss (Feedback zum Produktverhalten) verbessert die Eigenschaftserkennung.[68] Ehrlenspiel (2003) zeigt die verschiedenen Elemente der Integration in drei Dimensionen: Persönliche Integration, Informationstechnische Integration, Organisatorische Integration. Eine Verbesserung der Produkterstellung ist nur unter gewissen Voraussetzungen erreichbar:

- Parallelisierung der Arbeitsabläufe.
- Kooperative Führung.

---

[64] Vgl. Lindemann (2009), S. 14

[65] Vgl. Ehrlenspiel (2003).

[66] Vgl. Eversheim und Schuh (2005).

[67] Vgl. Lindemann (2009), S. 14; Bichlmaier (2000), S. 119 f.

[68] Vgl. Ehrlenspiel (2003), S. 176 ff.; Schäppi et al. et al.(2005), S. 5 ff

- Verantwortungsübertragung in einzelne Bereiche, Teams oder Personen.
- Enge Zusammenarbeit bzw. abgestimmte Einzelarbeit mit regelmäßigem und umfangreichem Informationsaustausch.
- Abteilungsübergreifendes Denken.
- Konsequente Einhaltung des Entwicklungsplans und der Meilensteine.

Die Strategie des *Simultaneous Engineering* ist an die integrierte Produktentwicklung angelehnt. Sie baut auf den Grundsätzen der integrierten Produktentwicklung auf und stellt das Ziel einer maximalen Parallelisierung der integrierten Aktivitäten in den Mittelpunkt. Dadurch soll eine Verkürzung der Entwicklungszeit erreicht werden. Es wird in kleinen Intensiv-Teams gearbeitet, sogenannten SE-Teams (Simultaneous Engineering Teams). Die Vorteile sind eine höhere Quantität und Qualität von Ideen und Meinungen aufgrund der gemeinsamen Wissens- und Informationsbasis. Die Mitglieder regen sich gegenseitig zur Kreativität an und es greifen Irrtums- und Interessensausgleichsmechanismen. Die Teams sind zeitlich befristet und ihre Zusammensetzung variiert je nach Arbeitsinhalt oder Entwicklungsphase. Bei diesem hochgradig interdisziplinären und parallelen Arbeiten ist intensive wechselseitige Abstimmung essenziell, dementsprechend hat das Projektmanagement eine hohe Bedeutung.[69]

Die Strategien der integrierten Produktentwicklung und des Simultaneous Engineering sind notwendig, um dem steigenden Produktivitätsdruck gerecht zu werden. Allerdings verstärken sie die charakteristischen Eigenschaften der Produktentwicklung (2.1.4) und machen die Arbeitsweisen und Prozesse noch anspruchsvoller.

---

[69] Vgl. Ehrlenspiel (2003), S. 192 ff.; Schäppi et al. (2005), S. 18.

## 2.2 Internationalisierung der Produktentwicklung

Die Darstellung der charakteristischen Eigenschaften der Produktentwicklung hat gezeigt, dass es sich um eine anspruchsvolle industrielle Aktivität handelt. Am Beispiel der Fahrzeugentwicklung wurde gezeigt, dass ein dynamisches Umfeld eine zusätzliche Verstärkung dieser Effekte zur Folge hat und neue Strategien notwendig macht. Im Folgenden wird erläutert, dass mit der Internationalisierung der Produktentwicklung eine weitere Einflussgröße hinzukommt. Durch die Internationalisierung erhöht sich die Komplexität der Produktentwicklung, weil das Unternehmen mit neuen Herausforderungen konfrontiert wird.[70] Es wird gezeigt, welche Formen der Distanz durch die Internationalisierung entstehen und welche Gestaltungsmöglichkeiten für eine internationale Produktentwicklung existieren.

### 2.2.1 Distanzen der verteilten Produktentwicklung

Verteilte Produktentwicklung beschreibt die Arbeitsteilung in der Produktentwicklung durch die Definition von Teilaufgaben und Zuordnung zu unterschiedlichen Aufgabenträgern. Verteilte Produktentwicklung ist definiert als „gemeinschaftliche Produktentwicklung zwischen mindestens zwei räumlich getrennten Partnern [...] Die Partner können entweder aus einem Unternehmen oder aber aus unterschiedlichen Unternehmen stammen. Zur Lösung der gemeinsamen Entwicklungsaufgabe ist eine Interaktion zwischen den Partnern erforderlich."[71] Der Grad der Verteilung wird also durch zwei Dimensionen bestimmt, die räumliche und die unternehmerische Trennung (Abbildung 8). Der Grad der Verteilung wächst, je mehr sich die Partner in den beiden Dimensionen voneinander unterscheiden. Die kulturelle Distanz steigt, wenn mindestens ein Standort in einem anderen Land liegt. Die unternehmerische Trennung gibt an, ob die verteilte Entwicklung unternehmensintern (intra-organisational) oder unternehmensübergreifend (inter-organisational) erfolgt. Wenn zwei verschiedene, rechtlich eigenständige Organisationen an einer gemeinsamen Entwicklungsaufgabe arbeiten, spricht man von einer Entwicklungskooperation. Der Grad der Verteilung steigt durch eine Kooperation.[72]

---

[70] Vgl. Boutellier et al. (2008), S. 55.

[71] Kern (2005), S. 22.

[72] Vgl. Kern (2005), S. 20 ff.

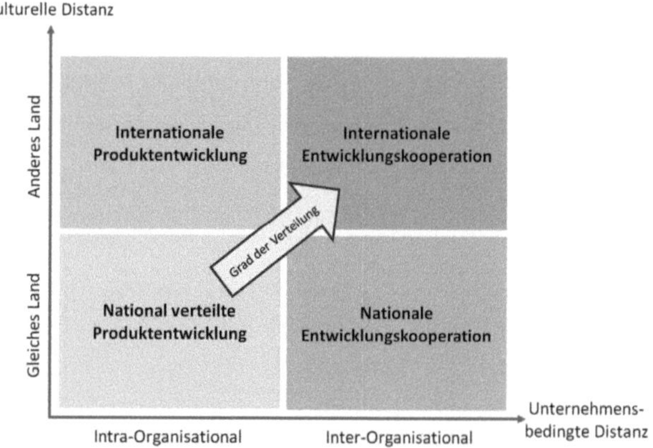


Abb. 8: Formen verteilter Produktentwicklung[73]

Kern (2005) beschreibt drei verschiedene Formen der Distanz, die bei verteilter Produktentwicklung entstehen und zu Reibungsverlusten führen. Durch die Verteilung der Entwicklung auf mehrere Standorte entsteht eine *räumlich-zeitliche Distanz*. Wenn die Verteilung sich auf zwei unterschiedliche Länder erstreckt, sodass zwei unterschiedliche Kulturkreise betroffen sind, entsteht eine *kulturelle Distanz* zwischen den Mitarbeitern. Die Verteilung ist umso größer, je kulturell unterschiedlicher die beteiligten Parteien sind. Die *unternehmensbedingte Distanz* resultiert aus der Beteiligung mehrerer Unternehmen. Mit zunehmender Distanz in einer oder mehreren der drei Determinanten steigen die Reibungsverluste. Dies beeinflusst die Zusammenarbeit und somit die Zieldimensionen (Abbildung 9). Diese Distanzen sind daher bei der Lösung gestalterischer Probleme zu berücksichtigen.[74]

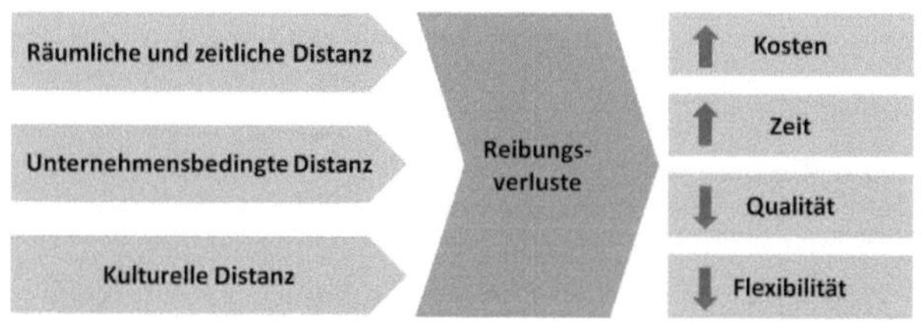


Abb. 9: Beeinflussung der Ziele durch die Verteilung[75]

[73] In Anlehnung an Kern (2005), S. 22

[74] Vgl. Kern (2005), S. 21, 139; Grabowski et al. (2003b), S. 30 ff.

[75] Siehe Kern (2005), S. 140; Stiefel (2011), S. 18.

Gemäß der Zielsetzung der Arbeit wird in der vorliegenden Untersuchung die *internationale Produktentwicklung* und die Auswirkungen der Dimension *kulturelle Distanz* untersucht (Abbildung 10). Deshalb wird im Folgenden die internationale Produktentwicklung definiert und anschließend beschrieben, welche Eingrenzungen vorgenommen werden müssen, um die kulturelle Distanz isoliert untersuchen zu können.

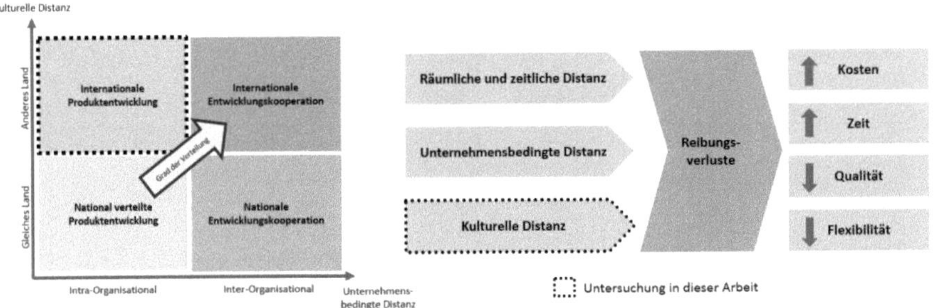


Abb. 10: Untersuchung der kulturellen Distanz bei internationaler Produktentwicklung

Die Internationalisierung ist definiert als eine dauerhafte und für das Unternehmen bedeutsame Auslandstätigkeit.[76] Internationale Produktentwicklung ist definiert als ist ein Vorhaben, bei dem „die Projektakteure aus verschiedenen Ländern stammen und/oder die Projektaktivitäten unter Einsatz von strategischen Ressourcen aus mehreren Ländern grenzüberschreitend arbeitsteilig durchgeführt werden. Dabei wird das Ziel verfolgt, [...] neue Produkte oder Verfahren zu entwickeln oder zu verbessern."[77] Ein internationaler Entwicklungsstandort entsteht durch Gründung einer lokalen Tochtergesellschaft oder Akquisition einer existierenden Institution.[78] Eine intern gegründete Organisation ist leichter zu kontrollieren und strategisch zu führen. Eine Übernahme bringt den Vorteil, dass bestehende Infrastruktur, Personal und vor allem Wissen genutzt werden können.[79]

Um die Effekte der kulturellen Distanz isoliert untersuchen zu können, werden folgende Eingrenzungen der Betrachtung vorgenommen:

- Es wird ausschließlich die internationale Produktentwicklung betrachtet. Grundsätzlich sind die Effekte der kulturellen Distanz auch bei einer internationalen Entwick-

---

[76] Vgl. Krystek und Zur (1997), S. 5.
[77] Gassmann (1997), S. 33.
[78] Vgl. Czernich (2014), S.18.
[79] Vgl. Lutz (2008), S. 57 f.

lungskooperation zu beobachten, jedoch können sich hierbei die kulturellen Effekte mit den Effekten der unternehmensbedingten Distanz überlagern.

- Zur Isolierung der Effekte aufgrund von räumlicher und zeitlicher Distanz wird ausschließlich die Zusammenarbeit an einem internationalen Standort betrachtet.
- Die Zusammenarbeit am internationalen Standort erfolgt kollaborativ. Kollaboration bezeichnet die gemeinsame Arbeit mehrerer Aufgabenträger an der Aufgabenerfüllung.[80] D. h. es arbeiten sowohl entsendete Mitarbeiter aus dem Stammsitz als auch lokale Mitarbeiter aus dem Zielland zusammen in einem Projekt. Aufgrund der hohen Interaktionsintensität bei dieser Form der Zusammenarbeit sind die interkulturellen Herausforderungen und die daraus resultierenden Reibungsverluste am tiefgreifendsten.

Durch die Eingrenzung ist eine fokussierte Untersuchung der Auswirkungen der kulturellen Distanz möglich.

### 2.2.2 Gestaltung der internationalen Produktentwicklung

In diesem Kapitel werden die Möglichkeiten zur Gestaltung einer internationalen Produktentwicklung dargestellt. Es wird gezeigt, welche Gestaltungsfaktoren existieren und welchen Einfluss die Faktoren auf die Wirkung der nationalen Kulturen für die internationale Produktentwicklung haben.

Die Gestaltungsfaktoren für die internationale Produktentwicklung können in drei unterschiedliche Ebenen untergliedert werden.[81]

- Auf der **strategischen Ebene** werden die grundlegenden Entscheidungen für das internationale Entwicklungsnetzwerk des Unternehmens und die internationale Entwicklungsarbeit getroffen. Durch die Entscheidungen auf dieser Ebene werden die kulturelle Distanz und der Wirkungsgrad der Interkulturalität festgelegt.
- Auf der **taktischen Ebene** werden die organisatorischen Praktiken gestaltet. Hier existieren die größten Gestaltungsmöglichkeiten im Hinblick auf die kulturellen Einflüsse. Im Rahmen der Vorgaben aus der strategischen Gestaltung kann durch gestalterische Maßnahmen auf die Kulturunterschiede reagiert werden. Die Gestal-

---

[80] Vgl. Stiefel (2011), S. 15.

[81] Vgl. Schmidt (2012), S. 5.

tungsempfehlungen, die im Rahmen dieser Arbeit entwickelt werden, adressieren die taktische Ebene.

- Auf der **operativen Ebene** erfolgt die konkrete Ausführung der Arbeitsschritte innerhalb des strategischen und taktischen Rahmens. Es wird die Interaktion der Mitarbeiter im Tagesgeschäft betrachtet. Auf der operativen Ebene zeigen sich die Kulturunterschiede und es kommt zu interkulturellen Herausforderungen.

In Abbildung 11 werden die drei Ebenen und die kulturell relevanten Gestaltungsfaktoren dargestellt:

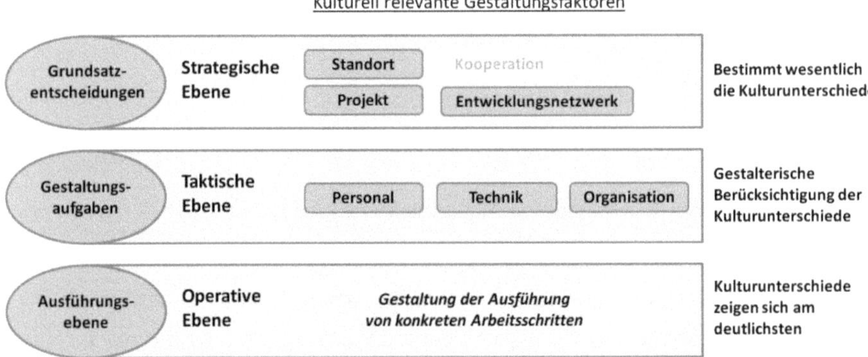


Abb. 11: Gestaltung einer internationalen Produktentwicklung[82]

### 2.2.3 Strategische Ebene

Die Grundsatzentscheidungen auf der strategischen Ebene werden überwiegend durch extern gegebene Größen beeinflusst (bspw. Markt- und Ressourcenpotentiale für die Standortentscheidung). Die Unternehmen können diese externen Faktoren nur bedingt beeinflussen. Sie stellen sich durch Reaktionsentscheidungen darauf ein und legen dadurch die Rahmenbedingungen für die taktische und operative Ebene fest. Die strategischen Weichenstellungen haben einen erheblichen Einfluss auf die kulturelle Distanz und deren Wirkungsweise. Grundsätzlich ist es möglich, bei den strategischen Entscheidungen den Faktor Kultur zu berücksichtigen und damit die kulturellen Rahmenbedingungen bewusst zu entscheiden. In der unternehmerischen Praxis hat dieser Faktor jedoch eine nachgelagerte Bedeutung. Die Entscheidungen werden auf Basis der strategischen Ziele

[82] In Anlehnung an Kern (2005), S. 40 und Steven (2008), S. 279 f.

getroffen. Die Festlegung der involvierten Kultur ist ein Nebeneffekt dieser Entscheidungen.

Die **Standortentscheidung** bzw. die Auswahl eines Ziellandes für den internationalen Entwicklungsstandort bestimmt die kulturelle Distanz. Es wird grundsätzlich festgelegt, welche nationale Kultur in die internationale Produktentwicklung einbezogen wird. Wie eingangs der Arbeit erläutert, wird die Entscheidung über das Zielland durch die angestrebte Realisierung von Potentialen, hauptsächlich der Marktpotentiale, dominiert.

Durch die organisatorische Gestaltung des **Entwicklungsnetzwerks** des Unternehmens wird die Interaktionsintensität sowohl zwischen den Standorten als auch die Intensität der interkulturellen Zusammenarbeit innerhalb einer Standortorganisation festgelegt. Der Wirkungsgrad der kulturellen Unterschiede wird dadurch bestimmt. Die Organisation hat somit einen hohen Einfluss auf die Integration der Kultur in das Netzwerk.[83]

Die Gestaltung der Zusammenarbeit der verschiedenen Entwicklungsstandorte im Entwicklungsnetzwerk wird in fünf Organisationsmodelle unterteilt, die in Abbildung 12 dargestellt sind. Das *ethnozentrisch zentralisierte Modell* bündelt alle Aktivitäten zentral an einem Standort. Das Leitmotiv sind Skaleneffekte durch die Zentralisierung. Die räumliche Nähe führt zu besseren Kontroll- und Steuerungsmöglichkeiten sowie geringerem Koordinationsaufwand. Es besteht jedoch die Gefahr, dass Trends und Signale aus den Auslandsmärkten nicht erkannt werden. Um dies zu vermeiden, existieren im *geozentrisch zentralisierten Modell* Horchposten in den wichtigsten Märkten, welche in intensivem Kontakt mit der Zentrale stehen. Wenn es sich bei den Außenstellen nicht nur um Horchposten, sondern um lokale Entwicklungseinheiten handelt, spricht man *vom polyzentrisch dezentralisierten Modell.* Es erfolgt eigenverantwortliche, produktbezogene Entwicklung an mehreren Standorten unter Berücksichtigung der jeweiligen marktspezifischen Anforderungen. Dieses Modell führt teilweise zu Ineffizienzen und Parallelentwicklungen, da die Entwicklungszentren weitestgehend unabhängig agieren. Beim *Hubmodell* wird das internationale Netzwerk zentral koordiniert, um Parallelentwicklungen und Inkompatibilitäten zu vermeiden. Der Nachteil dieses Modells sind hohe Koordinationskosten. Das *integrierte F&E-Netzwerkmodell* besteht vollständig aus gleichberechtigten Entwicklungseinheiten. Die Standorte sind auf unterschiedliche Kompetenzfelder spezialisiert und koordinieren

[83] Vgl. Rothlauf (2012), S. 97 ff.

diesen Verantwortungsbereich unternehmensweit. Es gibt keine zentrale Steuerung, sondern einen intensiven, standortübergreifenden Austausch.[84]

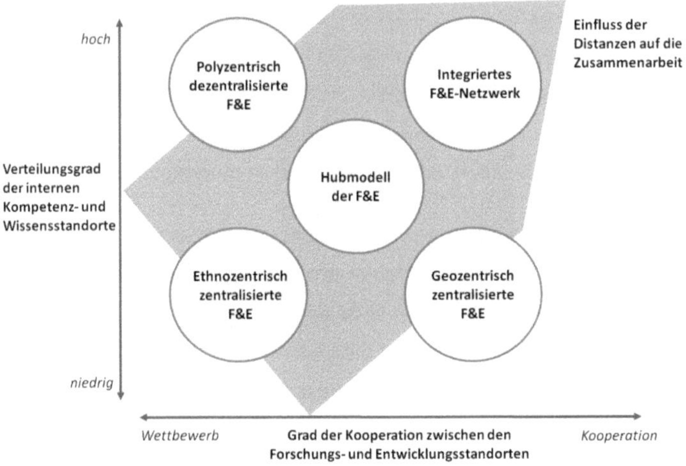


Abb. 12: Übersicht Organisationsmodelle internationaler Entwicklungsnetzwerke[85]

V. Zedtwitz und Gassmann (1999 und 2002), sowie Gassmann und Keupp (2005) zeigen, dass in der Praxis ein Trend zu global ausgerichteten (*polyzentrisch dezentralisierte F&E* und *Hubmodell*) und *integrierten Netzwerken* existiert. D. h. der Grad der Verteilung im Netzwerk steigt, weil die internationalen Entwicklungseinheiten nicht mehr nur als Horchposten agieren, sondern Produktentwicklung betreiben. Es ist gleichzeitig eine Konzentration des Netzwerks und stärkere Ausrichtung auf die wichtigen Standorte in den großen Märkten und Technologiezentren zu beobachten. Es kommt zu einer steigenden Bedeutung und Erweiterung der dortigen Einheiten. Insgesamt zeigen sich eine hohe Interaktion zwischen den Standorten und eine starke Integration aller Netzwerkeinheiten. Die Interaktionsintensität steigt. Einerseits muss innerhalb der jeweiligen Standortorganisation intensiv zusammengearbeitet werden, andererseits muss im Netzwerk eine gute Kooperation erfolgen. Durch die steigende Interaktionsintensität wirken sich vor allem die Probleme der kulturellen Distanz stärker aus. Gleichzeitig steigt die Bedeutung der einzelnen Standorte

---

[84] Vg. Gassmann (1997), S. 49 ff.

[85] Gassmann (1997), S. 49.

im Netzwerk. Sie müssen die erwarteten Ergebnisse einbringen und die vorgegebenen Ziele erreichen.[86]

Eng mit der Netzwerkgestaltung verbunden ist die Auswahl und Gestaltung des **Entwicklungsprojekts.**[87] Die Entscheidung, ob ein Projekt dezentral im Netzwerk oder zentral an einem internationalen Standort durchgeführt wird, setzt eine bestimmte Netzwerkgestaltung voraus. Durch die Charakteristik des Projekts wird der Anteil systemischer und autonomer Aufgaben festgelegt. Zudem werden Anforderungen an Ressourcen und Wissen an den involvierten Standort gestellt. Diese projektspezifischen Faktoren beeinflussen ebenfalls die Interaktionsintensität der unterschiedlich kulturell geprägten Mitarbeiter.

Durch die gezeigten Entwicklungen auf der strategischen Ebene werden Randbedingungen festgelegt, die auf der operativen Ebene zu stärkeren interkulturellen Herausforderungen in der Zusammenarbeit führen. Es entsteht somit ein steigender Handlungsbedarf auf der taktischen Ebene, im Hinblick auf die kulturelle Distanz gestalterische Anpassungen vorzunehmen.

### 2.2.4 Taktische Ebene

Die Gestaltungsdimensionen auf der taktischen Ebene sind **Organisation**, **Technik** und **Personal** (Abbildung 13). Die Dimension Organisation umfasst dabei die Aufbau- und die Ablauforganisation.[88] Durch gestalterische Maßnahmen auf der taktischen Ebene kann die Zusammenarbeit in der Unternehmung auf die kulturelle Distanz eingestellt werden.

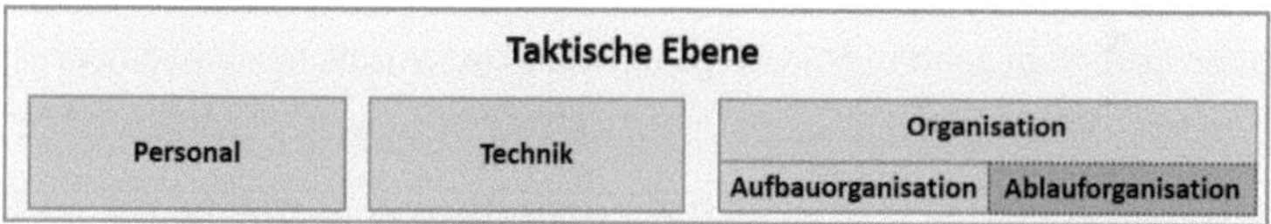


Abb. 13: Gestaltungsdimensionen der taktischen Ebene

Das Gestaltungsfeld **Personal** umfasst den Personalaufbau, den Personaltransfer (bspw. entsendete Expatriates) und die Qualifizierung des Personals (Aufbau von Kompetenzen und Wissen).[89] Die Gestaltung der Dimension Personal im Hinblick auf kulturelle Unterschiede wird durch die Methode des *interkulturellen Managements* adressiert. Das Ziel

[86] Vgl. v. Zedtwitz und Gassmann (2002), S. 582 ff.; Gassmann und v. Zedtwitz (1999), S. 245 f.; Gassmann und Keupp (2005), S. 15 f.

[87] Vgl. Gassmann (1997), S. 138 ff.

[88] Vgl. Kern (2005), S. 41; Gassmann (1997), S. 176.

[89] Vgl. Gassmann (1997), S. 208

dieser Methode ist das individuelle Training der Mitarbeiter zur Sensibilisierung auf das Arbeiten im interkulturellen Umfeld und eine entsprechende Kommunikations- und Verhaltensanpassung.[90] Das Feld des interkulturellen Managements wird in der wissenschaftlichen Literatur umfassend betrachtet.[91] Ein Nachteil des interkulturellen Managements ist die Reichweite. Es wird nur die trainierte Person adressiert. Die Wirkung setzt aus, sobald eine entsendete Person wieder in den Stammsitz zurückkehrt. Die nachfolgende Person muss ebenfalls interkulturell trainiert werden.

Das Gestaltungsfeld der **Technik** umfasst die Gestaltung und den Einsatz von Informations- und Kommunikationstechnologie (IuK). Sie dient zur Überbrückung der zeitlichen und räumlichen Distanz in der verteilten Produktentwicklung. Die Reichhaltigkeit der Informationsübermittlung ist bei der Verwendung elektronischer Medien geringer, wodurch die Bewältigung kultureller Herausforderungen erschwert wird. Die Gestaltung der IuK-Technologie hat deswegen auch eine kulturelle Relevanz.[92] Eine Untersuchung von Müthel (2006) betrachtet die interkulturellen Herausforderungen in der virtuellen Zusammenarbeit zwischen Deutschen und Chinesen und zeigt Gestaltungsmöglichkeiten für Vertrauensbildung. In der vorliegenden Untersuchung ist der Wirkungsgrad der Dimension Technik jedoch relativ gering, weil sich die Betrachtung auf einen Standort beschränkt. Diese Gestaltungsdimension ist dennoch ein relevanter Ansatzpunkt für weitere Forschung.

Für die Gestaltung der **Aufbauorganisation** lassen sich in der Literatur Hinweise finden, dass in China aufgrund der hohen Machtdistanz vertikale und hierarchische Organisationsstrukturen bevorzugt werden,[93] wohingegen Matrixorganisationen wegen der doppelten Autoritätsstruktur nur bedingt anwendbar sind, weil die personellen und fachlichen Zuständigkeiten nicht eindeutig verteilt sind.[94] Ein Konzept wurde von Schulz (2004) vorgestellt. Er schlägt ein Modell zum interkulturellen Organisationsmanagement vor. Darin wird empfohlen, bspw. spezielle Arbeitsplatzbeschreibungen zu definieren, ein zentralisiertes Top-Down-Management zu praktizieren und Leitungsfunktionen paritätisch zu besetzen, mit jeweils einem Ausländer und einem Chinesen. Die Gestaltung der Aufbauorganisation ist ein geeigneter Ansatzpunkt für die Entwicklung struktureller Verbesserungen. Sie ist jedoch nicht Gegentand der vorliegenden Arbeit, sondern sollte im Rahmen weiterer For-

---

[90] Vgl. Rothlauf (2012), S. 161 ff.

[91] Vgl. bspw. Meng (2003); Jing (2006); Zinzius (2007); Rothlauf (2012).

[92] Vgl. Gassmann (1997), S. 193 ff.

[93] Vgl. Peill-Schoeller (1994), S. 87.

[94] Vgl. Schulz (2004), S. 88; Dröscher und Drauz (2009), S. 140; Chen und Partington (2004), S. 404.

schung zur Organisationsgestaltung bei interkultureller Zusammenarbeit betrachtet werden.

Die Gestaltungsempfehlungen, die in der vorliegenden Arbeit entwickelt werden, adressieren die Anpassung der **Ablauforganisation** (Prozesse) unter Berücksichtigung der nationalen Kultur. Aufgrund der unterschiedlichen kulturell geprägten Arbeitsweisen der Mitarbeiter besteht an dieser Stelle großer Handlungsbedarf, die Arbeitsabläufe entsprechend anzupassen und auf die unterschiedlichen Arbeitsweisen einzustellen. Es ist zu vermuten, dass durch die kulturspezifische Gestaltung eine Verbesserung der Arbeitsabläufe erzielt werden kann.

### 2.2.5 Operative Ebene

Auf der operativen Ebene wird die konkrete Ausführung der Arbeitsschritte in der täglichen Zusammenarbeit gestaltet. Auf dieser Ebene wirken die kulturellen Unterschiede am stärksten, weil unterschiedlich kulturell geprägte Verhaltens-, Arbeits- und Denkweisen aufeinander treffen. Die Komplexität bei der Ausführung der Arbeitsschritte wird erhöht und es kommt zu interkulturellen Herausforderungen. Die Gestaltung im Hinblick auf die Kultur auf dieser Ebene wird durch die Mitarbeiter selbst vorgenommen. Bei der Ausführungsentscheidung werden z. B. die Methoden aus dem *interkulturellen Management* angewendet. Die Durchführung der Arbeitsschritte erfolgt also innerhalb der gestalterischen Vorgaben der taktischen Ebene.

Die Erläuterung der drei Gestaltungsebenen der internationalen Produktentwicklung hat gezeigt, dass die Grundsatzentscheidungen auf der strategischen Ebene Rahmenbedingungen festlegen, die auf der operativen Ebene in der täglichen Zusammenarbeit zu interkulturellen Herausforderungen führen. Es kommt zu Reibungsverlusten bei der Ausführung der Arbeitsabläufe. Es ist eine Analyse dieser interkulturellen Herausforderungen auf der operativen Ebene notwendig (Kapitel 5 und 6), um adäquate gestalterische Lösungen für die taktische Ebene zu entwickeln (Kapitel 7) und den Reibungsverlusten dadurch entgegenzuwirken. Im Fall der vorliegenden Arbeit handelt es sich dabei um Gestaltungsempfehlungen für die Entwicklungsprozesse.

## 2.3 Prozessorientierung in der Produktentwicklung

Dieses Kapitel gibt einen Überblick über die Grundlagen der Ablauforganisation eines Unternehmens und der Darstellung in einem Prozessmodell. Außerdem werden die Möglichkeiten zur Einflussnahme auf die Entwicklungsprozesse dargestellt.

### 2.3.1 Prozesstheoretische Grundlagen

Lindemann (2009) definiert einen Prozess als eine Folge von Aktivitäten unter Nutzung von Information und Wissen sowie materiellen Ressourcen, bei denen die Eingangsinformationen (Input) durch eine Aktivität zu Ausgangsinformationen (Output) verarbeitet werden.[95] Die Aktivitäten sind in einer bestimmten, sachlogischen Ablauffolge auszuführende Aufgaben, die zu einer Mehrwertschaffung (im Vergleich Input mit Output) führen.[96] Jeder Aktivität wird eine Rolle zugewiesen und wird durch Ressourcen (Menschen oder Maschinen) ausgeführt.[97] Eine Rolle ist „[...] eine Zusammenfassung von Aufgaben dar, die in einem bestimmten Kontext (z.B. bei der Durchführung eines Geschäftsprozesses) i.d.R. von einer Person durchgeführt werden. Rollen müssen Mitarbeitern nicht fest zugeordnet sein. Ein Mitarbeiter kann je nach Situation unterschiedliche Rollen einnehmen – auch mehrere Rollen gleichzeitig.“[98]

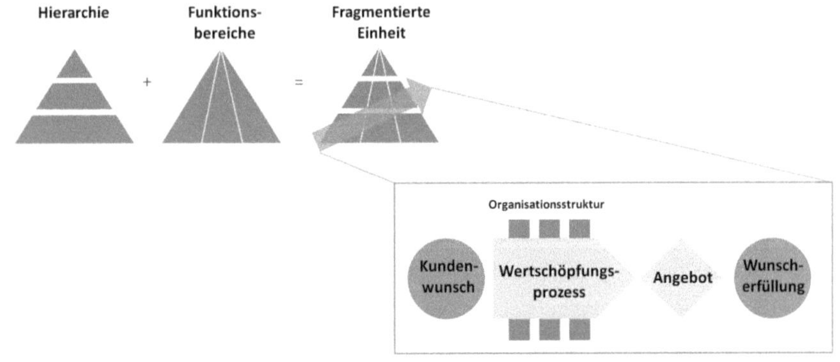


Abb. 14: Prozessorientierte Organisationsgestaltung[99]

[95] Lindemann (2009), S. 16.
[96] Vgl. Koch (2011), S. 5.
[97] Vgl. Eppler et al. (2008), S. 372.
[98] Allweyer (2005), S. 54.
[99] In Anlehnung an Osterloh und Frost (2006), S. 32 ff.

Der traditionelle Organisationsaufbau orientiert sich an den funktionalen Fähigkeiten (Aufbauorganisation) und untergliedert sich bspw. in Entwicklung, Produktion, Vertrieb, Einkauf und Logistik. Die Entscheidungskompetenz liegt in der Hierarchie der Funktionsbereiche. Die führt zu einer fragmentierten Einheit (Abbildung 14). Bei der prozessorientierten Organisation liegt der Fokus auf dem Management der funktionsübergreifenden Geschäftsabläufe im Sinne einer kundenorientierten Leistung und einem wirtschaftlichen Ergebnis. Die Leistungserstellung konzentriert sich auf die Anforderungen, Bedürfnisse und Erwartungen der Kunden entlang der Wertschöpfungskette. Die Kunden können intern und extern sein. Prozesse erhöhen somit die Wertschöpfung im Unternehmen, weil eine durchgängige Ausrichtung der Aktivitäten ausschließlich auf das kundenrelevante Endziel erfolgt. Die Verantwortung für das Gesamtergebnis übernehmen die Prozessketten, die fachlich-inhaltliche Verantwortung liegt bei den Kompetenzzentren der Funktionsbereiche. Eine dynamische Organisation mit wettbewerbsfähigen Kompetenzzentralen kombiniert die Fachkompetenz mit der Ergebniskompetenz. Die funktions- und organisationsübergreifende Verknüpfung wertschöpfender Aktivitäten werden als Geschäftsprozesse bezeichnet. Dieser Begriff wird in der vorliegenden Arbeit mit dem „Prozess" synonym verwendet.[100]

Prozessmodelle (oder auch Vorgehensmodelle) sind zweckorientierte und informationsreduzierte Abbildungen der Realität in Prozessen. Sie stellen einen organisatorischen Leitfaden für das Vorgehen dar, welcher zur Strukturierung beiträgt und damit die Komplexität zu bewältigen hilft. Es wird der chronologisch-sachlogische Ablauf von Tätigkeiten abgebildet. Das Hauptziel ist die Steuerung der Vorgänge und die Herstellung von Transparenz durch die Vereinbarung und Dokumentation der abstrahierten Abläufe und Zusammenhänge im Unternehmen (Tätigkeiten, Funktionen, Rollen und Schnittstellen).[101] Die Prozesse werden dabei durch vertikale Gliederung in verschiedenen Ebenen dargestellt. Es existiert eine Prozesshierarchie. Ein Prozess besteht aus mehreren Teilprozessen (stellen eine Untermenge des darüber liegenden Prozesses dar), diese können ebenfalls in detaillierte Teilsysteme bzw. Elemente untergliedert werden.[102]

---

[100] Vgl. Koch (2011), S. 14 f.; Hirzel et al. (2008), S.11ff.; Heftrich (2000), S. 22 f.; Schmelzer und Sesselmann (2010) S. 63ff.

[101] Vgl. Lindemann (2009), S. 16 ff., 35 ff.; Koch (2011), S. 47 f.

[102] Vgl. Fischermanns (2010), S. 92; Hirzel et al. (2008), S. 74 f.

Die Modellierung von Prozessen hat einen ordnenden Charakter. Sie setzt die Leitplanken für die Zusammenarbeit und gibt Orientierung in der Leistungserstellung:[103]

- Prozesse helfen, zielorientierte Arbeitsabläufe zu planen, zu steuern und zu kontrollieren.
- Prozesse stellen Transparenz über den aktuellen Prozessfortschritt und die Informationen bezüglich des Arbeitsobjekts her.
- Prozesse schaffen Ablaufklarheit über die bereits durchgeführten und die noch ausstehenden Arbeitsschritte sowie die Schnittstellen.
- Prozesse koordinieren die integrative und parallele Arbeit der verschiedenen involvierten Fachbereiche und stellen Transparenz über Verantwortung, Ergebnis und Ziele her.
- Prozesse können durch Standardisierung und Strukturierung die Produktivität erhöhen (Fehlervermeidung, Termintreue, Kostenreduktion, Qualitätssteigerung).
- Durch die Dokumentation der Prozesse ist das Wissen unabhängig von der Person verfügbar und erleichtert somit die Einarbeitung.

Grundsätzlich lassen sich unternehmerische Prozesse in drei Prozesstypen kategorisieren (Abbildung 15):[104]

- *Leistungsprozesse* (auch Kernprozesse) befassen sich mit der produktbezogenen Wertschöpfung, von der Bedürfniserkennung bis zur Bedürfnisbefriedigung beim Kunden. Ein Beispiel für einen Leistungsprozesse ist die Produktentwicklung.
- *Führungsprozesse* (auch Steuerungsprozesse) dienen der Verwaltung und Ausrichtung der Kernprozesse. Sie befassen sich mit der Gestaltung und Lenkung der Ablauforganisation.
- *Unterstützungsprozesse* (auch Hilfsprozesse) sind nicht unmittelbar an der Wertschöpfung beteiligt, sondern unterstützen die Kern- und Führungsprozesse, sie dienen bspw. der Ressourcenversorgung.

---

[103] Vgl. Bichlmaier (2000), S. 68 f.; Schäppi et al. (2005), S. 5; Koch (2011), S. 47 f.

[104] Vgl. Österle (1995) S. 130.

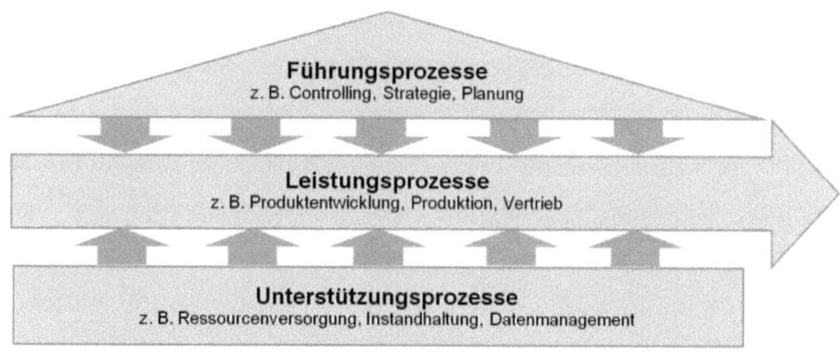


Abb. 15: Unterscheidung der Prozesstypen in Unternehmen[105]

Die Gestaltung der Geschäftsprozesse hat aufgrund der steigenden Komplexität in den Industrieunternehmen eine hohe Bedeutung. Das *Prozessmanagement* umfasst die Planung, Steuerung und Überwachung von Unternehmensprozessen mit dem Ziel, die Tätigkeiten weitestgehend zu standardisieren, um dadurch die betriebliche Wertschöpfung effizient und effektiv zu gestalten und auf den Kunden auszurichten. Hierzu gehört auch die kontinuierliche Überprüfung und Verbesserung der Prozesse. Prozessmanagement ist daher ein wichtiger Erfolgsfaktor für ein Unternehmen. Es erzeugt Kontinuität und Transparenz in der Organisation und ermöglicht ein systematisches und strukturiertes Arbeiten entlang der Wertschöpfungskette.[106] Gut gemanagte Prozesse wirken sich positiv auf die Zielgenauigkeit des Angebots und die Kosten pro Leistungseinheit aus. Das erhöht den Kundennutzen. Außerdem trägt das Prozessmanagement zu einer objektiveren Leistungsbeurteilung bei, die Entscheidungskompetenzen können klar definiert und Aufgaben verbindlich zugewiesen werden. Die Folge ist eine bessere Selbststeuerung.[107]

Das Prozessmanagement unterteilt sich in fünf Phasen (Abbildung 16).[108] Zuerst erfolgt die *Definition* der Ziele und des Umfangs, anschließend die *Prozessaufnahme und -analyse.* Hier werden Prozessschritte, Beteiligte, Schnittstellen und Ressourcen erfasst und dokumentiert. Die Herausforderung liegt in der richtigen Wahl des Detaillierungsgrades. Eine sehr detaillierte Erfassung führt zwar zu einer deutlich besseren Informationslage, aber sie ist auch sehr aufwendig und es besteht das Risiko, dass die Kosten den Nutzen übersteigen. Der dritte Schritt ist die *Prozessgestaltung.* Hier soll durch Gestaltungsmaßnahmen eine Verbesserung der Leistungserstellung erzielt werden. In der Prozessumsetzung er-

105 Österle (1995) S. 130.
106 Vgl. Emrich (2004), S. 9.
107 Vgl. Hirzel et al. (2008), S. 21.
108 Vgl. Kern (2012), S. 4ff.

folgt die *Realisierung* der Maßnahmen. Diese werden im Anschluss während des laufenden Betriebs im Rahmen des *Prozesscontrollings* bewertet. Es erfolgt eine Messung der Zielerreichung, indem die Ist-Situation des Prozesses mit best practices bzw. den Zielvorgaben verglichen wird. Prozessreifegradmodelle liefern hier eine Bewertungsbasis für die Ableitung weiterer Verbesserungspotentiale bzw. Handlungsbedarfe. Der Vergleich mit vordefinierten Reifegradstufen gibt eine Aussage darüber, wie entwickelt und belastbar ein Prozess ist. Dies hilft, die Prozesse untereinander zu vergleichen und kritische Prozesse zu identifizieren.[109]

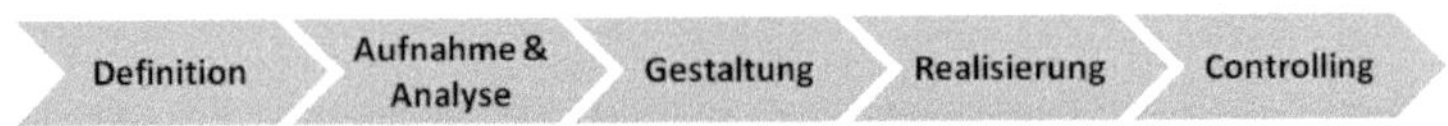


Abb. 16: Phasen des Prozessmanagements

Die Gestaltungsempfehlungen für die Entwicklungsprozesse, die in Kapitel 7 gegeben werden, adressieren die Phase der Gestaltung. Hierfür dienen die folgenden Gestaltungsmöglichkeiten für Prozesse nach Gaul (2001) als Grundlage:[110]

- *Ressourcen* werden unterschieden in Personen sowie Methoden und Werkzeuge. Methoden sind entweder auf den Menschen ausgerichtet, wie bspw. Gruppenarbeit, oder technischer Natur, z. B. Computersysteme.
- Die *Strukturierung und Abgrenzung der Aktivitäten* definiert die Ablauffolge der Aktivitäten. Diese hängt von der Wahl der Prozessschnittstellen ab.
- Durch die *Festlegung der Schnittstellen* wird die Abgrenzung der Aktivitäten vorgenommen. Eine Prozessschnittstelle wird definiert als Übergabe eines Objekts zwischen zwei organisatorischen Einheiten, bspw. Abteilungen.[111]
- Die *Optimierung der Informationsflüsse* beschäftigt sich sowohl mit den produktbezogenen Informationen (bspw. Geometriezeichnungen eines Arbeitsobjekts) als auch den prozessbezogenen Informationen (bspw. Prozessdokumentation).

[109] Vgl. Hogrebe & Nüttgens (2009), S. 17 ff.
[110] Vgl. Gaul (2001), S. 82 ff.
[111] Vgl. Koch (2011), S. 5.

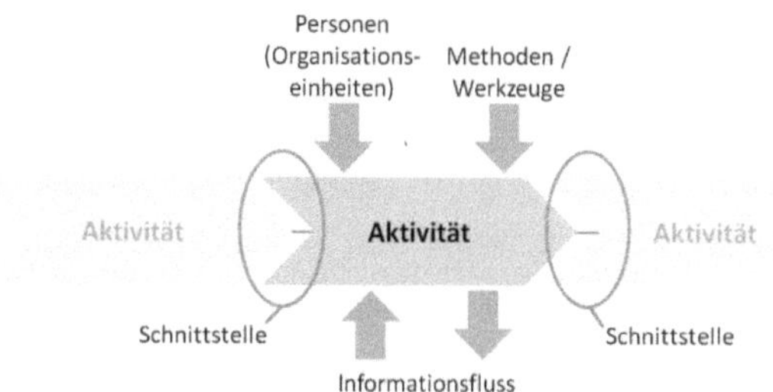


Abb. 17: Gestaltungsmöglichkeiten für Prozesse[112]

Die Detaillierungstiefe der Prozessdefinition und -gestaltung ist variabel. Die Elemente der unterschiedlichen Prozesshierarchieebenen können in unterschiedlicher Granularität dargestellt werden. Die Detaillierung kann schrittweise herunter gebrochen werden.[113] Die Planung hängt von den jeweiligen Problemen („*Wie genau muss ich es wissen?*") und dem Arbeitsaufwand („*Wie viel Aufwand bei der Darstellung bin ich bereit zu betreiben?*"), aber auch von der angestrebten Vorgabegenauigkeit („*Wie genau möchte ich die Prozessabläufe vorgeben?*") ab. Diese Fragen werden durch den Prozesstyp und die Merkmale des Prozesses beantwortet.

### 2.3.2 Prozesstypen und Merkmale von Prozessen

Industrielle Prozesse werden unterschieden in *stringente* und *flexible* Prozesse. Die Unterscheidungskriterien sind *Standardisierung* und *Strukturierung.*

Bei strukturierten Prozessen sind die Elemente vorab definiert, um Unsicherheiten zu vermeiden. Durch die Strukturierung werden die Prozessinhalte nach Eigenschaft und deren Wichtigkeit gegliedert und die Bearbeitungsreihenfolge festgelegt. Bei nicht strukturierten Prozessen hängt der Prozessablauf vom Transformationsobjekt ab und kann daher nicht vollständig vor Ablauf geplant werden.[114]

Standardisierung der Prozesse steht für eine hohe Transparenz durch klare Definition der Schnittstellen und Leistungsinhalte. Prozesse mit einer hohen Standardisierung vermeiden

---

112 Siehe Gaul (2001), S. 82.

113 Vgl. Hirzel et al. (2008), S. 74 f.

114 Vgl. Koch (2011), S. 8.

Variationen. Sie können mit einer hohen Frequenz in der gleichen Art und Weise durchlaufen werden.[115]

Prozesse, die eine hohe Standardisierung und Strukturierung aufweisen, werden als stringente Prozesse bezeichnet. Beispiele hierfür sind Prozesse wie Produktion, Auftragsabwicklung, Beschaffung oder Logistik. Sie sind gut beschreibbar und lassen sich präzise planen bzw. organisieren. Variationen sind nicht vorgesehen und Abweichungen werden minimiert. Prozesse, die nur bedingt standardisierbar und strukturierbar sind, werden als flexible Prozesse bezeichnet. Der Produktentwicklungsprozess (als Ganzes betrachtet) ist aufgrund seiner charakteristischen Besonderheiten wenig standardisierbar und strukturierbar. Er wird deswegen als flexibler Prozess bezeichnet.[116] Wenn der Detaillierungsgrad jedoch erhöht wird, also der Hauptprozess Produktentwicklung in Teilprozesse untergliedert wird, sind auf den tieferliegenden Hierarchieebenen sowohl stringente als auch flexible Prozesse zu finden. Die Prozesse können nicht digital unterschieden werden, die Grenze zwischen stringent und flexibel ist fließend. Im anschließenden Kapitel 2.3.3 werden daher das Prozessmodell der Produktentwicklung und die Prozesshierarchie bei der Modellierung erläutert.

Die Strukturierbarkeit und Standardisierbarkeit von Prozessen kann nicht digital bewertet werden, weil sie von bestimmten Prozessmerkmalen abhängen. Diese werden in Tabelle 1 dargestellt. Die Merkmale werden wesentlich durch den Faktor Mensch beeinflusst. Je häufiger der Mensch in den Prozess eingreifen muss, je mehr Menschen interagieren und je intensiver die Interaktion ist, desto geringer ist die Standardisierbarkeit und Strukturierbarkeit. Dies erklärt, dass die Kultur der Menschen auf die Prozesse einen großen Einfluss hat, weil sie die Menschen und ihre Interaktion prägt. In Kapitel 7 werden die dargestellten Prozessmerkmale aufgegriffen und herausgearbeitet, welche Ausprägungen dazu führen, dass sich ein Entwicklungsprozess zur Durchführung in einem interkulturellen Umfeld einer deutsch-chinesischen Produktentwicklung eignet bzw. nicht eignet.

---

[115] Vgl. Pfeifer (2001), S. 58 f.

[116] Vgl. Koch (2011), S. 8 f.; Hirzel et al. (2008), S. 77.

| Merkmal | Beschreibung |
| --- | --- |
| **Anzahl beteiligter Bereiche (Organisationseinheiten)** | Zunehmende Anzahl erhöht Koordinationsaufwand; unterschiedliche Ziele, Anforderungen, Wissen, etc. Mehr soziale Interaktion. |
| **Ort der Zusammenarbeit** | Direkte Zusammenarbeit erleichtert Wissens- und Informationsaustausch → Digitale Zusammenarbeit erhöht Risiko von Missverständnissen. |
| **Zeit der Zusammenarbeit** | Bei sequentieller Arbeit existiert ein verlässlicher Aufsatzpunkt → Parallele Arbeit erhöht Unsicherheit und Koordinationsaufwand. |
| **Intensität der Zusammenarbeit** | Lose verknüpfte Zusammenarbeit (Austausch von Ergebnissen) → Integriertes Arbeiten (Kontinuierliche Zusammenarbeit) erhöht soziale Herausforderungen. |
| **Bearbeitung der Aufgaben** | Separate (verteilte) Aufgabenpakete → gemeinsame Arbeit erhöht soziale Herausforderungen. |
| **Anzahl der Schnittstellen** | Organisatorische Schnittstellen erhöhen Kommunikationsbedarf, technische den Informationsbedarf. |
| **Zahl der Prozessschritte** | Mehr Schritte machen Prozess unübersichtlicher und können dazu führen, dass insgesamt mehr Interaktion nötig ist. |
| **Datenzugriff** | Eingeschränkte Verfügbarkeit bzw. Hürden beim Zugriff auf Daten, Informationen und Wissen erschweren die Bearbeitung. |
| **Kompetenzanforderung** | Qualität und Quantität des notwendigen technischen und fachlichen Wissens erhöhen die Anforderung an den Wissenstransfer. |
| **Kapazität** | Zeitdruck oder sonstige knappe Ressourcen haben Auswirkung auf die Intensität und Qualität der Bearbeitung. |
| **Sprache** | Verschiedene Sprachen erschweren die Kommunikation. |
| **Prozessdynamik** | Bei dynamischem Ablauf werden an verschiedenen Punkten neue Richtungen eingeschlagen (Weichenstellungen im Prozess). |
| **Unsicherheit / Eventualitäten (Vorhersehbarkeit)** | Unsichere Einflüsse von außen verhindern, dass Aktivitäten vorab definiert und abgegrenzt werden können. Einflussnahme durch den Menschen wird notwendig. |
| **Innovationsgrad** | Neuartigkeit im Prozess und hoher Kreativitätsanteil führen dazu, dass Prozessablauf nur bedingt geplant werden kann, sondern er hängt vom Menschen ab. |
| **Konstanz der Arbeitsinhalte** | Situationsspezifische Prozesse haben weniger repetitive Inhalte und gleiche Abläufe und sind umso geringer standardisierbar bzw. strukturierbar. |
| **Interdependenzen / Abhängigkeiten** | Hohe technisch-inhaltliche Vernetzung zwischen verschiedenen Bereichen führen zu Zielkonflikten und Abstimmungsaufwand. Mehr soziale Interaktion ist notwendig. |

| Merkmal | Beschreibung |
|---|---|
| **Konfliktpotential** | Prozesse / Meilensteine, an denen Zielkonflikte offensichtlich werden bzw. aufgelöst werden müssen, erschweren die soziale Interaktion. |
| **Entscheidungsumfang und Gestaltungsspielraum** | Mehrere Entscheidungsalternativen bis hin zum komplett offenen Entscheidungsraum, Varianz im Prozess erhöht sich, hängt vom Menschen ab. |
| **Grad der möglichen Beeinflussung des Prozessergebnisses** | Die Konsequenzen der Aktivitäten beeinflussen stark das Prozessergebnis. Hohe Sensitivität der Arbeitsinhalte. |
| **Tragweite des Prozessergebnisses** | Prozessergebnis hat hohe Auswirkung auf den Erfolg des Gesamtprojekts. Festlegung entscheidender Kriterien. |
| **Zeitlicher Versatz bis zum Eintreten des Ergebnisses** | Zeitverzögerte Rückmeldung über das Ergebnis erhöht die Unsicherheit und etwaige Korrekturkosten. |
| **Messbarkeit / Beschreibbarkeit des Ergebnisses** | Ungenaue Spezifikation des Ziels / angestrebten Ergebnisses beeinflusst die Zielorientierung, führt zu einer bedingten Planbarkeit. |
| **Informationslage** | Unsichere Informationslage erfordert das Treffen von Annahmen. |
| **Halbwertszeit des Wissens** | Relevantes Wissen verändert sich schnell (entwickelt sich weiter) und erhöht den Umfang des Wissenstransfers. |

Tab. 1: Merkmale von Prozessen[117]

Die dargestellten Prozessmerkmale weisen für Entwicklungsprozesse aufgrund der charakteristischen Besonderheiten der Produktentwicklung häufig Ausprägungen auf, die eine geringe Standardisierbarkeit und Strukturierbarkeit des Prozesses zur Folge haben. Dementsprechend steigen die Anforderungen an den Prozessanwender bei der Durchführung.

### 2.3.3 Prozesse in der Produktentwicklung

Die Prozesse in der Produktentwicklung definieren die Leitplanken der Zusammenarbeit, um eine geregelte Konkretisierung der Produktlösung zu ermöglichen. Durch eine konsequente Prozessorientierung wird eine hohe Kundenorientierung sichergestellt, weil eine positive Wirkung auf das Dreieck „Kosten, Zeit und Qualität“ erzeugt wird.[118]

Die unterschiedliche Detaillierungstiefe des Prozessmodells in der Produktentwicklung wird in Abbildung 18 dargestellt. Die Grenzen der Detaillierungsebenen sind fließend, was durch die ineinander übergehenden Ebenen von Mikro- und Makrologik dargestellt wird.

[117] Merkmale in Anlehnung an Gaul (2001), S. 91 ff.; Eppler et al. (2008), S. 374 ff.

[118] Vgl. Gusig und Kruse (2010), S. 13 f.; Koch (2011), S. 47.

Auf der Makroebene erfolgt die zeitliche Planung und Taktung des *Gesamtprojekts*. Die Planung umfasst die Arbeitsabschnitte und die Festlegung der Arbeitsergebnisse, die zu den Meilensteinen vorliegen müssen. Es wird der sequentielle Ablauf der *Phasen* festgelegt. Die Phasen haben unterschiedliche inhaltliche Schwerpunkte und erzeugen in ihrer sequentiellen Abfolge eine zunehmende Konkretisierung des Entwicklungsobjekts. An den Übergangspunkten zwischen den Phasen sind Kontrollpunkte, sogenannte Meilensteine definiert, welche die Arbeitsergebnisse dokumentieren. Ein Beispiel für die phasenorientierte Betrachtung des Produktentwicklungsprozesses ist das Vorgehen beim Entwickeln und Konstruieren nach VDI 2221. In der Literatur existieren weitere Phasenmodelle für die Produktentwicklung.[119]

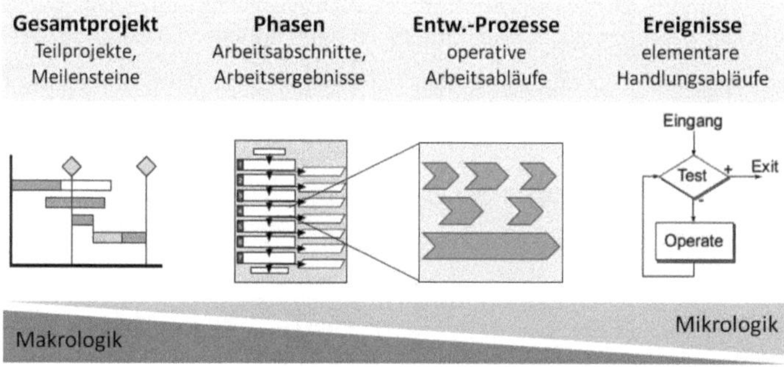


Abb. 18: Unterschiedlicher Auflösungsgrad des Produktentwicklungsprozesses[120]

Wenn im Rahmen dieser Arbeit von Prozessen in der Produktentwicklung (oder Produktentwicklungsprozessen) gesprochen wird, ist von der hier dargestellten Ebene der *Entwicklungsprozesse* (siehe Abbildung 18) die Rede. Die Entwicklungsprozesse stellen eine Untergliederungsebene der Phasen dar und definieren die operativen Arbeitsabläufe und Vorgehensweisen. Es wird festgelegt, wie und in welchen Schritten vorgegangen wird. Die Entwicklungsprozesse können in verschiedenen Ebenen dargestellt werden, also in Teil- oder Subprozesse untergliedert werden. Die Detaillierung kann so weit verfeinert werden, dass die Ereignisebene dargestellt wird. Auf dieser Mikroebene wird eine Feinplanung der Entwicklungsprozesse durchgeführt, indem die elementaren Arbeits- und Handlungsabläu-

[119] Vgl. Ulrich und Eppinger (2000); Schäppi et al. (2005); Gusig und Kruse (2010); Engeln (2006); Schönmann (2012).

[120] In Anlehnung an Lindemann (2009), S. 38.

fe betrachtet werden. Ein typisches Element sind bspw. Iterationen nach dem TOTE-Schema.[121]

Die Detailtiefe der Prozessmodellierung in der Produktentwicklung hängt von zwei verschiedenen Faktoren ab. Auf der einen Seite können vor allem die unteren Hierarchieebenen des Produktentwicklungsprozesses nur bedingt geplant und ex ante definiert werden. Sie werden innerhalb des prozessual gesetzten Rahmens von den Bearbeitern bei der Ausführung selbst festgelegt. Wenn ein effektiver und intuitiver Normalbetrieb des Denkens und Handelns in der Produkterstellung in der Praxis funktioniert, wird auf eine detaillierte Modellierung der Entwicklungsprozesse und der Ereignisebene häufig verzichtet. Wenn es aber um die Bewältigung komplexer Prozesse und die Koordination von vielen beteiligten Personen geht, sind Prozesse ein wirksames und notwendiges Instrument zur Verbesserung der Produktentwicklung. Darüber hinaus können sie herangezogen werden, um Optimierungspotential aufzuzeigen oder als Hilfsmittel für die Einarbeitung neuer Mitarbeiter zu dienen.[122]

Auf der anderen Seite ist die Wahl der Detaillierungsgenauigkeit bei der Gestaltung der Entwicklungsprozesse eine Gratwanderung, weil die Prozesse sich in einem Spannungsfeld befinden. Wie im vorangegangenen Kapitel 2.3.2 gezeigt, ist der Produktentwicklungsprozess ein flexibler Prozess. Das liegt daran, dass ein Großteil der darin enthaltenen Entwicklungsprozesse nur bedingt standardisierbar und strukturierbar ist. Dies ist auch nicht zielführend, weil dadurch die charakteristischen Eigenschaften der Produktentwicklung beeinflusst werden würden. Die Prozesse in der Produktentwicklung befinden sich daher in einem Spannungsfeld zwischen Vorgabe und Freiheit (Abbildung 19). Eine zu allgemeine Planung bietet keine Unterstützung, eine sehr detaillierte Planung schränkt die kreative Freiheit der Produktentwicklung ein und kann aufgrund der hohen Dynamik schnell obsolet werden.

Abb. 19: Spannungsfeld der Prozesse in der Produktentwicklung

[121] Vgl. Lindemann (2009), S. 40.
[122] Vgl. Ehrlenspiel (2003), S. 157 ff.

Die Prozesse in der Produktentwicklung sollen daher die grundsätzlichen Abläufe und Arbeitsweisen vorgeben, jedoch Gestaltungsräume bei der Umsetzung gewähren, um neuartige Produktlösungen zu fördern.[123] Die Gestaltungsspielräume sind notwendig, um den Entwicklern die nötige Freiheit zur Kreativität für die Schaffung von Innovationen zu ermöglichen. Das „kreative Chaos" soll in gewissem Umfang gefördert werden, muss aber im Laufe des Prozesses in strukturierte Bahnen gelenkt werden. Darüber hinaus müssen die Prozesse durch Flexibilität die Unsicherheit und Dynamik in der Produkterstellung kompensieren. Das Entwicklungsobjekt ist zu Beginn des Prozesses nicht vollständig spezifizierbar und es besteht Unsicherheit bei den zur Verfügung stehenden Daten und Informationen. Die Abläufe zur Konkretisierung können nicht vollständig deterministisch geplant werden. Zwischenergebnisse und unerwartete Ereignisse machen weitere Aktivitäten notwendig, die im Vorfeld nicht absehbar waren. Das Prozessmodell muss zum Charakter der Produktentwicklung passen.[124]

Die Durchführung von notwendigen Änderungen aufgrund neuer Erkenntnisse und die Steuerung der Zielerreichung unterliegen in vielen Prozessen zu einem Großteil den Entwicklern auf der Arbeitsebene. Sie verfügen über den umfangreichen Wissens- und Informationsstand und können daher die Lage zu jeder Zeit am besten einschätzen. Es liegt daher eine größere Verantwortung, bspw. für die Gestaltung und Entscheidung, auf den Schultern der Mitarbeiter. Die ist in anderen Teilen der Wertschöpfungskette, bspw. im Produktionsprozess, unüblich.

Damit diese Arbeitsweisen prozessual befähigt werden, geben die Entwicklungsprozesse im deutschen Kulturumfeld eine gewisse Flexibilität bei der Umsetzung. Es werden spezielle Anforderungen an die Gestaltung der Prozesse in der Produktentwicklung gestellt. Diese Anforderungen sind in Tabelle 2 dargestellt und sind jeweils auf die charakteristischen Eigenschaften der Produktentwicklung (in der Spalte Eigenschaft) zurückzuführen:

| Anforderung an die Prozesse in der Produktentwicklung | Eigenschaft |
|---|---|
| Prozesse ermöglichen trotz des vorgebenden Charakters die Flexibilität, neue Dinge zu tun und bestehende Lösungen zu hinterfragen. | Kre01, Neu01 |
| Prozesse sind auf fachbereichs- und hierarchieübergreifende Zusammenarbeit ausgelegt, in der die Mitarbeiter die Funktion ihres Fachbereichs repräsentieren (rollenorientierte Zusammenarbeit). | Par01, Par02, Int01, |

[123] Vgl. Hirzel et al. (2008), S. 77.

[124] Vgl. Lindemann (2009), S. 16 ff., 26 ff.; Bichlmaier (2000), S. 48 ff.; Zedtwitz et al.(2004), S. 35.

| Anforderung an die Prozesse in der Produktentwicklung | Eigenschaft |
|---|---|
| Prozesse sind darauf ausgelegt, dass die Mitarbeiter sich mit dem Bearbeitungsobjekt bzw. dem -ergebnis identifizieren und ein inhärentes Anspruchsdenken bzgl. Zeit, Kosten und Qualität haben. | Zie01 |
| Die Prozesse setzen eine offene, direkte und kritische Kommunikation voraus, ungeachtet der Hierarchieebene. | Mit01, Mit02, Arb01, Arb04, Arb06, |
| Prozesse sind darauf ausgelegt, dass Konflikte und Probleme frühzeitig allen Beteiligten kommuniziert, sachlich ausdiskutiert und aufgelöst werden (offener Dissens). | Zie02, Dyn03, Arb05, Uns01 |
| Die Prozesse sind darauf ausgelegt, dass die Mitarbeiter zielorientiert (langfristig) geführt werden, indem Verantwortung übertragen wird und Entscheidungen an die Mitarbeiter delegiert werden. | Füh01, Füh02, Arb02, Arb03 |
| Die Prozesse sind darauf ausgelegt, dass die Mitarbeiter selbstständig die Ziele verfolgen sowie die Konflikte und Entscheidungen im Prozess bewältigen. | Arb02, Arb03, Uns02, Uns03 |
| Prozesse sind darauf ausgelegt, dass die Mitarbeiter situative Änderungen selbst entscheiden, um auf Veränderungen und neue Erkenntnisse reagieren zu können. | Dyn01, Dyn02 |
| Die Prozesse sind darauf ausgelegt, dass ein hohes Maß an eigeninitiativen Entscheidungen auf der Mitarbeiterebene erforderlich ist. | Ent01, Ent02, Ent03, Arb03 |
| Die Prozesse legen Strukturen und Verantwortung fest, die Ausführung der Arbeitsschritte obliegt den Mitarbeitern. Hierbei werden eine analytische Herangehensweise und strukturierte Problemlösung unter Betrachtung der Abhängigkeiten bzw. Wechselwirkungen vorausgesetzt. | Kom01, Zie03 |
| Die Prozesse sind darauf ausgelegt, dass ein rollenorientiertes Arbeiten in verschiedenen, fachübergreifenden Teams mit wechselnder Besetzung möglich ist. | Org01, Org02 |

Tab. 2: Anforderungen an die Prozesse in der Produktentwicklung

Das besondere Spannungsfeld der Produktentwicklungsprozesse (Abbildung 19) wird im deutschen Kulturumfeld dadurch gelöst, dass die Prozesse die genannten Anforderungen erfüllen. Es ist jedoch anzunehmen, dass diese Lösung nicht für das chinesische Kulturumfeld passt. In den folgenden Kapiteln werden daher zunächst die theoretischen Grundlagen zur Kulturforschung am Beispiel eines deutsch-chinesischen Vergleichs erläutert. Anschließend wird ein Überblick über den Stand der Forschung zu kulturellen Herausforderungen bei internationaler Produktentwicklung in China gegeben. In Kapitel 5 und 6 wird untersucht, wie sich die charakteristischen Eigenschaften der Produktentwicklung und die damit verbundenen Anforderungen an die Produktentwicklungsprozesse (Tabelle 2) mit der chinesischen Kultur vereinbaren lassen.

# 3 Kultureller Vergleich zwischen China und Deutschland

In Kapitel 3 werden die theoretischen Grundlagen zur Kulturforschung dargestellt. Es wird dadurch ein besseres Verständnis von nationaler Kultur, deren Wirkungsweisen und den kulturellen Unterschieden zwischen Deutschland und China erzeugt. In Kapitel 3.1 werden der Begriff der nationalen Kultur definiert, zentrale Studien zur Kulturforschung verglichen und ein Kulturmodell für die weitere Untersuchung in dieser Arbeit ausgewählt. In Kapitel 3.2 werden die wesentlichen Unterschiede der deutschen und chinesischen Kultur herausgestellt und komparative Aussagen über die Auswirkungen auf das Arbeitsumfeld getroffen. Die Untersuchung der interkulturellen Herausforderungen in der deutsch-chinesischen Zusammenarbeit erfolgt in Kapitel 3.3. Es werden fünf interkulturelle Handlungsfelder hergeleitet. Sie dienen als Grundlage für die Untersuchung der interkulturellen Herausforderungen in der deutsch-chinesischen Produktentwicklung.

## 3.1 Kulturforschung

Im Folgenden wird die nationale Kultur als gesellschaftliches Phänomen erläutert und dargestellt, wie die Kulturen von unterschiedlichen Gesellschaften verglichen werden können.

### 3.1.1 Definition von Kultur

Nationale Kultur ist ein gemeinsames Muster für das Sein, das Denken und das Verhalten einer Gesellschaft. Sie wird von der Kindheit an durch die Sozialisation erlernt und ist tief verankert in allen Aspekten einer Gesellschaft.[125]

Für die vorliegende Untersuchung wird die Kulturdefinition von Hofstede (2001) verwendet. Er definiert Kultur als Teil der mentalen Programmierung, anhand derer die Mitglieder einer Gruppe bzw. Nation von anderen Menschen unterschieden werden können.[126] Diese Definition stellt die Unterscheidung der Menschen anhand der Kultur ihrer Gesellschaft in den Fokus und ist daher gut geeignet für die Untersuchung des Einflusses der unterschiedlichen Kulturen auf die internationale Zusammenarbeit in der Produktentwicklung. Der Begriff Kultur steht in der vorliegenden Arbeit immer für die Bezeichnung der Kultur einer Gesellschaft bzw. eine Landes.

---

[125] Vgl. Xing (1995), S. 14.

[126] Vgl. Hofstede (2001), S. 9.

Die mentale Programmierung umfasst Kopf, Herz und Hand, sie steht also für Denken, Fühlen und Handeln und ist eine Konsequenz der Werte, Einstellungen und Fähigkeiten. Die mentale Programmierung einer Person ist teilweise einzigartig und teilweise gemein mit anderen Personen. Die mentale Programmierung wird in drei Ebenen unterteilt (Abbildung 20). Die Grundlage ist die menschliche Natur. Sie stellt die universelle Ebene (universal) dar und wird als das Betriebssystem bezeichnet, welches für alle Menschen gleich ist. Die mittlere Ebene (collective) ist die Kultur. Sie ist ein erlernbares Gruppenphänomen und umfasst jedes Verhalten, das nicht in der angeborenen menschlichen Natur liegt, sondern durch das persönlich-soziale Umfeld geprägt wird. Hofstede bezeichnet diesen kulturellen Lernprozess als genetische Aufmachung. Ein großer Teil der kulturellen Prägung wird in jungen Jahren vorgenommen, weil wir am meisten lernen und unbewusst aufnehmen, wenn wir noch Kinder sind. Die Kultur ist nicht für alle Menschen gleich, aber auch nicht einzigartig. Sie bündelt und kategorisiert Menschen in kulturelle Gruppen. Die oberste Ebene (individual) ist die Persönlichkeit. Sie ist sowohl angeboren als auch erlernt und daher von Individuum zu Individuum unterschiedlich.[127]

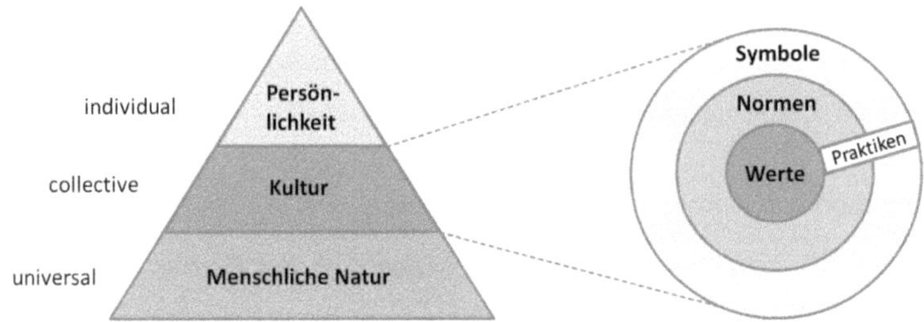


Abb. 20: Schichten der mentalen Programmierung und Zwiebelmodell der Kultur[128]

Die Kultur einer Person ist nicht direkt beobachtbar, sondern wird durch Handlungen (oder Nicht-Handlungen) und Kommunikation offengelegt. Die Manifestierung von Kultur hat drei Schichten, die unterschiedlich gut zu beobachten sind. Die Schichten können als Zwiebelmodell dargestellt werden (Abbildung 20). Die sichtbaren Elemente sind die äußeren Schalen, die Symbole und Normen. Sie werden durch Praktiken sichtbar, jedoch unterstehen sie dem Interpretationsspielraum des Beobachters. Es handelt sich um Symbole und Artefakte wie Kleidung, Verhalten und Sprache (z. B. Worte, Gesten, Bilder, Sprachjargon, Aussehen). Bei Normen spricht man auch von erkennbaren Werten, die als operative Prinzipien für das Handeln gelten. Sie sind nicht vollständig sichtbar und laufen teilweise

[127] Vgl. Hofstede (2001), S. 2 ff.

[128] In Anlehnung an Hofstede (2001), S. 3 und 11.

unterbewusst ab. Beispiele hierfür sind Strategien und Ziele, aber auch Helden (fiktive oder reale Verhaltensvorbilder) und kollektive Aktivitäten wie z. B. Rituale (Bräuche, Art zu grüßen bzw. Respekt zu zeigen). Das unsichtbare Element ist der innere Teil der Zwiebel, die zugrundliegenden Werte. Es handelt sich um den unbewussten Teil der Kultur, welche als eine Art geistige Landkarte („Mental Map") das Verständnis von Zeit und Raum prägt und die Wichtigkeit von Arbeit, Familie und Selbstverwirklichung festlegt.[129]

Kulturen sind stabil über die Zeit. Vor allem in den inneren Schichten der Zwiebel sind die Ausprägungen sehr konstant. Einflüsse von außen haben nur einen geringen Effekt, da die dominanten kulturellen Wertesysteme sich in einem selbstregulierten Quasi-Gleichgewicht befinden und sich nur sehr langsam anpassen.[130]

Die Konstanz der kulturellen Prägung hat zur Folge, dass eine Person in den gleichen Situationen das gleiche Verhalten zeigt. Durch die Erforschung der Kultur kann somit das Verhalten einer Person teilweise vorhergesagt werden. Die Schwierigkeit liegt jedoch darin, dass die Kultur nicht direkt beobachtet werden kann, sondern nur die kulturell geprägten Praktiken. Bei der Interpretation der Beobachtungen besteht die Gefahr der Subjektivität. Aus verschiedenen Sichtweisen mit unterschiedlichen Hintergründen können die Beobachtungen zu unterschiedlichen Interpretationen führen. Um ein allgemein gültiges Verständnis über die sozialen Systeme zu erlangen, werden Kulturmodelle verwendet. Diese stellen ein standardisiertes Bewertungsschema dar und beugen der Subjektivität vor.[131]

### 3.1.2 Forschung zum Vergleich von Kulturen

Kulturen können nur im Vergleich zueinander beschrieben werden, da die kulturellen Ausprägungen relativ zueinander bewertet werden. Die Schwierigkeit beim Vergleich von Kulturen besteht darin, dass etwas eigentlich Einzigartiges miteinander verglichen werden soll. Es gibt keine zwei gleichen Kulturen. Die Erforschung von nationaler Kultur beruht daher auf umfassenden kulturvergleichenden Studien. Auf Basis dieser Studien werden Kulturmodelle erstellt, anhand derer Gemeinsamkeiten und Unterschiede erläutert werden können. Sie dienen zum besseren Verständnis von kulturell geprägten Verhaltensweisen, Vorstellungen und Wertesystemen. Die entscheidenden Unterschiede zwischen den Kulturmodellen sind die festgelegten Aspekte, welche für den Vergleich herangezogen wer-

[129] Vgl. Hofstede (2001), S. 10; Schein (2010), S. 23 ff

[130] Vgl. Grabowski et al. (2003b), S. 31; Hofstede (2001), S. 34 f.

[131] Vgl. Hofstede (2001), S. 1 ff.

den. Es handelt sich um Kulturdimensionen, die nationale Kulturen und deren charakteristische Ausprägungen beschreiben.[132]

Die in der wissenschaftlichen Literatur vorherrschenden Studien zum Kulturvergleich, die sich auf Auswirkungen auf die Arbeitswelt konzentrieren, werden in Tabelle 3 aufgeführt.

| *Herausgeber* | *1. Veröffentlichung (Untersuchungszeitraum)* | *Erhebung* | *Ziel der Untersuchung* | *Dimensionen* |
|---|---|---|---|---|
| **Hofstede** | 1980 (1967-1973) | 116.000 IBM Mitarbeiter in über 70 Ländern | Einfluss nationaler Kultur auf Verhalten am Arbeitsplatz | 4 + 2 |
| **Trompenaars und Hampden-Turner** | 1993 (1983-1992) | 30.000 Manager aus internationalen Unternehmen in 47 Ländern | Einfluss nationaler Kultur auf die Problemlösung | 7 |
| **House** | 2004 (1994-1997) | 17.000 Führungskräfte aus dem mittleren Management, 951 Unternehmen in 62 Kulturen | Einfluss nationaler Kultur auf Führungsstil und Organisationskultur | 9 |

Tab. 3: Ausgewählte Studien zur Kulturforschung im Vergleich

Die Untersuchung von Hofstede zwischen 1967 und 1973 bei IBM war der Vorreiter für kulturvergleichende Studien dieser Art. Sie ist die bislang umfassendste Erhebung von kulturellen Unterschieden im unternehmerischen Kontext und weist im Vergleich zu den anderen Erhebungen die größte Untersuchungsbasis auf. Hofstede befragte 116.000 Mitarbeiter auf unterschiedlichen Hierarchieebenen in über 70 Ländern. Sein Ziel war es, die nationalen Kulturen zu beschreiben und voneinander abzgrenzen. Sein Ergebnis war das erste Dimensionsmodell zur Beschreibung der Kultur einer Gesellschaft. Es wurde bis heute in vielen Studien validiert, aktualisiert und weiterentwickelt. Aus diesem Grund ist es das meistzitierte Werk, wenn es um Kulturunterschiede geht.[133]

Trompenaars und Hampden-Turner definieren Kultur darüber, wie Probleme gelöst werden. Die Kulturdimensionen basieren auf der Art und Weise, wie die Probleme in einer

---

[132] Vgl. Hofstede (2001), S. 24 f.

[133] Vgl. Rothlauf (2012), S. 43 ff.; Hofstede (2001), S. 1.

Gesellschaft gelöst werden. Insgesamt ist das Modell sehr komplex und differenziert und deswegen nicht so intuitiv anwendbar wie das von Hofstede.[134]

House stellt 1991 die GLOBE-Studie vor (Global Leadership and Organizational Behavior Effectiveness). Das Ziel war es herauszufinden, wie die nationale Kultur den Führungsstil und die Organisation beeinflusst. Er unterscheidet dabei zwischen Gesellschaft und Unternehmen. Der Vorteil gegenüber Hofstede ist, dass Mitarbeiter aus verschiedenen Unternehmen teilgenommen haben (Finanzdienstleistungs-, Lebensmittel- und Telekommunikationsindustrie), jedoch wurden wie bei Trompenaars und Hampden-Turner ausschließlich Manager und nicht die Mitarbeiterebene befragt.[135]

Im Rahmen dieser Arbeit dient Hofstedes Dimensionsmodell als Referenzmodell zur Betrachtung kultureller Unterschiede zwischen Deutschen und Chinesen. Hofstede bezieht sich im Vergleich zu den anderen Untersuchungen auf die umfangreichste Untersuchungsbasis. Die Daten werden regelmäßig aktualisiert und die Dimensionen überprüft bzw. weiterentwickelt. Das Kulturmodell wird in zahlreichen verschiedenen Studien herangezogen, somit wird eine Vergleichbarkeit mit anderen Ergebnissen ermöglicht. Hofstede definierte zunächst vier Kulturdimensionen: Machtdistanz („Power Distance“, PDI), Individualismus vs. Kollektivismus („Individualism vs. Collectivism“, IDV), Maskulinität vs. Femininität („Masculinity vs. Femininity“, MAS) und Unsicherheitsvermeidung („Uncertainty Avoidance“, UAI). Eine fünfte Dimension, Langzeitorientierung („Long-term orientation“, LTO), wurde 1991 auf Basis der Forschungen von Michael Harris Bond von Hofstede übernommen.[136] Auf Basis von Minkovs Untersuchungen 2007 im Rahmen der World Value Survey ergänzte Hofstede die Dimension Genuss / Hingabe vs. Beherrschung / Zurückhaltung („Indulgence vs. Restraint“, IVR).[137] Diese sechs Kulturdimensionen sind am besten zur Beschreibung kultureller Probleme im Arbeitsumfeld geeignet. Die anderen Modelle verwenden teilweise die gleichen bzw. ähnliche Dimensionen, die denen von Hofstede zugeordnet werden können. Daher ist eine Erweiterung oder Kombination der Dimensionen von Hofstede durch die der anderen Modelle nicht notwendig. Dies zeigt die vergleichende Darstellung in Tabelle 4. House (2004) übernimmt die bis dahin definierten

---

[134] Vgl. Trompenaars und Hampden-Turner (1998), S. 6 ff.

[135] Vgl. House (2004), S. 9 ff.

[136] Vgl. Hofstede et al. (2010), S. 37 f.

[137] Vgl. Hofstede et al. (2010), S. 252 ff.; 280 ff.; Rothlauf (2012), S. 47, 76 f.

fünf Dimensionen von Hofstede und ergänzt zwei weitere. Trompenaars und Hampden-Turner übernahmen zwei Dimensionen und fügten fünf neue hinzu.[138]

| Hofstede | House et. al. | Trompenaars & Hampden-Turner |
|---|---|---|
| Machtdistanz | Machtdistanz | |
| Individualismus vs. Kollektivismus | Institutioneller Kollektivismus<br>In-Gruppen Kollektivismus | Individualismus vs. Kollektivismus |
| Maskulinität vs. Femininität | Geschlechtergleichheit<br>Durchsetzungsvermögen | |
| Unsicherheitsvermeidung | Unsicherheitsvermeidung | |
| Langzeitorientierung | Zukunftsorientierung | Zeitverständnis |
| Genuss vs. Beherrschung | | |
| | Leistungsorientierung | Statuszuschreibung vs. Statuserreichung |
| | Humanorientierung | |
| | | Universalismus vs. Partikularismus |
| | | Neutralität vs. Affektivität |
| | | Spezifität vs. Diffusität |
| | | Beziehung zur Umwelt |

Tab. 4: Kulturdimensionen im Vergleich

Die Kulturdimensionen werden in Hofstedes Modell landesspezifisch auf einer Index-Skala bewertet. Die Spanne der Ausprägung reicht von 0 (niedrig) bis 100 (ausgeprägt). Auf Basis dieser Messung beschreibt Hofstede Erkenntnisse für die unterschiedlichen Bereiche einer Gesellschaft, bspw. Familie, Tierwelt, Bildung, Politik, Religion etc. In den Ausführungen in Kapitel 3.2 werden die Auswirkungen auf das Arbeitsumfeld dargestellt.

138 Vgl. Rothlauf (2012), S. 52 ff.

## 3.2 Kulturunterschiede zwischen China und Deutschland

Die weitere Vorgehensweise in Kapitel 3 zur Darstellung der interkulturellen Herausforderungen gestaltet sich wie folgt (Abbildung 21): Zunächst wird der kulturelle Hintergrund Chinas erklärt, um ein besseres Verständnis für die kulturellen Grundzüge der chinesischen Gesellschaft zu bekommen. Anschließend erfolgt ein Vergleich der deutschen mit der chinesischen Kultur anhand der Ausprägung der Kulturdimensionen. Dabei wird Bezug darauf genommen, wie sich die kulturellen Unterschiede allgemein auf das Verhalten am Arbeitsplatz auswirken. Darauf aufbauend werden die Besonderheiten der kulturgeprägten chinesischen Arbeitsweisen dargestellt, die in der Zusammenarbeit mit Deutschen zu interkulturellen Herausforderungen führen. Es werden die Erkenntnisse aus der Literatur bzgl. der Probleme einer interkulturellen Zusammenarbeit zwischen Deutschen und Chinesen zusammenfassend dargestellt. Abschließend werden fünf interkulturelle Handlungsfelder definiert, die die Probleme einer deutsch-chinesischen Zusammenarbeit beschreiben. Diese Handlungsfelder dienen als Grundlage für die Untersuchung der interkulturellen Herausforderungen in einer deutsch-chinesischen Produktentwicklung, die in den nachfolgenden Kapiteln durchgeführt wird.

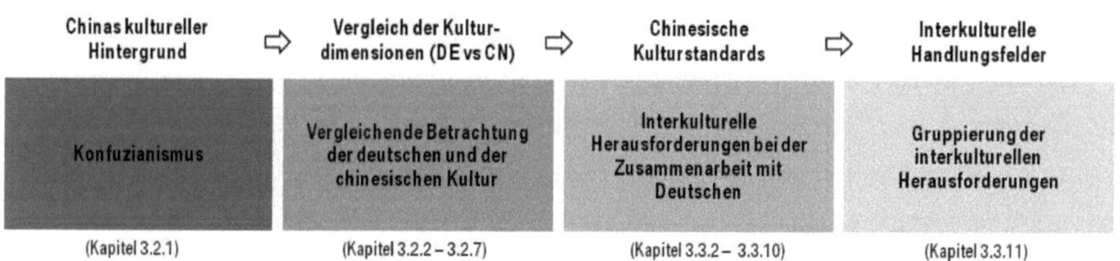


Abb. 21: Herleitung der interkulturellen Handlungsfelder

### 3.2.1 Chinas kultureller Hintergrund

Chinas Kultur basiert grundlegend auf der Geisteshaltung des Konfuzius. Konfuzius (551-479 v. Chr.) war Denker, Politiker, Pädagoge und Gründer der konfuzianischen Schule. Konfuzianismus ist keine Religion, sondern eine Staats- und Moralphilosophie, die auf einer religiösen Tradition aufbaut. Die Philosophien von Konfuzius repräsentieren eine geistige und moralische Wertevorstellung der Gesellschaft. Der Grundzug des Konfuzianismus ist zutiefst sozial. Die Konfuzianer waren überzeugt von der Idee, die Gesellschaft so zu organisieren, dass ein Maximum sozialer Gerechtigkeit und des allgemeinen Wohlergehens herbeigeführt wird. Das oberste Ziel war es, über Vertrauen und Liebe in den Familien eine ganzheitliche soziale Harmonie zu erreichen. Man spricht von dem Wunsch nach einer ganzheitlichen sozialen Ordnung, in der alles in gegenseitigem Einklang steht; die menschliche Umwelt, die Natur und das Übersinnliche. Der kategorische Imperativ des Konfuzius besagt, dass die Vereinbarkeit des eigenen Handelns mit den Gemeinschaftsnormen und nicht mit dem individuellen Gewissen in Einklang stehen muss. Glück ist nicht das Einzelglück, sondern das Mit-Glück in der Gesellschaft.[139]

Die Lehre des Konfuzius basiert auf den Grundsätzen des absoluten Respekts für Traditionen und strikte Hierarchien (Respekt vor den Eltern, den Vorfahren und dem Staat). Die Familie nimmt hierbei eine zentrale Rolle ein und stellt den Ausgangspunkt jeder Moral dar. Gesellschaft und Staat sind erweiterte Formen der Familie. Die Kernelemente sind Hierarchie und Harmonie, Gruppenorientierung, Langzeitorientierung, Gesichtswahrung und soziale Beziehungen. Diese Kernelemente finden sich auch in Hofstedes Dimensionsmodell wieder. Die chinesische Gesellschaft stellt ein großes Netzwerk dar, in dem die Zugehörigkeit zu einer Gruppe die entscheidende Rolle spielt. Es wird daher großer Wert auf die Pflege von Beziehungen gelegt. Damit verbunden sind die hohe Bedeutung der Mitmenschlichkeit und ein respektvoller, höflicher Umgang miteinander. Um die sozialen Beziehungen nicht zu gefährden, ist die Wahrung des Gesichts ein wichtiges Prinzip. Emotionen stark auszuleben, vor allem negative Emotionen, führt zum Gesichtsverlust. Offene Konfrontationen und Kritik werden vermieden.[140]

Die Gesellschaft wird als soziale Pyramide gesehen, innerhalb derer es eine festgelegte Rolle für jeden Einzelnen gibt. Die soziale Rangfolge regelt das Zusammenleben, weil sich die Individuen entsprechend ihrer Rolle verhalten. Es ist nicht erlaubt, die vorgegebene soziale Ordnung zu hinterfragen. Die einzelnen Individuen existieren zum Nutzen der gesamten Gruppe. Sie werden nur als Teil eines Netzwerks wahrgenommen, nämlich die Gruppe, über die sie sich definieren. Das ist die Ursache für die Gruppenorientierung und dem Streben nach der Gruppenkonformität.[141]

Der Konfuzianismus in China hat sich über die Zeit, vor allem während der verschiedenen Dynastien, verändert. Es gibt nicht den einen Konfuzianismus, aber die Grundregeln sind auch im heutigen China noch präsent. Er liefert den Chinesen Wertmaßstäbe zur Beurteilung einer Situation oder dem Verhalten. Auch das sozialistische System in China kann auf den Konfuzianismus zurückgeführt werden. In der Managementpraxis zeigt er sich

---

139 Vgl. Jing (2006), S. 18; Liu (1997), S. 54 ff.; Yuan (1999), S. 66; Peill-Schoeller (1994), S. 120 ff., 138 f.

140 Vgl. Wang et al. (2005), S. 314 ff.; Rothlauf (2012), S. 466 f.

141 Vgl. Xing (1995), S. 16 ff.

durch Konsensfindungsmechanismen, senioritätsbezogene Personalpolitik und eine hierarchiebewusste Arbeitsweise aus.[142] Wang et al. (2005) zeigen, dass im organisatorischen Verhalten chinesischer Manager die Werte Hierarchie und Harmonie, Gruppenorientierung und Gesichtwahrung sowie die relative Auffassung von Pünktlichkeit zu erkennen sind.[143] In den folgenden Kapiteln 3.2.2 bis 3.2.7 werden die sechs Kulturdimensionen von Hofstedes Modell einzeln dargestellt und Auswirkungen auf das Arbeitsumfeld herausgearbeitet.

### 3.2.2 Machtdistanz

Die Machtdistanz basiert auf der ungleichen Machtverteilung innerhalb einer Gesellschaft und gibt an, bis zu welchem Grad dieses Ungleichgewicht als normal betrachtet wird. Entscheidend ist dabei, dass die weniger mächtigen Individuen in einem sozialen System oder einer Institution die ungleiche Verteilung der Macht erwarten und keine entgegengesetzten Bestrebungen zeigen. Eine hohe Machtdistanz spiegelt sich also in der Akzeptanz einer ungleichen Machtverteilung wieder. China (PDI = 80) hat im Vergleich zu Deutschland (PDI = 35) eine sehr hohe Machtdistanz.[144]

In Gesellschaften mit hoher Machtdistanz (China) wird das soziale Zusammenleben durch klare Strukturen und Regeln bestimmt. Hierarchie und Autorität haben eine große Bedeutung. Die soziale Ordnung beruht auf hierarchisch differenziertem Verhalten je nach Alter, Status und Gruppenzugehörigkeit. Jedes Mitglied bekommt eine soziale Rolle zugewiesen, innerhalb der es sich entfalten kann. Die soziale Harmonie kann nur aufrecht erhalten werden, wenn sich jeder entsprechend seines sozialen Ranges verhält. Die Chinesen akzeptieren diese Rollenzuweisung als angemessenen Platz im Ganzen. Respekt und Unterwerfung stehen für die Anerkennung des Systems. In allen Beziehungen steht einer über dem anderen, der Mann über seiner Frau, der Chef über seinem Angestellten, der Herrscher über dem Volk, der Vater über dem Sohn, der ältere Bruder über dem jüngeren. Lediglich zwei Freunde stehen auf derselben Ebene.[145]

Die Folgen für das unternehmerische Umfeld sind steile Organisationsformen, ein ausgeprägtes Hierarchiebewusstsein und zentralistische Entscheidungsstrukturen. Es gibt einen

---

[142] Vgl. Peill-Schoeller (1994), S. 138f.

[143] Vgl. Wang et al. (2005), S. 318 ff.

[144] Vgl. Hofstede (2001), S. 85; Hofstede et al. (2010), S. 61; Hofstede (2014a), www.geerthofstede.com (letzter Abruf 14.11.2014)

[145] Vgl. Müthel (2006), S. 10; Schulz (2004), S. 48; Xing (1995), S. 16.

hohen Anteil an Führungskräften und große Gehaltsunterschiede. Die Mitarbeiter haben Respekt vor den Vorgesetzen und erwarten einen autoritären Führungsstil mit expliziten Arbeitsanweisungen. Der gute Vorgesetzte ist Autokrat, Vaterfigur und Entscheidungsträger. Eine starke Führung mit enger Kontrolle führt zu guten Ergebnissen. Bei niedriger Machtdistanz hingegen sind Rollen temporär, ein Mitarbeiter kann zum fachlichen Vorgesetzten werden. Die Hierarchien sind flach und pyramidenförmig, d. h. es gibt wenige Führungskräfte und geringe Gehaltsunterschiede. Es wird ein partizipativer Managementstil gepflegt. Die Mitarbeiter möchten beraten werden und eigenverantwortlich, mit wenig Kontrolle, arbeiten.[146]

| ***Gesellschaft mit niedriger Machtdistanz (De)*** | ***Gesellschaft mit hoher Machtdistanz (Cn)*** |
|---|---|
| Hierarchie bedeutet Ungleichheit der Rollen aus funktionalen Gründen | Hierarchie bedeutet existentielle Ungleichheit |
| Mitarbeiter erwarten, dass sie in Entscheidungsprozesse einbezogen werden | Mitarbeiter erwarten Anweisungen und Vorschriften |
| Delegation von Aufgaben und Verantwortung | Zentralisierung von Entscheidungen und Verantwortung |
| Der ideale Chef ist ein fähiger Demokrat | Der ideale Chef ist ein wohlwollender Autokrat |
| Mitbestimmung | Autokratie |

Tab. 5: Arbeitsplatzbezogene Beispiele zum Unterschied von Gesellschaften mit niedriger und hoher Machtdistanz [147]

### 3.2.3 Individualismus und Kollektivismus

Diese Dimension beschreibt das Ausmaß, mit dem sich Individuen in Gruppen integrieren bzw. sich über die Zugehörigkeit zu bestimmten Gruppen definieren. China ist eine kollektivistische Gesellschaft. Der Individualismusindex ist sehr gering ausgeprägt (IDV = 20). Deutschland hingegen ist individualistisch geprägt (IDV = 67). Kollektivistisch geprägte Gesellschaften weisen eine hohe Gruppenorientierung auf. Jede Person wird nicht als Individuum, sondern als Mitglied einer bestimmten Gruppe betrachtet. Die Gesellschaft ist geprägt durch persönliche Netzwerke, innerhalb derer man sich umeinander kümmert, sich loyal verhält und einander verbunden fühlt. Es wird streng unterschieden zwischen Gruppenmitgliedern (In-Group) und Außenstehenden (Out-Group).[148]

---

[146] Vgl. Hofstede (2001), S. 79 ff., 96 ff.; Hofstede (2014b).

[147] Quelle: Hofstede et al. (2010), S. 56; Weidmann (1995), S. 45.

[148] Vgl. Hofstede (1993), S. 89 ff.; Hofstede (2014b).

Der stark ausgeprägte Kollektivismus in der chinesischen Gesellschaft liegt im obersten konfuzianistischen Ziel, der sozialen Harmonie, begründet. Diese gesellschaftliche Harmonie soll durch einen starken Gemeinschaftssinn und dem Verhalten im Interesse der Gruppe (In-Group) erreicht werden. Persönliche Beziehungen und Netzwerke (Guanxi) sind deswegen von großer Bedeutung. Sie sind geprägt durch Höflichkeit und Wohlwollen in der zwischenmenschlichen Interaktion. Es wird ein harmonischer Umgangston gepflegt und eine High-Context-Kommunikation praktiziert, d. h. viele, vor allem kritische Informationen werden, in den Gesprächskontext internalisiert und nicht explizit angesprochen. Konflikte werden somit vermieden.[149]

Der hohe Kollektivismus zeigt sich auch im beruflichen Umfeld. Am Arbeitsplatz entstehen In-Groups aus den Kollegen einer Abteilung. Sie verbindet eine persönliche Beziehung. Das Gemeinschaftsgefühl vermittelt Sicherheit, weil die individuelle Arbeitsleistung nicht direkt für Außenstehende erkennbar ist. Es kann vorkommen, dass zur Wahrung der Harmonie die individuellen Ziele den Gruppenzielen untergeordnet werden. Die Mitarbeiter erwarten vom Chef, dass er ein familiäres Verhältnis zu ihnen pflegt („wohlwollende Vaterfigur“[150]). Schlechte Leistungen sind kein Grund für Abmahnungen oder Entlassungen, ebenso wie man sein eigenes Kind nicht entlassen kann. Gute Beziehungen bzw. die Berücksichtigung von In-Group-Mitgliedern sind häufig ausschlaggebend für Einstellungen und Beförderungen. Sie haben eine höhere Bedeutung als der Sachzweck der Aufgabe.[151]

Deutschland ist eine individualistisch geprägte Gesellschaft. Individualismus beschreibt, wie sehr sich ein Individuum um sich selbst und sein direktes Umfeld (Familie) kümmert. Die Selbstverwirklichung steht im Fokus und im Gegensatz zur Gruppenorientierung existiert nur ein lose gestricktes Bezugssystem. Man fokussiert sich auf die eigene Leistung. Beziehungen zu Kollegen sind häufig zweckbezogen. Loyalität gilt gegenüber der unternehmerischen Pflicht und der Verantwortung. Missstände werden direkt angesprochen und explizit formuliert (Low-Context-Kommunikation). Ehrlichkeit, auch wenn sie unangenehm sein kann, bedeutet Wertschätzung.[152]

---

[149] Vgl. Weggel (1989), S. 70; Zinzius (2007), S. 23; Hofstede (2001), S. 209 ff.; Müthel (2006), S. 108.
[150] Hofstede et al. (2010), S. 56
[151] Vgl. Hofstede (2001), S.235 ff.; Hofstede et al. (2010), S. 90 ff.
[152] Vgl. Rothlauf (2012), S. 44; Hofstede (2014b)

| *Individualistische Gesellschaft (De)* | *Kollektivistische Gesellschaft (Cn)* |
|---|---|
| Behandlung aller Mitarbeiter unabhängig von der Gruppenzugehörigkeit | Unterschiedliche Maßstäbe für Mitglieder von In-Gruppen und Out-Gruppen |
| Personen werden gemäß ihrer Fähigkeiten/Funktion beurteilt | Personen werden gemäß ihrer Gruppenzugehörigkeit beurteilt |
| Aufgaben sind wichtiger als zwischenmenschliche Beziehungen (Leistung/Erfolge) | Zwischenmenschliche Beziehungen sind wichtiger als Aufgaben (Harmonie) |
| Arbeitgeber-Arbeitnehmer-Beziehung ist zweckbezogen und vertraglich fundiert | Arbeitgeber-Arbeitnehmer-Beziehung ist auf das persönliche Verhältnis ausgerichtet |
| Low-Context-Kommunikation | High-Context-Kommunikation |
| Individuelle Ziele dominieren | Gruppenziele dominieren |
| Selbstverwirklichung | Gruppenorientierung |
| Fehler/Versäumnis führt zu Schuldgefühl und Verlust der Selbstachtung | Fehler/Versäumnis ist „Schande“ und führt zum Gesichtsverlust in der Gruppe |

Tab. 6: Arbeitsplatzbezogene Beispiele zum Unterschied von kollektivistischen und individualistischen Gesellschaften[153]

### 3.2.4 Maskulinität und Feminität

Hofstede unterscheidet zwischen weiblichen und männlichen Verhaltensweisen. Diese Dimension sagt aus, welche die vorherrschenden Eigenschaften in der Kultur sind, ob es sich um eine eher maskuline oder feminine Gesellschaft handelt. Harte Werte wie Durchsetzungsstärke, Leistungsorientierung und selbstbewusstes Verhalten sind männlich. Bescheidenheit, Solidarität, Kooperations- und Hilfsbereitschaft sowie die Wichtigkeit von herzlichen Beziehungen sind weiche Werte, die der weiblichen Rolle entsprechen. Die Anwendung dieser Kulturdimension in Hofstedes Modell ist vor allem für die Felder Gesellschaft, Politik und Beruf relevant. In maskulinen Gesellschaften werden die Geschlechterrollen klar voneinander abgegrenzt. Die maskulinen Werte dominieren die Gesellschaft und die Rolle des Mannes ist durch Wettbewerbs- und Erfolgsorientierung geprägt. In femininen Kulturen sind die Gesellschaften eher konsensorientiert und es stehen soziale Ziele im Fokus. Es können keine Rollenunterschiede zwischen Männern und Frauen festgestellt werden, da beide feminine Eigenschaften aufweisen. China und Deutschland sind maskuline Gesellschaften. Beide Kulturen weisen einen MAS von 66 auf. Fleiß und Leistungsorientierung sind zentrale Elemente. Vor allem die Männer haben ambitionierte Karrierepläne und sind bereit, die Familie und das soziale Umfeld dafür zu vernachlässigen. Hohes Gehalt, materielle Dinge und Statussymbole haben einen großen Stellenwert. Man

[153] Quelle: Hofstede et al. (2010), S. 113; Weidmann (1995), S. 46.

lebt, um zu arbeiten. Die Maskulinität steht allerdings häufig im Wiederspruch zur hohen Machtdistanz und dem Kollektivismus. Empirische Untersuchungen haben laut Hofstede (2001) ergeben, dass die maskulinen Kultureigenschaften wie Konfliktbereitschaft, Durchsetzungskraft und Aggressivität in China durch Machtdistanz und Kollektivismus überkompensiert werden.[154]

| ***Feminine Gesellschaft*** | ***Maskuline Gesellschaft (De und Cn)*** |
|---|---|
| Selbstbewusstes Verhalten ist verpönt | Selbstbewusstsein wird wertgeschätzt |
| Bereitschaft, sich anzupassen | Durchsetzungskraft |
| Bescheidenheit | Aufbauschen der eigenen Leistungen |
| Lebensqualität spielt eine wichtige Rolle | Karriereplanung spielt eine wichtige Rolle |
| Empathie | Leistungsorientierung |
| Arbeiten, um zu leben | Leben, um zu Arbeiten |
| Kooperation, Kompromissbereitschaft | Wettbewerb, bereit sein für Konflikte |
| Intuition | Aggressivität |

Tab. 7: Arbeitsplatzbezogene Beispiele zum Unterschied von maskulinen und femininen Gesellschaften[155]

### 3.2.5 Unsicherheitsvermeidung

Die Kulturdimension Unsicherheitsvermeidung (auch Unsicherheitsaversion) drückt den Grad an Toleranz einer Gesellschaft gegenüber Mehrdeutigkeiten und Unsicherheiten aus. Es wird eine Aussage darüber getroffen, inwieweit die Mitglieder unbekannte oder unsichere Situationen akzeptieren oder sich dadurch bedroht fühlen. Unsicherheit bezieht sich dabei immer auf die Zukunft. Deutschland (UAI = 65) liegt im oberen Mittelfeld auf dieser Skala und hat eine höhere Unsicherheitsvermeidung als China (UAI = 30).[156]

In Deutschland, einer Gesellschaft mit hoher Unsicherheitsvermeidung, haben die Menschen eine Abneigung gegenüber unstrukturierten Situationen und neigen zu einer starken Formalisierung. Durch Regeln und Gesetze sollen Situationen strukturiert und somit Kontrolle über die Zukunft erlangt werden. Ein starkes Rechtssystem sorgt für die Einhaltung der Gesetze. Die Menschen streben nach Vorhersehbarkeit und Absicherung. Daraus resultiert eine gewisse Bürokratie, welche die Gegenwart stabilisiert und sie auch in der Zu-

[154] Vgl. Hofstede et al. (2010), S. 138 ff.; Hofstede (2001), S.279 ff., 311 ff.; Hofstede (2014a); Hofstede (2014b); Rothlauf (2012), S. 45.

[155] Quelle: Weidmann (1995), S. 48.

[156] Vgl. Hofstede (1993), S.90 f.; Hofstede (2014a).

kunft Gültigkeit behalten lässt. In der deutschen Kultur werden bspw. deduktive Vorgehen gegenüber induktiven präferiert. Ein systematischer Überblick und eine genaue Planung, teilweise bis ins Detail, sind wichtig, weil sie verlässliche Vorhersagen ermöglichen.[157]

Die Unsicherheitsvermeidung in der chinesischen Kultur ist geringer ausgeprägt. Die Chinesen zeigen daher eine eher gelassene Haltung gegenüber Veränderungen. Gesellschaften, die Unsicherheit akzeptieren, etablieren weniger Regeln und Gesetze bzw. sind bereit, diese zu umgehen. Das gilt auch für China. Die Einhaltung von Regeln ist nicht konsequent, sondern man stellt sich situativ auf die Randbedingungen ein. Mehrdeutigkeiten in den Strukturen und Prozessen werden akzeptiert und die Wahrheit als relativ zu den äußeren Umständen betrachtet. Das führt zu einem hohen Pragmatismus. Es werden eher aktuelle Probleme gelöst, als dass langfristige Strategien entwickelt werden. Die Macht einer Führungskraft hängt nicht von der Kontrolle über Unsicherheiten, sondern von ihren Beziehungen ab. Unsicherheiten werden in China durch belastbare Beziehungen bewältigt, wohingegen in Deutschland formale Regeln und Pläne von Bedeutung sind.[158]

Die Unsicherheitsvermeidung steht in Zusammenhang mit anderen Dimensionen, weswegen eine Aussage nur auf Basis des UAI häufig schwierig ist. Ein starker Kollektivismus und eine hohe Machtdistanz haben teilweise gegensätzliche Wirkungen und müssen daher mit betrachtet werden. Die niedrige Unsicherheitsvermeidung wird in China teilweise überkompensiert. Die Toleranz gegenüber Unsicherheiten und Mehrdeutigkeiten (bspw. in Prozessen) ist nur soweit gegeben, wie kein Risiko des Gesichtsverlustes besteht.[159]

---

[157] Vgl. Hofstede et al. (2010), S. 187 ff.; Hofstede (2014a); Hofstede (2014b); Rothlauf (2012), S. 46.

[158] Vgl. Hofstede (2001), S. 145 ff., 169 f.; Hofstede (2014b); Ehrhardt und Klossek (2004), S. 62; Woesler (2004), S. 14.

[159] Vgl. Hofstede (2001), S. 165 ff.

| *Gesellschaft mit niedriger Unsicherheitsvermeidung (Cn)* | *Gesellschaft mit hoher Unsicherheitsvermeidung (De)* |
|---|---|
| Unsicherheiten gehören zum Leben und jeder Tag wird akzeptiert, wie er ist | Inhärente Unsicherheit im Leben ist eine ständige Bedrohung, der entgegengewirkt wird |
| Toleranz für Mehrdeutigkeiten und Chaos | Bedürfnis nach Präzision und Formalisierung |
| Ablehnung von Regeln und Vorschriften (so wenig wie nötig) | Schriftliche Regeln und Vorschriften sind ein emotionales Bedürfnis |
| Hohe Bedeutung von „all-roundern" und gesundem Menschenverstand | Hohe Bedeutung von Experten und Spezialisten |
| Höhere Mitarbeiterfluktuation, geringe Verweildauer im Unternehmen | Geringe Mitarbeiterfluktuation, hohe Verweildauer |
| Zeit ist ein Orientierungsrahmen | Pünktlichkeit ist Sicherheit |
| Fokus auf den Prozess einer Entscheidung | Fokus auf den Inhalt einer Entscheidung |
| Spontane vertikale / horizontale Kommunikation | Offizielle Kanäle |
| Verträge können neu verhandelt werden | Verträge müssen eingehalten werden |

Tab. 8: Arbeitsplatzbezogene Beispiele zum Unterschied von Gesellschaften mit niedriger und hoher Unsicherheitsvermeidung[160]

### 3.2.6 Langzeitorientierung

Die Dimension Langzeitorientierung gibt an, inwiefern eine Gesellschaft durch eine Zukunftsorientierung oder eine Gegenwartsorientierung geprägt ist.[161] Zukunftsorientierte Denkweisen und Handlungen stehen für eine ausgeprägte Langzeitorientierung. Eine geringe Ausprägung der Dimension Langzeitorientierung zeigt sich in Form einer starken Gegenwarts- und Vergangenheitsfokussierung. Tradition und Nationalstolz sind wichtig. Stabilität und Konstanz sind positive Eckpfeiler. Veränderung wird mit Misstrauen entgegnet. China (LTO = 87) und Deutschland (LTO = 83) sind beides langfristig orientierte Kulturen. Die Menschen verfolgen Werte, die sich an zukünftigen Ergebnissen orientieren. Dazu gehören Ausdauer, Sparsamkeit, Durchhaltevermögen und eine Flexibilität gegenüber Umfeldveränderungen. Die chinesische Kultur hat aufgrund ihres engen Bezugs zu Konfuzius eine besonders ausgeprägte Langzeitorientierung. Der Aufbau und die Pflege langfristiger Beziehungen sind besonders wichtig.[162] Aufgrund der ähnlichen Ausprägung der Langzeitorientierung wird diese Dimension für die weitere Untersuchung ausgeklammert.

[160] Quelle: Hofstede et al. (2010), S. 203, 217; Weidmann (1995), S. 49.
[161] Vgl. Rothlauf (2012), S. 47.
[162] Vgl. Hofstede et al. (2010), S. 239 ff.; Hofstede (2001), S.351 ff.; Hofstede (2014a); Hofstede (2014b).

| *Kurzzeitorientierung* | *Langzeitorientierung (De und Cn)* |
|---|---|
| Tendenz zur absoluten Wahrheit | Existenz von mehreren „Wahrheiten“ in Abhängigkeit von Zeit, Ort und Umständen |
| Personenloyalität variiert nach Geschäftsnotwendigkeit | Investieren in langfristige persönliche Beziehungen |
| Normativismus | Pragmatismus |
| Ungeduld, kurzzeitiger Erfolg | Beharrlichkeit, langfristige Zielerreichung |
| Dominanz der eigenen Ziele, Ablehnung von Fremdbestimmung, sozialer Status | Bereitwilligkeit sich einem gemeinsamen Ziel / sachlichen Zweck unterzuordnen |
| Hohe Investitionen für schnelles Fortkommen | Budget für die Zukunft sparen |

Tab. 9: Arbeitsplatzbezogene Beispiele zum Unterschied von Gesellschaften mit Kurzzeitorientierung und Langzeitorientierung[163]

### 3.2.7 Genuss und Beherrschung

Diese Kulturdimension beschreibt die Wichtigkeit des Erreichens von Glück und subjektivem Wohlbefinden, die Wahrnehmung von Kontrolle über das eigene Leben und die Bedeutung von Freizeit und Konsum. Diese Dimension wurde zuerst durch Minkov formuliert und später von Hofstede als eine Kulturdimension übernommen. Eine hohe Ausprägung von IVR steht für Genuss. Das bedeutet, man gibt sich den Bedürfnissen und Sehnsüchten hin, indem man sich Freiheit und Konsum im Leben erlaubt. Lebensfreude und „Spaß haben“, bspw. durch Freizeitaktivitäten mit Freunden, sind wichtig. Es gibt wenige soziale Restriktionen, denn Kontrolle über das eigene Leben und Freizeit ist wichtig, um glücklich zu sein. Im Gegensatz dazu wird das Leben in beherrschten Kulturen von sozialen Normen und Pflichtbewusstsein bestimmt. Es ist nicht üblich, sich selbst zu verwöhnen. Die Erfüllung der Sehnsüchte und die Belohnung bzw. Befriedigung von Bedürfnissen werden gezügelt. Das Gefühl der Freude an Freizeitaktivitäten wird als falsch erachtet. Die deutsche Kultur ist beherrscht, hat jedoch eine Tendenz zur Genusshingabe (IVR = 40). Die chinesische Kultur hingegen zeichnet sich durch eine starke Beherrschung bzw. Zurückhaltung beim Konsum aus (IVR = 20) aus.[164] Diese Dimension bezieht sich in Hofstedes Modell stark auf die Bereiche Freizeit bzw. Shopping und wird in der weiteren Untersuchung nicht berücksichtigt.

[163] Quelle: Hofstede et al. (2010), S. 243, 251; Weidmann (1995), S. 50.

[164] Vgl. Hofstede et al. (2010), S. 280 ff.; Hofstede (2014a); Hofstede (2014b).

## 3.3 Interkulturelle Herausforderungen bei deutsch-chinesischer Zusammenarbeit

In Kapitel 3.2 wurde die deutsche und chinesische Kultur und die jeweiligen Auswirkungen auf das berufliche Umfeld anhand des Dimensionsmodells von Hofstede verglichen. In 3.3 wird das Aufeinandertreffen beider Kulturen betrachtet. Durch das Aufeinandertreffen entsteht Interkulturalität.[165] Als interkulturell wird die grenzüberschreitende Interaktion von mindestens zwei Kulturen bezeichnet.[166] In interkulturellen Situationen können durch die kulturellen Unterschiede sogenannte interkulturelle Herausforderungen entstehen. Diese Herausforderungen sind umso größer, je stärker die Kulturunterschiede sind.

### 3.3.1 Vorgehensweise zur Darstellung der interkulturellen Herausforderungen

Zur Betrachtung des Aufeinandertreffens der beiden Kulturen im unternehmerischen Umfeld werden nachfolgend die chinesischen Kulturstandards erläutert, die in der Zusammenarbeit mit Deutschen zu interkulturellen Herausforderungen führen. Kulturstandards sind beschreibbare rollen- und situationsspezifische Verhaltensmuster bzw. Verhaltenserwartungen, die sich aus den Ausprägungen der Kulturdimensionen ableiten.[167] Abb. 22 zeigt den Zusammenhang zwischen Kulturdimension und chinesischen Kulturstandards.

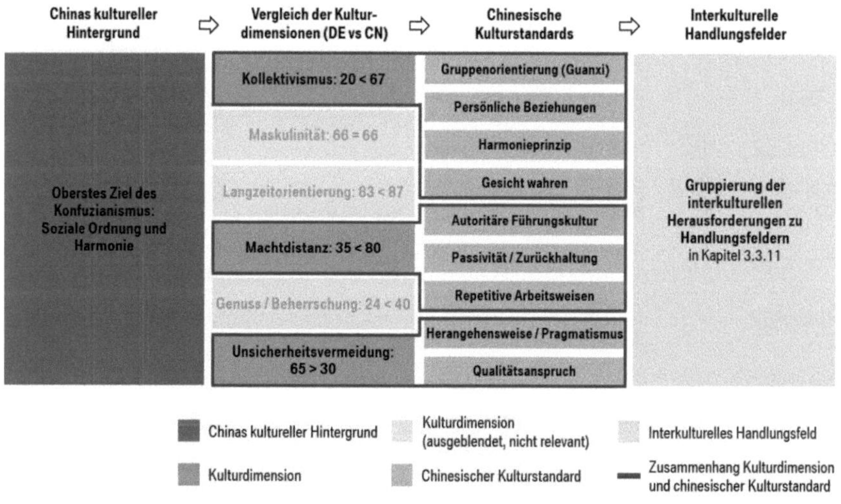


Abb. 22: Übersicht Kulturdimensionen und Kulturstandards

[165] Vgl. Mauritz (1996), S. 3.
[166] Vgl. Rothlauf (2012). S. 20.
[167] Vgl. Reisch (1991), S. 81 f.

Die Realität ist wesentlich differenzierter als die hier angeführte Darstellung der Kulturstandards. Die Verhaltensweisen und die daraus resultierenden Herausforderungen sind sehr unterschiedlich und können nicht als ethnozentristische Pauschalurteile formuliert werden. Für die weitere Untersuchung ist es jedoch notwendig, eine gewisse Verallgemeinerung vorzunehmen, um Erkenntnisse ableiten zu können. In den Kapiteln 3.3.2 bis 3.3.10 werden auf Basis der bestehenden Literatur die chinesischen Kulturstandards erläutert und die Beobachtung des Kulturstandards in der Praxis bzw. die daraus resultierenden interkulturellen Herausforderungen bei der deutsch-chinesischen Zusammenarbeit zusammengefasst. Es wird somit ein Überblick über die Bandbreite der interkulturellen Herausforderungen gegeben. Die wichtigsten Untersuchungen, die sich mit den interkulturellen Herausforderungen in der deutsch-chinesischen Zusammenarbeit befassen, werden in Tabelle 10 dargestellt. In keiner der Studien wird jedoch Bezug zur Arbeit in der Produktentwicklung hergestellt.

| Autor | Fokus der Untersuchung deutsch-chinesischer Zusammenarbeit |
|---|---|
| **Peill-Schoeller (1994)** | Besonderheiten, Herausforderungen und Probleme der interkulturellen Zusammenarbeit in deutsch-chinesischen Kooperationen. Ableitung von Implikationen für das interkulturelle Management. |
| **Vogl (2001)** | Interkulturelle Zusammenarbeit in deutsch-chinesischen JV. |
| **Meng (2003)** | Konflikte und Lösungsstrategien für die interkulturelle Zusammenarbeit in deutsch-chinesischen Joint Ventures. |
| **Shi (2003)** | Herausforderungen der interkulturellen Kommunikation zwischen deutschen Expatriates und chinesischen Mitarbeitern in der Zusammenarbeit. |
| **Zimmermann et al. (2003)** | Einfluss von Kollektivismus und Guanxi auf die Bereitschaft von Chinesen, mit Expatriates zusammenzuarbeiten. |
| **Schulz (2004)** | Interkulturelle Herausforderungen und entsprechende Managementstrategien für die sino-ausländische Zusammenarbeit in Unternehmen. |
| **Kleist (2006)** | Herausforderungen für die Gestaltung kulturübergreifender Geschäftsbeziehungen zwischen Deutschland und China. |
| **Müthel (2006)** | Interkulturelle Herausforderungen bei der Zusammenarbeit in deutsch-chinesischen virtuellen Projektteams. Fokus auf Vertrauen. |
| **Jing (2006)** | Handbuch des interkulturellen Managements zum kulturgerechten Umgang mit Chinesen in der beruflichen Zusammenarbeit. |
| **Zinzius (2007)** | Anwendungsorientierter Ratgeber zum interkulturellen Umgang mit Chinesen und den kulturellen Besonderheiten aus deutscher Sicht. |
| **Schumann et al. (2009)** | Interkulturelle Herausforderungen der deutsch-chinesischen Zusammenarbeit bei kooperativen IT-Dienstleistungsprojekten. |

| Autor | Fokus der Untersuchung deutsch-chinesischer Zusammenarbeit |
|---|---|
| **Varma et al. (2009)** | Untersuchung der Anpassung des Verhaltens von Expatriates an die interkulturellen Umstände in China. |
| **Rothlauf (2012)** | Grundlagen des interkulturellen Managements für die internationale Zusammenarbeit. |

Tab. 10: Untersuchungen zu interkulturellen Herausforderungen in der deutsch-chinesischen Zusammenarbeit

Die folgenden Erläuterungen der interkulturellen Herausforderungen in der deutsch-chinesischen Zusammenarbeit basieren überwiegend auf den in Tabelle 10 genannten Untersuchungen. Die Darstellungen werden teilweise anhand von Piktogrammen einer deutsch-chinesischen Künstlerin grafisch verdeutlicht. Zudem werden die Kernaussagen der Darstellung am Ende eines Kapitels zusammengefasst. Sie sind eingerückt und kursiv formatiert. Die drei Anfangsbuchstaben des Kulturstandards (inkl. Nummerierung) fungieren als Indizierung, diese werden im weiteren Verlauf der Arbeit wieder aufgegriffen.

### 3.3.2 Gruppenorientierung (Guanxi)

Eine Konsequenz des stark ausgeprägten Kollektivismus ist die hohe Gruppenorientierung bzw. das sogenannte Guanxi.[168] Guanxi ist ein „Handlungskonzept, das darauf angelegt ist, über persönliche Beziehungen (ohne zwischen privat oder beruflich zu unterscheiden) Ziele zu erreichen und zu sichern".[169] Jeder in China ist Teil zahlreicher Beziehungsnetzwerke (z. B. Abteilung, Familie). Innerhalb der In-Groups herrscht Vertrauen, Loyalität, Freundschaft und Hilfsbereitschaft, da man einen emotionalen Zugang zueinander hat. Es existiert ein hoher Eingliederungsdruck in diese Netzwerke, denn sie sind die notwendige Basis für die Zusammenarbeit. Die Mitglieder einer Gruppe arbeiten gut zusammen. Die Interaktion mit den Außenstehenden ist reduziert.[170]

---

[168] Vgl. Hofstede (2001), S. 362.

[169] Jing (2006), S. 55.

[170] Vgl. Peill-Schoeller (1994), S. 135ff.; Schulz (2004), S. 49 ff.; Woesler (2004), S. 34 f.; Yuan (1999), S. 72 ff.

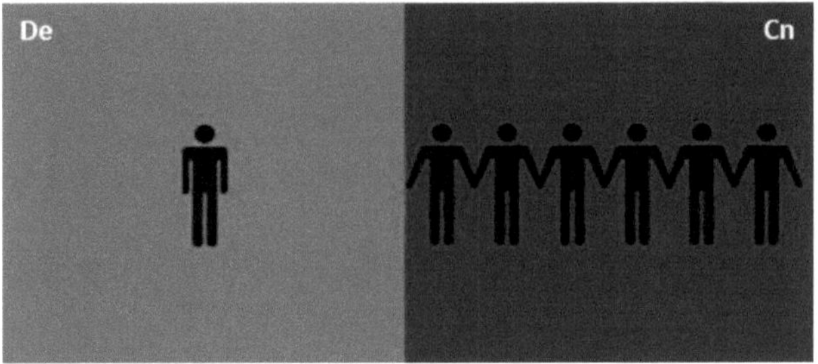


Abb. 23: Piktogramm Lebensstil[171]

Meng (2003) fand heraus, dass in China die Beförderung aufgrund von persönlichen Beziehungen und In-Group-Motiven zu Unmut bei den deutschen Kollegen führt, die auf Basis von Fachwissen und Managementkompetenz bewerten wollen. Darüber hinaus werden auch die Informationsweitergabe und die Verteilung von Wissen durch Gruppenidentität beeinflusst, da bei den Entscheidungs- und Kommunikationsprozessen die Gruppenstrukturen (In-Groups) eine Rolle spielen.[172]

Huang et. al. (2008) kamen zu dem Ergebnis, dass Guanxi einen positiven Effekt auf die Bereitschaft hat, Wissen weiterzugeben. Die Bereitstellung von Wissen ist bei wissensintensiven Tätigkeiten wie der Produktentwicklung ein entscheidender Faktor.[173]

Vogl (2001) belegt durch empirische Studien, dass Guanxi notwendige Voraussetzung für die Zusammenarbeit in China ist. In der individualistisch geprägten deutschen Gesellschaft erwartet man jedoch eine inhalts- und funktionsorientierte Zusammenarbeit, um seine Pflicht zu erfüllen. Es kommt zu Problemen, wenn die Deutschen sich nicht in die Beziehungsnetzwerke integrieren, weil keine Guanxi vorhanden ist und die chinesische Seite die Zusammenarbeit blockiert. [174]

- *Gru01: Eine Zusammenarbeit (in Teams) funktioniert nur, wenn ein persönliches Netzwerk (In-Group) zwischen den Mitgliedern existiert.*
- *Gru02: Zusammenarbeit oder Kooperation mit fachfremden Abteilungen führt zu Problemen (Verzögerungen), wenn keine persönlichen Netzwerke vorhanden sind.*

---

171 Quelle: Liu (2010).

172 Vgl. Meng (2003), S. 145 ff.

173 Vgl. Huang et al. (2008), S. 462 ff.

174 Vgl. Vogl (2001), S. 122 f.

### 3.3.3 Persönliche Beziehungen

Der Kollektivismus hat eine große Bedeutung von bilateralen persönlichen Beziehungen zur Folge. Die Netzwerke beruhen darauf, dass zwischen den einzelnen Mitgliedern eine Vertrauensbeziehung existiert. Chinesen investieren viel in den Aufbau persönlicher Beziehungen und erwarten im Gegenzug eine entsprechende Wirkung. Dies gilt vor allem für die Beurteilung von Leistung und Äußerung von Kritik. Wo in Deutschland das offene Leistungsprinzip gilt, wird in China darauf geachtet, dem anderen nicht zu schaden bzw. zu helfen. Zur Erhaltung der Beziehung ist es wichtig, sich gegenseitige Gefälligkeiten zu erweisen und das Gesicht des anderen zu wahren. Manchmal ist die Bevorzugung aufgrund der persönlichen Beziehung aus westlicher Sicht ein schmaler Grat zwischen unmoralischem Verhalten und notwendigem Beziehungsaufbau.[175]

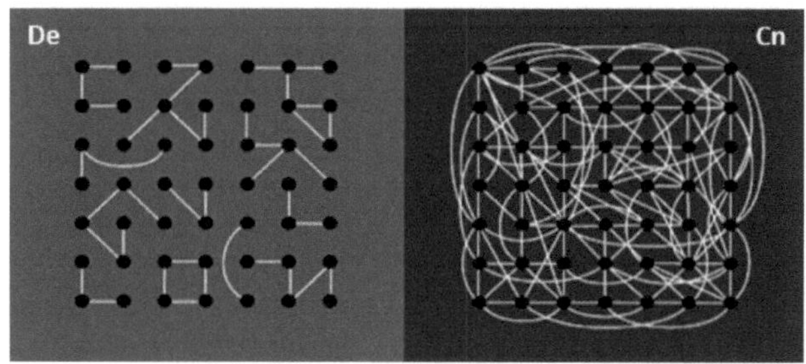


Abb. 24: Piktogramm Beziehungen[176]

In Deutschland fungiert ein formalisiertes System als Basis für die Zusammenarbeit, in dem die Rolle und die Funktion in der Organisation entscheidend sind. Die Erfüllung der unternehmerischen Pflicht und die Erreichung der Ziele ist das Leistungskriterium. Im Gegensatz dazu steht in der chinesischen Kultur bei beruflichen Angelegenheiten immer die Beziehung zur Person im Vordergrund. Es ist wichtig, zunächst eine persönliche Beziehung aufzubauen und dadurch eine Vertrauensbasis zu bilden. D. h. die ersten Termine können vergehen, ohne dass geschäftliche Punkte zur Sprache gebracht werden. Verbindliche Vereinbarungen sind in China personenbezogen und werden durch eine Beziehung gefestigt. Wenn ein Vertreter wechselt, gilt die Abmachung nicht automatisch mit dem

175 Vgl. Wang et al. (2005), S. 319 ff.; Varma et al. (2009), S. 200 ff.; Zinzius (2007), S. 131 ff.; Peill-Schoeller (1994), S. 84 f.

176 Quelle: Liu (2010).

Nachfolger. Es kommt zu Missverständnissen, weil die Deutschen erwarten, dass eine Vereinbarung unabhängig von der persönlichen Beziehung eingehalten wird.[177]

- *Per01: Persönliche Beziehung ist notwendig für die Zusammenarbeit (Vertrauen).*
- *Per02: Persönliche Beziehung ist wichtiger als die fachliche Aufgabe.*[178]
- *Per03: Vereinbarungen bestehen zwischen Personen mit Beziehung.*
- *Per04: Loyalität gegenüber der Person, nicht der Firma.*[179]

### 3.3.4 Harmonieprinzip

Ein weiteres charakteristisches Merkmal für kollektivistische Gesellschaften ist ein hohes Harmoniebedürfnis. Harmonie gilt in China als Idealbild für zwischenmenschliche Beziehungen und stellt die notwendige Voraussetzung für die Gruppenorientierung dar. Das Harmonieprinzip führt zu einer konfliktablehnenden Haltung und anderen Entscheidungsgrundlagen, die nicht mit den auf Direktheit und Gradlinigkeit ausgerichteten deutschen Entscheidungsprozessen kompatibel sind.[180] Die kritische Auseinandersetzung mit einem Thema und das offene Ansprechen von Problemen, wie es in Deutschland zur sachlichen Klärung üblich ist, funktioniert in China nicht. Zur Vermeidung von Disharmonien werden kritische Themen und Probleme weitestgehend ausgeblendet. Dies gilt als freundliches Bemühen zur Harmoniewahrung. Negative Punkte werden, nur wenn nötig, auf indirekte und unpersönliche Art vermittelt, bspw. durch Vergleiche. Die Chinesen können aus Harmoniegründen über Unehrlichkeit hinwegsehen.[181]

In China herrscht eine generelle Konfliktvermeidung. Es wird stets versucht einen harmonieorientierten Konsens herbeizuführen. Das passt nicht zu der in Deutschland üblichen Konfliktkultur und wirkt auf die deutschen Kollegen wie eine „Drückeberger-Mentalität“. Die deutsche Art des sachlichen Streitens beeinträchtigt die chinesische Harmonie. Ungeduld und das offene Ansprechen kritischer Themen wird von den Chinesen als respektlos empfunden. Die deutschen Kollegen kritisieren fehlende Offenheit und fühlen sich nicht ausreichend informiert. Diese unterschiedlichen Problemlösungstechniken führen zu angespann-

---

177 Vgl Hofstede (2001), S. 244; Meng (2003), S. 145 f.; Shi (2003), S. 137 ff.; Jing (2006), S. 58.

178 Vgl. Helfenstein (2008), S. 85.

179 Berger und Nones (2008), S. 129.

180 Vgl. Yuan (1999), S. 69; Peill-Schoeller (1994), S. 82; Rothlauf (2012), S. 505.

181 Vgl. Meng (2003), S. 145 ff.; Rothlauf (2012), S. 502 f.

ten Situationen, Zeitverzug, schlechten Ergebnissen und gefährden die persönlichen Beziehungen.[182]

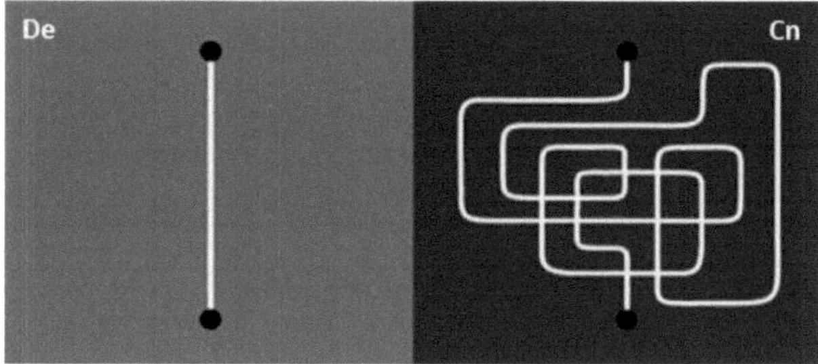


Abb. 25: Piktogramm Meinung[183]

Eine besondere Herausforderung für die Deutschen in der Zusammenarbeit mit chinesischen Kollegen stellen die **höflichen Umgangsformen** dar. Eine durchweg wohlwollende Kommunikation mit positivem Unterton soll die Wahrscheinlichkeit von unangenehmen Auseinandersetzungen verringern. Das ist ein wesentlicher Baustein der Harmonieorientierung, führt jedoch zu Missverständnissen in der Kommunikation. Ein konstantes Lächeln ist Teil der Selbstkontrolle und dient der Wahrung der Harmonie. Es hat nichts mit echter Freude zu tun. Ein „Ja" oder ein Nicken bedeutet nicht unbedingt Zustimmung, meistens ist es die Bestätigung, dass man dem Gegenüber zuhört. Es obliegt dann der Sensibilität des Gesprächspartners herauszufinden, ob das Gesagte auch inhaltlich aufgenommen wurde. Umgekehrt ist ein klares „Nein" unhöflich und kann zum Gesichtsverlust führen. Stattdessen werden häufig Bemühungen aufgezählt oder das Erreichte besonders ausführlich dargestellt. Negative Botschaften werden nicht direkt artikuliert, sondern im Kontext übermittelt, bspw. durch Metaphern. Das wirkt auf Deutsche wie „um den heißen Brei reden". Während in Deutschland das Wichtigste am Anfang gesagt wird, erwähnen die Chinesen zuerst das Angenehme, dann zahlreiche Hintergrundinformationen und die Kernbotschaft kommt zum Schluss.[184]

---

182 Vgl. Schumann et al. (2009), S. 16; Shi (2003), S. 137 ff., 191; Meng (2003), S. 147 f.; Schulz (2004), S. 49.

183 Quelle: Liu (2010).

184 Vgl. Vermeer (2007), S. 147; Zimmermann et al. (2003), S. 56; Jing (2006), S. 27 ff.; Zinzius (2007), S. 43, 100 ff.

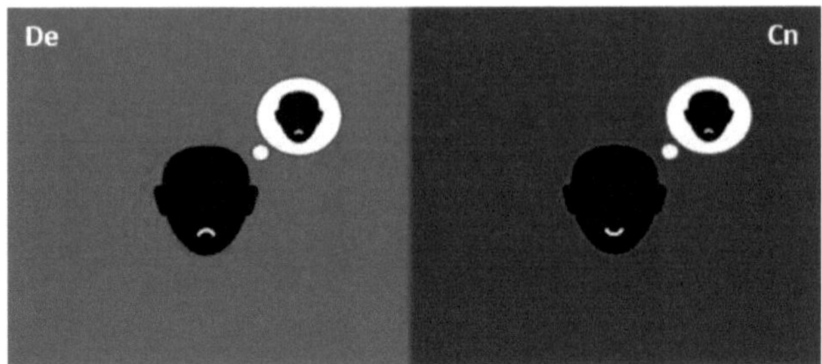


Abb. 26: Piktogramm Ärger[185]

Vogl (2001), Meng (2003) und Shi (2003) zeigen, dass in der Zusammenarbeit die direkte Low-Context-Kommunikation der Deutschen mit der indirekten High-Context-Kommunikation der Chinesen zu Problemen führt. Die Deutschen verstehen die höflichen und impliziten Äußerungen nicht richtig. Auf der anderen Seite bemängeln die Chinesen, dass ihre indirekten Botschaften nicht verstanden werden. Es kommt zu Schwierigkeiten beim Informationsaustausch und zur Frustration auf beiden Seiten. Die Chinesen wirken dumm und stur auf die Deutschen und umgekehrt halten die Chinesen die Deutschen für unnahbar, selbstherrlich, arrogant und unhöflich.[186]

- *Har01: Konflikte werden nicht offengelegt und versucht zu umgehen bzw. wird ein naheliegender, harmonieorientierter Konsens herbeigeführt.*

- *Har02: Kein Ansprechen kritischer Themen und Probleme, um die Harmonie nicht zu gefährden.*

- *Har03: Indirekte und implizite Kommunikation (high-context) erschwert den Informationsaustausch und führt zu Missverständnissen.*

### 3.3.5 Gesichtswahrung

Das Gesicht ist ein gesellschaftliches Phänomen in China und spielt eine sehr große Rolle für den Umgang miteinander. Es beruht auf dem Kollektivismus und der hohen Machtdistanz. Das Gesicht ist die persönliche Würde des Einzelnen und gleichbedeutend mit der sozialen Stellung in der Gesellschaft. Es steht für öffentliche Anerkennung und Stolz, aber auch für Schande. Es dient zur Wahrung der Harmonie und damit als Instrument für den Erhalt der persönlichen Beziehungen. Jemand, der viel „Gesicht hat", genießt eine hohe

---

185 Quelle: Liu (2010).

186 Vgl. Vogl (2001), S. 128 f., 142 ff.; Meng (2003), S. 154 f.; Shi (2003), S. 123 f., 191 ff.

gesellschaftliche Reputation. Somit wird eine Statusklarheit und Rangfolge in den Guanxi geschaffen. Das Gesicht einer Person setzt sich zusammen aus familiärem Hintergrund, Zugehörigkeit zu wichtigen Guanxi und vor allem auf Basis der persönlichen Ressourcen: Wissen, Position, Leistungen und moralischer Umgang. Für Chinesen ist es daher wichtig, selbst Gesicht zu bekommen und zu wahren sowie anderen Gesicht zu geben. Man bekommt Gesicht durch persönlichen Erfolg, Lob und Anerkennung (besonders durch hierarchisch Höhergestellte). Umgekehrt führen Zorn, Ungeduld und Misserfolg, eigene Fehler oder Unwissenheit zum Gesichtsverlust. Respektloses Verhalten, öffentliche Kritik oder Sanktionierung führen zum Gesichtsverlust bei jemand anderem. Das Konzept des Gesichts beruht auf Gegenseitigkeit und fördert somit die Beziehungen. Wenn jemand Gesicht gegeben bekommt, wird er versuchen, sich zu revanchieren. Auf der anderen Seite führt der Gesichtsverlust zu einem Bruch in der persönlichen Beziehung.[187]

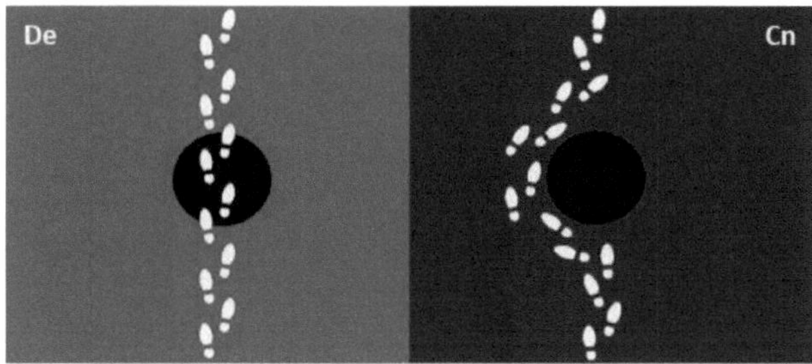


Abb. 27: Piktogramm Umgang mit Konflikten[188]

Vogl (2001) weist in seiner Untersuchung auf die Wichtigkeit des Gesichtwahrens hin. Die chinesischen Mitarbeiter fragen nicht nach, wenn sie etwas nicht verstanden haben. Eigene Fehler und Versäumnisse werden nicht angesprochen bzw. laut Schumann et al. (2009) wird sogar ein hoher Aufwand betrieben, um sie zu verbergen. Gleichermaßen werden auch die Fehler anderer nicht direkt angesprochen (Fingerpointing), sodass eine fachliche Auseinandersetzung nicht funktioniert.[189] Laut Huang et. al. (2008) ist die Bereitschaft zur Weitergabe von Wissen und Informationen höher, wenn dadurch jemand Gesicht bekommt. Umgekehrt sinkt die Bereitschaft, wenn die Gefahr des Gesichtsverlusts besteht.[190] Es wird ein indirekter Umgang mit Problemen praktiziert, weil eine offene Dis-

[187] Vgl. Peill-Schoeller (1994), S. 71, 124; Yuan (1999), S. 73-75; Zinzius (2007), S. 43 ff.; Jing (2006), S. 29; Zimmermann et al. (2003), S. 56.

[188] Quelle: Liu (2010).

[189] Vgl. Vogl (2001), S. 118 f.; Schumann et al. (2009), S. 14 ff.

[190] Vgl. Huang et al. (2008), S. 462 ff.

kussion kritischer Themen eine Gesichtsbedrohung darstellt. Es wird so kritisiert, dass jeder sein Gesicht wahren kann und möglichst harmonisch ein Konsens herbeigeführt wird.

Es kommt zu Problemen, weil die Deutschen auf dieses Verhalten nicht eingehen bzw. damit nicht umgehen können. Es entsteht ein Ungleichgewicht und eine falsche Informationslage. Das führt zu einer falschen Planung, die laut Peill-Schoeller (1994) zusätzlich erschwert wird, weil Chinesen sich in ihren Aussagen ungern festlegen, um im Zweifel durch die Spielräume noch das Gesicht wahren zu können.[191]

Nakata und Sivakumar (1996) stellen fest, dass chinesische Manager Entwicklungsprojekte teilweise weiterverfolgen, auch wenn die Sinnhaftigkeit widerlegt worden ist. Sie wollen den Fehler nicht eingestehen, weil damit ein Gesichtsverlust verbunden wäre.[192]

- *Ges01: Eigene Minderleistung, Fehler oder Unwissenheit werden versucht zu verbergen, indem keine klaren Aussagen getroffen werden.*
- *Ges02: Minderleistung und Fehler bei anderen werden nicht offen aufgezeigt und kritisiert.*
- *Ges03: Bei Fehlern oder Problemen wird die Arbeit nicht abgebrochen und neu überlegt, sondern ohne Korrektur weitergearbeitet.*

### 3.3.6 Autoritäre Führungskultur

Der Führungsstil in China wird stark durch die hohe Machtdistanz geprägt. In der sozialen Rangfolge steht der Chef über dem Mitarbeiter und es herrscht ein hohes Machtungleichgewicht. Dies spiegelt sich in einer sehr autoritären Führung und in einem konsequenten Top-Down-Management wieder. Das Prinzip der Delegation oder ein Bottom-Up-Ansatz sind in China nicht anwendbar. Es werden Arbeitsanweisungen von den Vorgesetzten erteilt, die vom Mitarbeiter „gehorsam" ausgeführt werden.[193]

In China dominiert die hierarchische Autorität, in Deutschland die kooperative Führung. Das kann auch als *Ruling by man* statt *Ruling by law* beschrieben werden. Deutsche Mitarbeiter, die aus einer Kultur mit geringer Machtdistanz stammen, wollen in die Definition der Ziele eingebunden werden und auf diese eigenverantwortlich hinarbeiten. Sie erhalten dafür auch den nötigen Freiraum von der Führungskraft. Diese Arbeits- und Führungswei-

---

[191] Vgl. Peill-Schoeller (1994), S. 80.

[192] Vgl. Nakata und Sivakumar (1996), S. 67.

[193] Vgl. Rothlauf (2012), S. 73; Schulz (2004), S. 56, 88; Peill-Schoeller (1994), S. 87.

se funktioniert in China nicht. Die chinesischen Entscheidungsträger haben die Macht zentralisiert. Standardisierte Entscheidungsprozesse existieren nicht, sondern die Hierarchie trifft die Entscheidungen. Die chinesischen Mitarbeiter zeigen kein Bestreben, an den Führungs- und Entscheidungsprozessen teilhaben zu wollen.[194]

Der Vorgesetzte übernimmt in China die inhaltliche Führung und erteilt klare Arbeitsanweisungen. In Entscheidungssituationen, bei Problemen oder in unklaren Situationen muss der Vorgesetzte aktiv führen, denn er steht in der Verantwortung. Diese Einstellung passt nicht zu der deutschen Sichtweise. Hier ist das Team verantwortlich für das Problem und alle partizipieren an der Lösungserarbeitung. Die Hierarchie ist lediglich ein Eskalationsmedium.[195] Es ist jedoch zu beobachten, dass sich der Führungsstil von deutschen Managern in China im Laufe der Zeit anpasst. Während zu Beginn offen geführt wird und den Teammitgliedern Gestaltungsspielraum überlassen wird, werden nach gewisser Zeit immer deutlichere Vorgaben gemacht und die Resultate der Arbeitsanweisungen kontrolliert. Andernfalls bleiben häufig Dinge unbearbeitet und Abläufe geraten ins Stocken.[196]

Abb. 28: Piktogramm Chef[197]

Meng (2003) stellt fest, dass die chinesischen Mitarbeiter Probleme nicht aktiv an den Vorgesetzten zurückmelden, um diesen nicht mit dem Problem zu belasten. Der Chef muss im Rahmen der engen Führung ständig kontrollieren. Wenn dies nicht getan wird, kommt es zu einer asymmetrischen Informationslage. Die deutschen Chefs bemängeln einen schlechten Informationsrückfluss. Sie werfen den chinesischen Mitarbeitern vor,

[194] Vgl. Wang et al. (2005), S. 319 ff.; Gusig und Kruse (2010), S. 58.

[195] Vgl. Chen und Tjosvold (2002), S. 558; Rothlauf (2012), S. 494 ff.; Zimmermann et al. (2003), S. 57; Peill-Schoeller (1994), S. 29.

[196] Vgl. Boutellier et al. (2008) S. 73.

[197] Quelle: Liu (2010).

nicht konfliktfähig zu sein, weil sie sich bei Kritik nicht rechtfertigen.[198] Aus Sicht der Chinesen würde das jedoch ihre Loyalität infrage stellen. Wenn der Chef spricht, hören die Mitarbeiter zu. Es führt fast ausschließlich der Ranghöchste das Wort, vor allem in Teamrunden oder größeren Besprechungen. Kritik oder Hinterfragen der Äußerung des „Meisters" wäre respektlos.[199]

Vogl (2001) belegt durch seine Studie die hohe Bedeutung der hierarchischen Arbeitsformen. Er hält fest, dass Kommunikation in andere Fachbereiche immer über den Vorgesetzten läuft. Horizontale Kommunikation zwischen verschiedenen Fachbereichen findet nur auf gleicher Hierarchieebene statt.[200]

- *Aut01: Keine Übernahme und Leben von eigenständiger Verantwortung auf Mitarbeiterebene, Entscheidungen werden vom Vorgesetzten getroffen.*
- *Aut02: Enge Führung durch klare Arbeitsanweisungen und Fortschritts- bzw. Ergebniskontrolle.*
- *Aut03: Eingeschränkte vertikale Kommunikation, weil kein Hinterfragen oder Kritik am Vorgesetzten erfolgt.*
- *Aut04: Eingeschränkte horizontale Kommunikation (fachbereichsübergreifend), nur über die Führungskraft.*

### 3.3.7 Passivität und Zurückhaltung

Die hohe Machtdistanz in China und die dargestellte autoritäre Führungsweise haben zur Folge, dass die chinesischen Mitarbeitern ein hohes Maß an respektvoller Zurückhaltung zeigen, um die Autorität des Ranghöheren nicht zu untergraben. Eigeninitiative und Eigenständigkeit auf Mitarbeiterebene entspricht nicht der Führungskultur. Verantwortung zu tragen und Entscheidungen zu treffen, ist die Aufgabe des Chefs. Es wäre anmaßend und respektlos, diese Dinge selbst in die Hand zu nehmen. Die Mitarbeiter zeigen keine Eigeninitiative, sondern erwarten klare Anweisungen. Es kommt zu Inaktivität auf der Mitarbeiterseite, wenn keine konkreten Arbeitsanweisungen durch die Führungskraft erteilt werden. Dies wirkt aus Sicht deutscher Expatriates zurückhaltend und passiv. Sie sind es gewohnt, Ziele und Aufgaben zu verteilen und erwarten im Gegenzug Mitdenken und eigen-

[198] Vgl. Meng (2003), S. 150 f.; Schumann et al. (2009), S. 9, 16 f.
[199] Vgl. Peill-Schoeller (1994), S. 234.
[200] Vgl. Vogl (2001), S. 120 f.

ständige Problemlösung auf der Mitarbeiterebene. Dieser Führungsstil stößt bei Chinesen auf Ablehnung.[201]

Abb. 29: Piktogramm Ich[202]

Ein *Management by Objectives* funktioniert in China nur bedingt, selbst wenn es explizit durch die Manager ermutigt wird. Die Ursache liegt im geringen Individualismus. Jemand, der Verantwortung übernimmt, tritt aus der Gruppe heraus und widerspricht dem kollektivistischen Gedanken. In einer exponierten Stellung ist das Risiko des Gesichtsverlusts besonders hoch und hat im Falle eines Misserfolgs, insbesondere bei möglichen Sanktionen, gravierendere Auswirkungen als der Prestigegewinn im Erfolgsfall. Das führt zu einer geringen Bereitschaft, Initiative zu zeigen. Die Führungskraft ist in der Pflicht und wird im Zweifel ihr Gesicht verlieren. Es besteht kein Streben nach Partizipation. Der Mitarbeiter ist nur ausführendes Organ.[203]

Laut Peill-Schoeller (1994) ist das „Gefordertsein“[204] für chinesische Mitarbeiter sehr ungewohnt. Demzufolge ist die Verantwortungsübernahme auf Mitarbeiterebene eine große Herausforderung. Sie sind es nicht gewohnt, „selbstständig zu handeln und unabhängig zu denken“[205]. Die Stärke liegt darin, Anweisungen gut zu memorisieren und auszuführen.

Das Entscheidungsmanagement ist ein Problem, wenn vorausgesetzt wird, dass die chinesischen Fachkräfte sich in die westlichen Entscheidungsmechanismen eingliedern und ihre Expertise kritisch einbringen.[206] Aus chinesischer Sicht ist im Entscheidungsprozess

---

[201] Vgl. Meng (2003), S. 145, 153.

[202] Quelle: Liu (2010).

[203] Vgl. Peill-Schoeller (1994), S. 85f.; Timlon und Akerman (2010), S. 253; Schumann et al. (2009), S. 9, 16 f.

[204] Peill-Schoeller (1994), S. 29

[205] Peill-Schoeller (1994), S. 85.

[206] Vgl. Peill-Schoeller (1994), S. 82.

besonders die Harmonie mit dem Vorgesetzten wichtig. Kritik könnte die Beziehung gefährden. Es wird Einheit mit dem Chef demonstriert, indem man ihm nicht widerspricht. Es werden keine Verbesserungsvorschläge gemacht und die Bereitschaft zum diskursiven Arbeiten ist eingeschränkt. Das wird aus deutscher Sicht als fehlende Partizipation und geringe Eigeninitiative interpretiert.[207]

- *Pas01: Geringe Eigeninitiative auf Mitarbeiterebene. Zurückhaltung und Passivität. Mitarbeiter fühlen sich nicht verantwortlich.*
- *Pas02: Mitarbeiterebene erwartet explizite Anweisungen und Entscheidungen von der Führungskraft.*
- *Pas03: Geringe (kritische) Partizipation der Mitarbeiter an Entscheidungsprozessen. Informationen werden nicht hervorgebracht.*

### 3.3.8 Repetitive Arbeitsweisen und Kreativität

Die Kultur wirkt sich auch auf die Ausbildungs- und Arbeitsweisen aus. Die chinesischen Arbeitsweisen sind auf die Repetition von Wissen ausgelegt. Chinesische Mitarbeiter bevorzugen sich wiederholende, stereotype Arbeitsvorgänge, die sie von Eigenverantwortung und -initiative entlasten. Arbeitsabläufe und -anweisungen werden genau memoriert und ausgeführt, damit sie nicht hinterfragt werden müssen. Routine bei der Arbeitsgestaltung verhindert, dass die kulturelle Komfortzone verlassen werden muss. Schriftliche Arbeitsanleitungen schaffen Verbindlichkeit und reduzieren den Interpretationsspielraum. Durch routinierte und erprobte Arbeitsabläufe wird außerdem die Harmoniewahrung sichergestellt, da Konfrontationen zwischen den Arbeitseinheiten oder mit dem Chef vermieden werden.[208]

Die ausführungsorientierte Arbeitsweise wird schon im Rahmen der schulischen Ausbildung durch einen **repetitiven Lernstil** vermittelt und ist daher tief verankert. Die Lernmethoden basieren auf dem Grundsatz des Auswendiglernens der richtigen Lösung.[209] Thomas (2000) unterscheidet zwischen offenen (Deutschland) und geschlossenen (China) Lerntechniken. Während in Deutschland problemorientiertes Lernen praktiziert wird, liegt in China der Fokus auf dem Memorieren, also der reinen Reproduktion von Inhalten. Die

---

[207] Vgl. Meng (2003), S. 153; Zimmermann et al. (2003), S. 56 f.; Schumann et al. (2009), S. 16 f.; Wang et al. (2005), S. 319 ff.; Timlon und Akerman (2010), S. 253.

[208] Vgl. Peill-Schoeller (1994), S. 85 ff., 232; Sun et al. (2007), S. 315.

[209] Vgl. Timlon und Akerman (2010), S. 244.

Öffnung hin zu rezeptiven Lernformen, wie sie im Westen gelebt werden, führt häufig zu Überforderung der chinesischen Studenten.[210]

Vogl (2001) hält fest, dass der Lernstil eine der größten Herausforderungen für die kooperative Zusammenarbeit zwischen Deutschen und Chinesen in der Praxis ist. Er bezeichnet die Chinesen als wissbegierig und betont die akzeptable Lerngeschwindigkeit, aber der Fokus liegt nach wie vor auf dem Auswendiglernen. Es erfolgt keine selbstständige Anwendung und Adaption von Wissen.[211]

Die Arbeitsformen und Lernmethoden führen zu gewissen Vorurteilen bezüglich der Fähigkeit zur **Kreativität** in China. Laut Westwood und Low (2003) sind chinesische Studenten gut im Auswendiglernen und weniger gut im unabhängigen und kreativen Denken. Sie beziehen diesen Umstand auf den gering ausgeprägten Individualismus, welcher notwendig wäre, um den Status Quo herauszufordern und neue Ideen zu verfolgen.[212] Diese These wird von einigen Veröffentlichungen (Peill-Schoeller, 1994; Nakata und Sivakumar, 1996; Kedia et al., 1992; Trevelyan, 1999) unterstützt. Sie ergänzen, dass auch die hohe Machtdistanz kontraproduktiv für Kreativität ist, weil strikte Hierarchien, Zentralisierung und Vorgaben die notwendige Freiheit limitieren. Ein weiteres Indiz für geringe Kreativität ist die niedrige Risikobereitschaft aus Angst vor dem Gesichtsverlust.

Nach Meinung des Autors in der vorliegenden Untersuchung kann man jedoch nicht von einem generellen kulturellen Defizit im Bereich Kreativität sprechen. Alle Menschen haben die Voraussetzung, kreativ zu sein. Die Umsetzung wird in China jedoch durch die kulturell geprägten Randbedingungen limitiert. Die Lernmethoden, das Ausbildungssystem und die Arbeitsformen fördern kein kreatives Verhalten, weil der Innovationswille nicht geschult wird.[213]

- *Rep01: In China werden repetitive Arbeitsabläufe mit einem hohen Routinegrad bevorzugt.*

- *Rep02: Genaue Arbeitsanleitungen verringern den eigenen Gestaltungsspielraum und schaffen Verbindlichkeit. Das verhindert ein Verlassen der kulturellen Komfortzone.*

---

[210] Vgl. Thomas (2000), S. 57 f.

[211] Vgl. Vogl (2001), S. 145, 210 ff.

[212] Vgl. Westwood und Low (2003), S. 238 ff.

[213] Vgl. Westwood und Low (2003), S. 253.

- *Rep03: Arbeitsformen, die auf selbstständiges Arbeiten (oder Kreativität) ausgelegt sind und Freiräume bei der Umsetzung lassen, werden abgelehnt.*

### 3.3.9 Struktur der Herangehensweise und Pragmatismus

Die deutsche Herangehensweise an eine Aufgabe oder an ein Problem ist analytisch und rational. Situation und Sachverhalt werden analysiert und eine Beschreibung des Problems vorgenommen. Dabei erfolgt meist eine Zerlegung in Teilprobleme (Dekomposition) und eine Dekontextualisierung. Aufbauend auf diesen Erkenntnissen wird ein phasenweises Vorgehen zur Bearbeitung festgelegt.

In China hingegen wird ein Problem aus unterschiedlichen Blickwinkeln betrachtet und ist abhängig vom sachlichen, persönlichen und zeitlichen Kontext. Die Situation kann sich stetig verändern. Aufgrund der niedrigeren Unsicherheitsvermeidung werden Störungen und Unsicherheiten als natürliches und kontextabhängiges Phänomen hingenommen.[214] Die Vorgehensweise ist häufig pragmatisch, es gilt lediglich das Problem im aktuellen Kontext abzustellen. Der Erkenntnisfortschritt wird durch Versuch und Irrtum erzielt. Chinesen legen sich ungerne fest und lehnen die Anwendung differenzierter Planungssysteme ab. Das kann zu einer Orientierungslosigkeit führen. Aus deutscher Sicht weisen die Herangehensweisen wenig Präzision und Sorgfalt auf. Dinge werden häufig mit einem zu großen aktionsorientierten Pragmatismus bearbeitet, teilweise nicht strukturiert abgeschlossen oder vernachlässigt.[215]

Zimmermann et al. (2003) halten fest, dass es für Chinesen schwierig ist, die systematischen deutschen Abläufe zu verstehen und umzusetzen. Die Vorgehensweisen werden daher unzureichend geplant, was dazu führt, dass die Zusammenhänge bei vielschichtigen Aufgaben mit hohem Vernetzungsgrad nicht berücksichtigt werden. Es kommt zu ungünstigen Prioritäten bzw. einer falschen Arbeitsreihenfolge.[216]

---

[214] Vgl. Westwood und Low (2003), S. 240, 245.

[215] Vgl. Peill-Schoeller (1994), S. 80 ff.; Rothlauf (2012), S. 500 ff.

[216] Vgl. Zimmermann et al. (2003), S. 57.

Peill-Schoeller (1994) beschreibt die unterschiedliche Orientierungsausrichtung (Tabelle 11):

| | Deutschland versus China |
|---|---|
| **Geistesrichtung** | o Verstandsorientiert versus intuitionsorientiert<br>o Analytisch, systematisch versus ganzheitlich, gleichzeitig<br>o Kategorisiert versus umfassend<br>o Rational versus Irrationalität zulassend |
| **Denkweise** | o Methodisches Denken versus bildhaftes, integratives Denken<br>o Analyse, angebliche Logik versus Erinnerung, praktisches Leben |
| **Überzeugbar durch** | o Beweise, Begründungen versus Analogien, Erlebnisse<br>o Fakten versus Bilder, Beschreibungen |

Tab. 11: Orientierungsausrichtung Deutschland versus China[217]

- *Str01: Pragmatische und heuristische Herangehensweise an Aufgaben/Probleme haben eine geringere analytische Sorgfalt.*

- *Str02: Eine geringe strukturierte Planung und systematische Vorgehensweise berücksichtigen nicht alle Abhängigkeiten (unabhängig vom Kontext) bei der Lösung.*

### 3.3.10 Qualitätsanspruch

Der Qualitätsanspruch variiert mit dem kulturellen Hintergrund. Gesellschaften haben ein unterschiedliches Qualitätsverständnis und legen dementsprechend andere Qualitätsmaßstäbe an.[218] Das chinesische Qualitätsdenken liegt deutlich unter dem deutschen Anspruch. Dies liegt in der niedrigeren Unsicherheitsvermeidung und den Herangehensweisen begründet. Pragmatische Vorgehensweisen führen zu einer Abweichung von Spezifikationen und Vorgaben. Es sinkt dadurch sowohl die prozessbezogene Qualität, also wie etwas getan wird, als auch die produkt- und anwendungsbezogenen Qualität. Die Vermutung liegt nahe, dass dies auf die geringe Verantwortungsübernahme auf der Mitarbeiterebene zurückzuführen ist. Allerdings liegt hierfür kein empirischer Nachweis vor. Aufgrund der niedrigeren Qualität kommt es zu einem geringeren Grad der Bedürfniserfüllung beim

---

[217] Vgl. Peill-Schoeller (1994), S. 180.
[218] Vgl. Gusig und Kruse (2010), S. 57.

Kunden (intern und extern). Der niedrigere Qualitätsanspruch zieht sich jedoch durch alle Ebenen und wird daher nicht bemängelt.[219]

Vogl (2001) spricht von pragmatischen Bastellösungen, Übergangs- und Behelfslösungen. Das mangelnde Qualitätsverständnis bzw. Qualitätsbewusstsein beschreibt er als „70%-Regel". Näherungslösungen, die in etwa dem ursprünglichen Auftrag entsprechen gelten als akzeptabel. Dabei ist es in erster Linie relevant, dass der generelle Zweck erfüllt wird. Hohe Ansprüche an Technologie, Fehlerfreiheit und Ästhetik werden nicht gestellt.[220] In Deutschland hingegen wird darauf großer Wert gelegt, insbesondere bei der Entwicklung von technischen Produkten. Die von den deutschen Kollegen definierten Qualitätsanforderungen werden von den Chinesen nicht angenommen. Es kommt zu Konflikten in der Zusammenarbeit, weil die Sorgfalt der Bearbeitung und das Ergebnis nicht den Anforderungen entsprechen.[221]

- *Qua01: Geringerer Qualitätsanspruch an eigene Arbeit bzw. das Bearbeitungsergebnis.*
- *Qua02: Behelfs- und Bastellösungen nach der 70%-Regel werden akzeptiert.*

### 3.3.11 Darstellung interkultureller Handlungsfelder

In Kapitel 3.2 wurden die Ausprägungen der Kulturdimensionen von Deutschland und China verglichen. Die hohe Machtdistanz und der starke Kollektivismus sind die tiefgreifendsten Unterschiede zwischen der chinesischen und der deutschen Kultur. Zudem führt die geringere Unsicherheitsvermeidung zu unterschiedlichen Problemlösungstechniken und einem geringeren Qualitätsanspruch. Die unterschiedliche Ausprägung dieser drei Kulturdimensionen beeinflusst die interkulturelle Zusammenarbeit. Die relevanten chinesischen Kulturstandards wurden in Kapitel 3.3 dargestellt. Es wurde gezeigt, dass es aufgrund der durch die Kulturstandards geprägten Arbeitsweisen zu Problemen in der unternehmerischen Zusammenarbeit zwischen Deutschen und Chinesen kommt. Es werden nun fünf interkulturelle Handlungsfelder definiert. Den Handlungsfeldern werden bestimmte Kulturstandards thematisch zugeordnet, sodass jeweils ein kulturell problematischer Bereich in der Zusammenarbeit beschrieben wird.

---

219 Vgl. Peill-Schoeller (1994), S. 80f.; Koch (2011), S. 22 f.

220 Vgl. Vogl (2001), S. 134 f., 145, 201, 211.

221 Vgl. Meng (2003), S. 152.

- Das Handlungsfeld **Verbund von Person und Sache** fasst die Kulturstandards *Gruppenorientierung* und *Persönliche Beziehungen* zusammen. Der hohen Bedeutung von persönlichen Beziehungen und Netzwerken in China steht eine sach- und rollenorientierte Zusammenarbeit in Deutschland gegenüber, in der das Persönliche und das Fachliche voneinander getrennt werden.

- Das Handlungsfeld **Dissenskultur** fasst die Kulturstandards *Harmonieprinzip* und *Gesichtwahren* zusammen und basiert auf dem interkulturellen Konflikt zwischen chinesischer Harmonie und Höflichkeit und der sachlichen deutschen Streitkultur.

- Das Handlungsfeld **Führungskultur** basiert auf der in China vorherrschenden *autoritären Führungskultur*. Es entsteht eine Konfliktfeld in der Zusammenarbeit, weil die deutsche Führungskultur auf Partizipation und Delegation ausgerichtet ist.

- Das Handlungsfeld **Eigenverantwortung und -initiative** fasst die Kulturstandards *Passivität / Zurückhaltung* und *repetitive Arbeitsweisen* zusammen. Dem steht das Streben nach Verantwortung, Mitbestimmung und Gestaltungsfreiheit in der deutschen Kultur gegenüber.

- Das Handlungsfeld **Struktur der Herangehensweise und Qualitätsanspruch** fasst die Kulturstandards *Herangehensweise / Pragmatismus* und *Qualitätsanspruch* zusammen. Das Konfliktfeld basiert auf der unterschiedlichen Problem- und Aufgabenbewältigung in der deutschen und der chinesischen Kultur sowie dem unterschiedlichen Qualitätsanspruch.

Die Definition der Handlungsfelder wird in Abbildung 30 grafisch verdeutlicht.

Die interkulturellen Handlungsfelder beschreiben die Bereiche, in denen es aufgrund der unterschiedlichen Kulturstandards zu den beobachteten Problemen bei der Zusammenarbeit kommen kann. Die Handlungsfelder dienen als Grundlage für die Beschreibung der interkulturellen Herausforderungen in der deutsch-chinesischen Produktentwicklung in Kapitel 5.

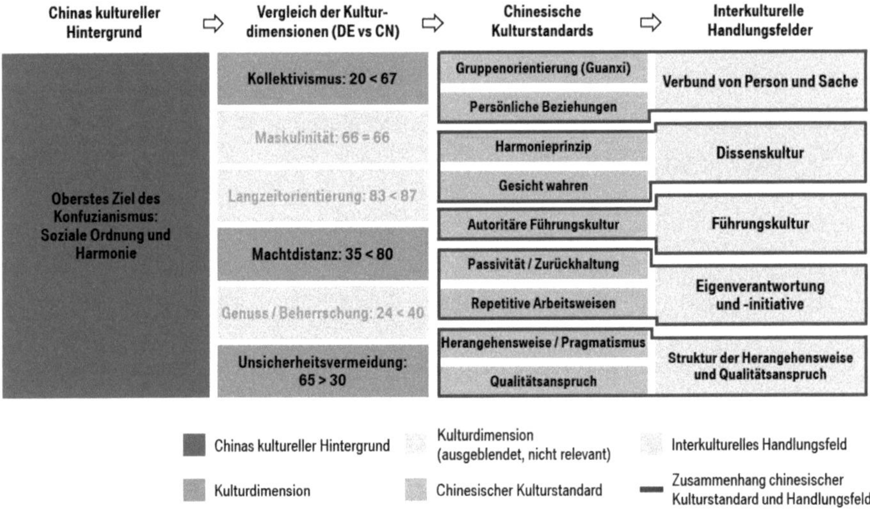


Abb. 30: Darstellung der interkulturellen Handlungsfelder

# 4 Stand der Wissenschaft und Forschungsbedarf

In den vorangegangenen Kapiteln wurden die theoretischen Grundlagen der Produktentwicklung sowie die Kulturunterschiede zwischen Deutschland und China erläutert. Es wurden die interkulturellen Handlungsfelder der deutsch-chinesischen Zusammenarbeit und die charakteristischen Besonderheiten der Produktentwicklung herausgearbeitet. In Kapitel 4 wird nun ein Überblick über die wissenschaftliche Literatur gegeben, die sich mit der Problemstellung der Kombination dieser Themenfelder befasst. Es wurde hierzu die einschlägige wirtschafts- und sozialwissenschaftliche Literatur mit Hilfe verschiedener Schlagwortkombinationen durchsucht. Die Ergebnisse der Literaturanalyse werden in drei Themenfelder strukturiert und jeweils eine Kernerkenntnis gebildet. Durch die Darstellung dieser Kernerkenntnisse wird schrittweise das Forschungsfeld der vorliegenden Arbeit aufgezeigt. Die Vorgehensweise ist in Abbildung 31 dargestellt.

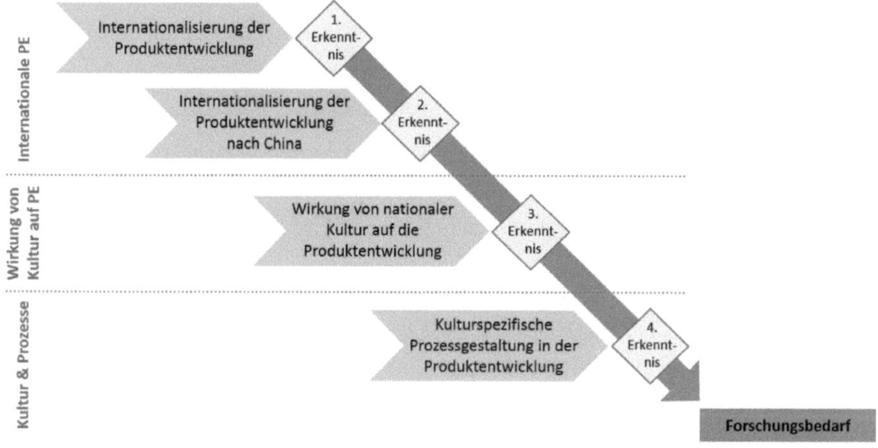


Abb. 31: Aufzeigen des Forschungsbedarfs

- Im ersten Themenfeld wird die Literatur zur Internationalisierung der Produktentwicklung aufbereitet. Dabei wird ein Fokus auf die Internationalisierung nach China gelegt und die Relevanz des Faktors Kultur untersucht.
- Das zweite Themenfeld umfasst Untersuchungen, die sich mit der Wirkung von nationaler Kultur auf die Produktentwicklung befassen. Es wird dargestellt, wie die verschiedenen Kulturdimensionen auf die Produktentwicklung Einfluss nehmen.

- Die Literatur im dritten Themenfeld befasst sich mit der Relevanz von Kultur bzw. der Berücksichtigung von Kulturunterschieden bei der Gestaltung von Prozessen.

## 4.1 Internationalisierung der Produktentwicklung

Die Aufbereitung der wissenschaftlichen Literatur zur Internationalisierung der Produktentwicklung wird unterteilt. Zunächst wird ein Überblick über die Internationalisierung der Produktentwicklung allgemein gegeben und anschließend die Studien zur Internationalisierung der Produktentwicklung nach China dargestellt.

### 4.1.1 Internationalisierung der Produktentwicklung

Seit den 80er/90er Jahren ist eine steigende Internationalisierung der Produktentwicklung zu beobachten, welche auch in der wissenschaftlichen Diskussion umfassende Beachtung gefunden hat. Zahlreiche Autoren wie Gassmann (1997), Gerybadze (1997), v. Zedtwitz und Gassmann (1999), Schlenker (2000), v. Zedtwitz und Gassmann (2002), v. Zedtwitz, Gassmann und Boutellier (2004) Gammeltoft (2006), Gassmann und Keupp (2005), Eppinger und Chitkara (2006), Lutz (2008), Boutellier, Gassmann und v. Zedtwitz (2008) beschäftigen sich mit der steigenden Bedeutung der Internationalisierung von Produktentwicklung, den Trends sowie den vorherrschenden Motiven und Herausforderungen. Ein Schwerpunkt der Betrachtungen liegt auf dem Management und der Koordination internationaler Entwicklungsnetzwerke sowie auf dezentralen Entwicklungsprojekten.

In den Untersuchungen von Gassmann (1997), Schlenker (2000), Gierhardt (2001), Kern (2005), Eppinger und Chitkara (2006), Lutz (2008), Hansen und Ahmed-Kristensen (2011) lassen sich Hinweise finden, dass die unterschiedlichen nationalen Kulturen bzw. die kulturellen Unterschiede der Mitarbeiter ein relevanter Faktor im Rahmen der Internationalisierung der Produktentwicklung sind. Lutz (2008) und Hansen und Ahmed-Kristensen (2011) skizzieren die Wirkung der fünf Kulturdimensionen und die daraus resultierenden Herausforderungen für internationale Produktentwicklung. Kern (2005) stellt die kulturelle Distanz als eine Dimension der verteilten Produktentwicklung dar. Die nationale Kultur beeinflusst die Grundmentalität und strukturiert als Orientierungssystem Handlungsspielräume von Personen. Somit wirkt sie sich u. a. auf Führungs- und Entscheidungsstil, Problemlösungsverhalten sowie Arbeitseinstellung, -weisen und -stil aus. Auch die Entscheidungswege und die Bereitschaft zur Eskalation bzw. Einbindung der Hierarchie variieren. Das zeigt sich auch bei formalen Themen wie dem Projektmanagement oder bei den Qualitätsstandards.[222] In allen genannten Studien bleibt jedoch eine konkrete Untersuchung der Wirkungsweise von Kultur auf die Produktentwicklung aus.

**1. Erkenntnis**

Die Internationalisierung der Produktentwicklung ist in der wissenschaftlichen Diskussion ein relevantes Thema. Einer der relevanten Faktoren sind Kulturunterschiede, da sie die Zusammenarbeit beeinflussen. Eine tiefergehende Untersuchung der Wirkungsweise des Faktors Kultur wird allerdings nicht vorgenommen.

### 4.1.2 Internationalisierung der Produktentwicklung nach China

Für die Internationalisierung der Produktentwicklung lag der Fokus zunächst auf den Ländern der Triade (USA, Europa, Japan), anschließend war auch ein starker Zuwachs in Entwicklungs- und Schwellenländern, vor allem in Südostasien, zu beobachten.[223] Gassmann und v. Zedtwitz (1999 und 2002) belegen, dass in den 90er Jahren eine Fokussierung der Internationalisierung auf Standorte in den großen Märkten erfolgte, da die marktgetriebenen Motive industrieübergreifend ausschlaggebend sind. Aufgrund dieser Entwicklung hat China als potentielles Zielland für internationale Produktentwicklung deutlich an Bedeutung gewonnen.

Im Folgenden wird die Literatur eingegrenzt auf die Internationalisierung der Produktentwicklung speziell nach China. Durch den hohen Zufluss ausländischer Direktinvestitionen ist China in den letzten Jahrzehnten eine der aufstrebenden Nationen für Produktentwicklung geworden. Aufgrund der gestiegenen Bedeutung befassen sich viele Autoren mit der Internationalisierung von Produktentwicklung nach China.[224] Überwiegend werden aktuelle Entwicklungen und Trends, die zugrundeliegenden Motive und Herausforderungen sowie Strategien, Ziele und Erfolgsfaktoren untersucht.

Bei der Analyse der Literatur wird deutlich, dass der Faktor Kultur in China eine besonders hohe Bedeutung hat. Die Relevanz wird wesentlich häufiger von den Autoren angesprochen als im Vergleich dazu in der Literatur zur allgemeinen Internationalisierung der Produktentwicklung. Zhang und Dodgson (2007) sowie Berger und Nones (2008) halten fest, dass kulturelle Unterschiede bei der Internationalisierung der Produktentwicklung nach

[222] Vgl. Kern (2005), S. 98 ff, 126.

[223] Vgl. Gammeltoft (2006), S. 1 ff.

[224] Vgl. Walsh (2007); Gassmann und Han (2004); v. Zedtwitz (2004); Han (2006); Alon, Herbt und Munoz (2007); v. Zedtwitz et al.(2007); Athreye und Prevezer (2008); Berger und Nones (2008); Helfenstein (2008); Ernst, Dubiel und Fischer (2009); Bielinski (2010); Sun (2010); Timlon und Akerman (2010).

China berücksichtigt werden müssen. Laut Timlon und Akermann (2010) sind die konfuzianischen Werte nach wie vor sehr präsent in China und beeinflussen das Verhalten. Walsh (2007) ergänzt, dass das unterschiedliche Mindset der chinesischen Kollegen dem westlichen Management nicht geläufig ist. Han (2006) zeigt, dass diese kulturellen Herausforderungen aufgrund des repetitiven Lernstils vor allem bei den chinesischen Hochschulabsolventen sehr tiefgreifend sind. Gassmann und Han (2004), Alon et al. (2007), v. Zedtwitz (2004) und v. Zedtwitz et al. (2007) betonen die Relevanz kultureller Unterschiede und beschreiben allgemein die Auswirkungen, die aufgrund der tiefen Verankerung des kulturellen Wertesystems in den ökonomischen Aktivitäten zu beobachten sind. Sie nennen bspw. die Phänomene „Gesicht wahren“, „Harmonie und Konfliktmeidung“, „Guanxi“, „direkter Führungsstil“ mit „Top-down Entscheidungen“, „geringe Eigeninitiative“ und „kontextreiche Kommunikation“, deren Auftreten zu unpassender Führung, Ineffizienzen und falschen Entscheidungen führen kann. Sie fassen zusammen, dass Herausforderungen für das Management internationaler Entwicklungsstandorte in China entstehen.[225]

Die genaue Untersuchung der Wirkungsweise von Kulturunterschieden bzw. den entstehenden Herausforderungen auf die Produktentwicklung und die daraus resultierenden Konsequenzen bleibt aus. Auch die Implikationen für die Praxis sind rar und es mangelt an konkreten gestalterischen Lösungsvorschlägen. Häufig werden die Theorien des interkulturellen Managements dargelegt und ggf. gewisse Ergänzungen vorgeschlagen. Helfenstein (2008) bspw. betont die Wichtigkeit des Bewusstseins für die andere Kultur, um sich schrittweise im Umgang (vor allem bei der Kommunikation) aneinander anzupassen. Er empfiehlt, die kulturellen Herausforderungen über das Verhältnis der personellen Besetzung abzufedern und kleinere Teams zu bilden. Er schlägt zudem das Monitoring von KPIs zu kulturellen Aspekten vor: die Anzahl durchgeführter kultureller Trainings, die Veröffentlichungen von Kulturinformation im Intranet und die durchgeführten drei- bis sechsmonatigen Austauschprogramme.

**2. Erkenntnis**

Bei der Internationalisierung der Produktentwicklung nach China ist der Faktor Kultur von großer Bedeutung, da die kulturellen Unterschiede sehr tiefgreifend sind und Herausforderungen entstehen.

Es herrscht ein Forschungsdefizit bezüglich der Wirkung interkultureller Herausforderungen auf die Produktentwicklung und entsprechenden gestalterischen Lösungen.

[225] Vgl. v. Zedtwitz (2004), S. 448 ff.; Gassmann und Han (2004), S. 431 ff.; v. Zedtwitz et al. (2007), S. 22 ff.; Alon et al.(2007), S. 47 ff.

## 4.2 Wirkung von nationaler Kultur auf die Produktentwicklung

Die Auswirkung von nationaler Kultur auf die Produktentwicklung ist ein wichtiges Forschungsfeld im Zuge der Globalisierung. Es existieren mehrere Untersuchungen, die sich mit dieser Fragestellung befassen. Diese werden in Tabelle 12 dargestellt. Die Untersuchungen betrachten die nationale Kultur eines Landes und stellen Zusammenhänge her, wie sich die unterschiedlichen kulturell geprägten Verhaltensweisen für die Produktentwicklung eignen. Es kann keine allgemeine Aussage über die Wirkung von Kultur auf die Produktentwicklung getroffen werden. Kultur hat eine moderierende Wirkung auf andere Einflussfaktoren in der Produktentwicklung. Es bedarf daher immer einer fallweisen Betrachtung, weil die Wirkung im Einzelnen von der jeweiligen Ausprägung der Kulturdimensionen abhängt. Es wird jedoch festgehalten, dass die Produktentwicklung durch kultureller Heterogenität insgesamt komplexer wird.

| Autor(en) | **Fokus der Untersuchung des Einflusses von nationaler Kultur auf die Produktentwicklung** |
|---|---|
| **Rothwell und Wissema (1986)** | Kultur beeinflusst das Innovationsvermögen eines Landes: Kulturdimensionen wirken direkt und indirekt (durch andere Faktoren) auf F&E. |
| **Herbig und Miller (1992)** | Kultur beeinflusst die Fähigkeit eines Landes, technische Innovationen zu entwickeln. |
| **Kedia et. al. (1992)** | Auswirkung der Kultur auf die Produktivität internationaler F&E-Einheiten (anhand der Kulturdimensionen). |
| **Shane (1992)** | Auswirkung von Kultur auf die Innovationsrate eines Landes (anhand der Kulturdimensionen). |
| **Herbig und McCarty (1993)** | Darstellung einer Innovationsmatrix, welche die förderlichen kulturellen und strukturellen Randbedingungen für F&E definiert. |
| **Nakata und Sivakumar (1996)** | Kultur beeinflusst die Produktentwicklung unterschiedlich in den Phasen Initiierung und Implementierung (anhand der Kulturdimensionen). |
| **Herbig und Dunphy (1998)** | Kultur beeinflusst die Innovationsfähigkeit eines Landes. |
| **Jones und Davis (2000)** | Kultur beeinflusst die Innovationsfähigkeit und ist zentraler Erfolgsfaktor für lokale F&E-Aktivitäten. |
| **Chen und Tjosvold (2002)** | Kultur beeinflusst das Konfliktmanagement. Gerechtigkeit wird unterschiedlich wahrgenommen und hat unterschiedliche Bedeutung. |
| **Westwood und Low (2003)** | Zusammenhang zwischen Kultur, Kreativität und Innovation. Kultur wirkt moderierend auf kreative und innovative Prozesse. Kulturelle Heterogenität kann förderlich sein. |
| **Yavas und Rezayat (2003)** | Kultur beeinflusst die Auffassung von Qualität in der unternehmerischen Wertschöpfung. |

| Autor(en) | Fokus der Untersuchung des Einflusses von nationaler Kultur auf die Produktentwicklung |
|---|---|
| **Dong und Glaister (2007)** | Untersuchung der Kulturunterschiede als Herausforderung für das strategische Management in Allianzen (Joint Venture) mit chinesischen Partnern. |
| **Kaasa und Vadi (2008)** | Untersuchung des Einflusses von Kultur auf die nationalen Innovationen anhand der angemeldeten Patente. |
| **Austermann (2009)** | Untersuchung der Wirkung von Einflussfaktoren auf den Erfolg einer Produktentwicklung in Abhängigkeit vom kulturellen Kontext. |
| **Hahn und Bunyaratavej (2010)** | Auswirkung der Kultur auf die Standortwahl und die Weitergabe von Wissen (anhand der Kulturdimensionen). |
| **Evanschitzky et al. (2012)** | Kultur ist ein Erfolgsfaktor in der Produktentwicklung. Kultur hat moderierende Wirkung. |
| **Wang et al. (2014)** | Nationale Kultur und Organisationskultur definieren die Team-Sub-Kultur, welche die Phasen der Produktentwicklung beeinflusst. |

Tab. 12: Untersuchungen zur Auswirkung von Kultur auf die Produktentwicklung

Austermann (2009) zeigt zunächst allgemein, dass die unternehmerische Praxis durch die Wirkung der nationalen Kulturen auf die Organisationen beeinflusst wird. Im Rahmen der Sozialisierung werden Werte und Normen einer Kultur vermittelt und die Individuen erlernen das gesellschaftlich akzeptable Verhalten. Was in einer Kultur angemessen ist, kann in einer anderen Kultur als inakzeptabel gelten. Die Kultur existiert nur durch die Mitglieder einer Gesellschaft. Das Verhalten der Individuen prägt wiederum die unternehmerischen Organisationen einer Gesellschaft, da die Organisationen aus Individuen bestehen. Somit hat die Kultur eine Wirkung auf die unternehmerischen Wertschöpfungsaktivitäten in einer Organisation. Dazu gehört auch die industrielle Produktentwicklung. Diese Kausalverknüpfung wird in Abbildung 32 dargestellt.[226]

Abb. 32: Wirkung der nationalen Kultur auf die Produktentwicklung[227]

Aufgrund der verschiedenen Ausprägungen der nationalen Kulturen entstehen unterschiedliche Konsequenzen für die Unternehmen. Laut Hofstede (2001) zeigt sich das in unterschiedlichen Grundwerten der organisatorischen Zusammenarbeit. In angelsächsi-

[226] Vgl. Austermann (2009), S. 55; Herbig und Miller (1992), S. 77 f.

[227] In Anlehnung an Austermann (2009), S. 55.

schen Ländern wird bspw. eine Strategie der gegenseitigen Anpassung in Organisationen verfolgt, während in Deutschland die Standardisierung von Fähigkeiten und professionelle Qualifikation im Fokus stehen. In Frankreich ist eine Standardisierung der Arbeitsprozesse (Bürokratie) charakteristisch und in China dominiert die persönliche Beziehung und Kontrolle.[228]

Im Folgenden wird anhand der Kulturdimensionen betrachtet, wie sich die unterschiedlichen Ausprägungen einer Kultur auf die Produktentwicklung auswirken. Es wird dabei gezeigt, dass für die Produktentwicklung bestimmte Ausprägungen der Kulturdimensionen förderlich sind.[229] In Tabelle 13 werden die Erkenntnisse aus den folgenden Untersuchungen für jede Kulturdimension zusammengefasst dargestellt: Herbig und Miller (1992), Shane (1992), Nakata und Sivakumar (1996), Herbig und Dunphy (1998), Jones und Davis (2000), Kedia et. al. (1992), Rothwell und Wissema (1986), Jassawalla und Sashittal (2002), Wang et al. (2014).

| Kultur-dimension | Auswirkung auf die Produktentwicklung |
|---|---|
| PDI (-) | ***Geringe Machtdistanz fördert die Produktentwicklung.***<br>• Mitarbeiter sind eigeninitiativ, treffen Entscheidungen, hinterfragen Hierarchie<br>• Dezentralisierung von Wissen und Verantwortung, vertikaler und horizontaler Informationsaustausch, Ideen und Beiträge der Mitarbeiter werden ermutigt<br>• Weniger Kontrollmechanismen und bürokratische Hindernisse |
| IDV (+) | ***Hoher Individualismus fördert die Produktentwicklung.***<br>• Entdeckungs- / Wissensdrang, Ideenvielfalt, Belohnung individueller Initiative<br>• Interaktion eines Individuums mit seiner Umwelt setzt kreative Prozesse in Gang<br>• Autonomie, Unabhängigkeit, persönliche Freiheit, Kreativität |
| UAI (-) | ***Niedrige Unsicherheitsvermeidung fördert die Produktentwicklung.***<br>• Bereitschaft, neue Wege zu gehen und Unsicherheiten bzw. Risiken zu akzeptieren<br>• Offenheit gegenüber Neuem und Veränderungen<br>• Formelle Regeln zu missachten, kann förderlich für Innovationen sein |

[228] Vgl. Hofstede (2001), S. 376.
[229] Vgl. Herbig und Dunphy (1998), S. 15.

| Kultur-dimension | Auswirkung auf die Produktentwicklung |
|---|---|
| MAS (+) | ***Maskulinität fördert die Produktentwicklung.*** <br>• Kürzere Entwicklungszeiten, aufgrund Durchsetzungskraft bei neuen Ideen <br>• Fokussierung auf die Erzielung von Ergebnissen und Erreichung von Zielen <br>• Wettbewerbsgedanke, Leistungsorientierung und Akzeptanz von Konflikten |
| LTO (+) | ***Langzeitorientierung fördert die Produktentwicklung.*** <br>• Veränderung wird akzeptiert und als positiv gesehen, Flexibilität <br>• Zukunftsorientierte Denkweisen und Handlungen unterstützen Innovationen |

Tab. 13: Wirkung der Kulturdimensionen auf die Produktentwicklung

Kaasa und Vadi (2008) belegen die oben genannten Zusammenhänge, indem sie die Auswirkung von nationaler Kultur auf die Entwicklung von Innovationen in europäischen Ländern anhand der angemeldeten Patente untersuchen. Nakata und Sivakumar (1996) sowie Wang et al. (2014) ergänzen eine differenziertere Betrachtung der Auswirkung von Kultur auf die Produktentwicklung. Sie unterteilen die Produktentwicklung zeitlich in zwei Phasen, die Produktinitiierung und die Produktimplementierung. Nach Ihrer Auffassung gelten die in Tabelle 13 dargestellten Zusammenhänge für PDI, IDV und UAI nur für die Phase der Produktinitiierung. In der Implementierungsphase, also im Zeitraum von der Realisierung des Produkts bis zur Marktreife, sind teilweise die entgegengesetzten Ausprägungen der Kulturdimensionen förderlich. Kontrolle ist notwendig, um die Vielzahl der komplexen Leistungen zusammenzuführen, Zeitvorgaben einzuhalten und das Kostenziel zu erreichen. Hierfür ist eine zentralisierte Steuerung mit klaren Vorgaben entsprechend einer hohen Machtdistanz wichtig. Eine hohe Unsicherheitsaversion und geringer Individualismus führen dazu, dass Risiken vermieden werden. Die Einhaltung von Regeln und Vorschriften erleichtern die Koordination der Aktivitäten und somit die zielgerichtete Realisierung der Konzepte. Späte Änderungen führen zu hohen Kosten und möglichen Verzögerungen.[230]

Aus den Erkenntnissen in Tabelle 13 über die Auswirkung der Ausprägung der Kulturdimensionen auf die Produktentwicklung wird deutlich, dass das kulturelle Umfeld in Deutschland förderlich für die Produktentwicklung ist. In Kapitel 2 wurde gezeigt, dass die Produktentwicklung stark vom Faktor Mensch abhängt und die Kultur deswegen einen hohen Wirkungsgrad hat. In Deutschland ist die Produktentwicklung daher besonders auf die spezifische nationale Ausprägung der Kulturdimensionen ausgerichtet. Das förderliche

[230] Vgl. Nakata und Sivakumar (1996), S. 62 ff.; Wang et al. (2014), S. 93 ff.

kulturelle Umfeld wird bei der Gestaltung der Produktentwicklung gezielt genutzt. Das zeigen die charakteristischen Eigenschaften der Arbeitsweisen in der Produktentwicklung, die Anforderungen an die Entwicklungsprozesse und auch die Strategien der Integrierten Produktentwicklung und des Simultaneous Engineering. Diese Gestaltung fördert bspw. die sachliche Diskussion, interdisziplinäre Konflikte, das Hinterfragen der Autorität oder die intensive gestalterische Zusammenarbeit auf der Mitarbeiterebene.

Es wird weiterhin deutlich, dass die chinesische Kultur in den Dimensionen Machtdistanz und Kollektivismus eine Ausprägung aufweist, die laut den vorliegenden Untersuchungen nur ein bedingt geeignetes kulturelles Umfeld für die Produktentwicklung darstellt. Dem steht allerdings eine Untersuchung von Austermann (2009) entgegen. Er zeigt am Vergleich zwischen China und Deutschland, dass die Kulturen einen unterschiedlichen Einfluss auf die Produktentwicklung haben, dass jedoch die Arbeitsweisen in der Produktentwicklung entsprechend der kulturellen Besonderheiten unterschiedlich gestaltet sind. Hierzu untersucht er die Wirkung von definierten Einflussfaktoren auf die Produktentwicklung in Abhängigkeit des kulturellen Umfelds.[231] Die größten Unterschiede zwischen Deutschland und China zeigen sich in der Führung. In China sind die Rücksichtnahme von Führungskräften und der Nachdruck des Managements förderlich für die Produktentwicklung. Es ist wichtig, Sicherheit und Halt durch klare Strukturen zu schaffen. In Deutschland hingegen wirken sich das Leistungsprinzip, die Partizipation der Mitarbeiter und die Gestaltungsfreiheit förderlich auf die Produktentwicklung aus.[232]

Die Analyse der Literatur zur Wirkung von nationaler Kultur auf die Produktentwicklung hat gezeigt, dass die unterschiedlichen Ausprägungen in den Kulturdimensionen relevant für die Eignung des kulturellen Umfelds für die Produktentwicklung sind. Demzufolge eignen sich das deutsche und das chinesische kulturelle Umfeld unterschiedlich, für die Produktentwicklung. Es entstehen jedoch spezifische kulturell angepasste Vorgehensweisen in der Produktentwicklung. Die dargestellten Untersuchungen betrachten allerdings ausschließlich die Wirkung einer nationalen Kultur auf die Produktentwicklung. Die vorliegende Arbeit grenzt sich davon ab, indem eine gemeinsame interkulturelle Zusammenarbeit in der Produktentwicklung zwischen Deutschen und Chinesen untersucht und die Konsequenzen aufgezeigt werden.

231 Vgl. Austermann (2009), S. 147 ff.

232 Vgl. Austermann (2009), S. 162 ff.

**3. Erkenntnis**

Die Kultur hat einen moderierenden Einfluss auf die Produktentwicklung. Aufgrund der unterschiedlichen deutschen und chinesischen Kulturausprägungen und deren Eignung für die Produktentwicklung existieren spezielle kulturspezifische Arbeitsweisen.

Es besteht ein Forschungsdefizit zur Betrachtung der Wirkung interkultureller Zusammenarbeit auf die Produktentwicklung.

## 4.3 Kulturangepasste Prozessgestaltung in der Produktentwicklung

Im Rahmen dieser Arbeit werden die Prozesse der Produktentwicklung als Gestaltungsinstrument herangezogen, um die Produktentwicklung auf die interkulturellen Herausforderungen in der Zusammenarbeit einzustellen. Bezüglich der kulturspezifischen Gestaltung von Prozessen in der Produktentwicklung lagen zum Zeitpunkt der Literaturrecherche nur wenige Untersuchungen vor. Die Literaturanalyse wurde daher weiter gefasst und allgemein die Relevanz von Kultur in Bezug auf unternehmerische Prozesse betrachtet.

Von Brocke und Sinnl (2011) haben sich mit der Relevanz von Kultur für das Geschäftsprozessmanagement (Business Process Management = BPM) befasst. Sie stellen fest, dass nationale Kulturen das BPM eines Unternehmens beeinflussen, halten das Thema jedoch für generell zu wenig erforscht. Es existiert eine sogenannte BPM-Kultur, eine spezielle Facette der Organisationskultur, welche die Einstellung der Werte, Handlungen und Denkweisen der Mitarbeiter im Unternehmen bzgl. Prozessorientierung und Prozessmanagement widerspiegeln. Der kulturelle Kontext („Cultural Context") beschreibt das kulturelle Umfeld, welches sich aus der nationalen Kultur, der Organisationskultur und der Arbeitskultur zusammensetzt und auf die BPM-Kultur einwirkt. Die Wirkung des kulturellen Kontexts auf die BPM-Kultur kann durch Managementmethoden beeinflusst werden. Das Ziel ist es durch die entsprechende Gestaltung der Managementmethoden den „Cultural Fit" herzustellen und die BPM-Kultur mit dem kulturellen Kontext in Einklang zu bringen. Die Gestaltungsempfehlungen der vorliegenden Arbeit adressieren diesen „Cultural Fit".

Grabowski et al. (2003a) betonen die Bedeutung kultureller Unterschiede bei der unternehmensübergreifenden Zusammenarbeit in der internationalen Produktentwicklung. Bis zu 80% der Probleme in deutsch-chinesischen Joint Ventures seien darauf zurückzuführen. Vor allem für den Produktentwicklungsprozess ist die Kultur relevant. Ihrer Meinung nach mangelt es an strukturierten Vorgehensweisen für das Management globaler, interkultureller Wertschöpfungsketten.[233]

Grabowski et al. (2003b) schlagen eine Managementmethode für den „Cultural Fit“ vor. Sie betrachten die Probleme einer internationalen Produktentwicklung, die auf kulturelle Unterschiede zurückzuführen sind, und stellen einen kontextbasierten Lösungsansatz in Form eines Wissensmanagementsystems zur Verfügung. Das System kann mit bereits gemachten Erfahrungen in Bezug auf eine andere Kultur befüllt werden und verbessert dadurch den kulturellen Lernprozess. Die Erfahrungen der interkulturellen Herausforderungen werden anhand der Schritte des Entwicklungsprozesses strukturiert und die Probleme durch eine Kulturdimension begründet. Somit können die kulturellen Einflüsse in den unterschiedlichen Phasen des Produktentwicklungsprozesses korrekt erfasst und mit entsprechenden Maßnahmen hinterlegt werden.

Agrawal und Haleem (2004) sowie Jayaganesh und Shanks (2009) untersuchen den Einfluss der nationalen Kultur auf das Management von Prozessen. Sie stellen fest, dass sich Kulturen, in denen persönliche Beziehungen eine hohe Bedeutung haben, negativ auf das Prozessmanagement auswirken. Die persönliche Ebene ist in der täglichen Zusammenarbeit belastbarer als standardisierte Prozesse. Es existiert eine hohe Bereitschaft zu improvisieren, formale Regeln zu vernachlässigen und auch eine Toleranz gegenüber Zweideutigkeit und chaotischen Strukturen. Starke Bündnisse zwischen den Mitgliedern einer organisatorischen Einheit kompensieren die fehlende Prozessdisziplin.

Peill-Schoeller (1994) beschäftigt sich intensiv mit dem deutsch-chinesischen Arbeitsumfeld in Joint Ventures (JV) und legt einen Fokus auf Besonderheiten, Herausforderungen und Problemen der interkulturellen Zusammenarbeit. Sie zeigt diese Schwierigkeiten in den Arbeitsabläufen auf und fordert kulturell angepasste Prozesse und Strukturen. Es müssen Managementsysteme, vor allem Unternehmensprozesse (bspw. Entscheidungsprozesse) und organisatorische Regeln, entwickelt werden, die dem speziellen Umfeld gerecht werden. Lösungsvorschläge werden allerdings nicht dargestellt.[234]

Laut Hofstede haben organisatorische Praktiken, wie z. B. das Prozessmodell in der Produktentwicklung, kulturspezifische Ausprägungen und Besonderheiten. Sie können grundsätzlich über die Landesgrenzen hinweg angewendet werden, aber ihre Eignung ist im

---

[233] Vgl. Grabowski et al. (2003a), S. 10.

[234] Vgl. Peill-Schoeller (1994), S. 5, 87 ff.

Hinblick auf die kulturelle Distanz zu überprüfen und ggf. eine Anpassung vorzunehmen. Hierfür gibt es jedoch keine universelle Lösung, sondern es ist eine fallweise Analyse der betroffenen Kulturen notwendig.[235]

Kostova (1999) stellt ein Drei-Ebenen-Modell zur Berücksichtigung der relevanten Faktoren beim transnationalen Transfer von organisatorischen Praktiken (Organisation, Prozesse und gewohnte Abläufe) vor. Die oberste Ebene stellt den sozialen Kontext dar. Dieser umfasst die institutionelle Distanz sowie nationale Unterschiede der beiden Organisationseinheiten, dazu gehören auch die kulturellen Unterschiede. Sie schlägt vor, die Eignung der Praktiken anhand eines Modells beim Transfer zu überprüfen, da ansonsten Widerstände entstehen bzw. die Organisationspraktiken nicht verstanden oder umgesetzt werden können. Konkrete Gestaltungsempfehlungen werden jedoch nicht dargestellt.

Nationale Kulturen haben, wie gezeigt, einen Einfluss auf die Anwendung und das Management von Prozessen bzw. Produktentwicklungsprozessen. Umgekehrt kann die nationale Kultur bei der Prozessgestaltung berücksichtigt werden. Diese Forderung wurde wiederholt in der einschlägigen Literatur gestellt. Es existiert ein Bedarf an Managementmethoden zur kulturgerechten Gestaltung von Entwicklungsprozessen im internationalen Umfeld. Die Prozesse müssen dem „Cultural Fit“ entsprechen, damit sie von den ausführenden Stellen im anderskulturellen Umfeld angenommen und umgesetzt werden können. Es gibt bereits erste Managementansätze, die darauf abzielen, interkulturelle Herausforderungen unter Zuhilfenahme der Entwicklungsprozesse zu bewältigen. Eine konkrete gestalterische Lösung steht jedoch aus.

**4. Erkenntnis**

Kultur ist ein relevanter Faktor bei der Gestaltung von Prozessen in der Produktentwicklung. Es existiert ein Forschungsbedarf für Gestaltungsmethoden zur Anpassung von Produktentwicklungsprozessen unter Berücksichtigung der kulturellen Unterschiede bei der Verlagerung nach China.

## 4.4 Zusammenfassung der Erkenntnisse und des Forschungsbedarfs

Es wurde gezeigt, dass der Faktor Kultur bei der Internationalisierung der Produktentwicklung eine wichtige Rolle spielt. Dies gilt besonders bei der Internationalisierung nach China, weil die kulturellen Unterschiede zwischen Deutschland und China sehr tiefgreifend

---

[235] Vgl. Hofstede (2001), S. 374 f.; Hofstede et al. (2010), S. 406.

sind. Es kommt zu interkulturellen Problemen in der Zusammenarbeit, weil aus Deutschland transferierte Arbeitsabläufe aufgrund kulturell unterschiedlicher Arbeitsweisen nicht wie geplant ablaufen können. In der einschlägigen Literatur lassen sich Hinweise finden, dass insbesondere die Produktentwicklung aufgrund ihres spezifischen Charakters stärker als andere Geschäftsprozesse diesen Herausforderungen ausgesetzt ist. Es existiert ein Bedarf, die Auswirkung der interkulturellen Zusammenarbeit auf die Produktentwicklung und die entstehenden Herausforderungen genauer zu untersuchen.

Wenn im Rahmen der Internationalisierung der Produktentwicklung die organisatorischen Strukturen und Prozesse vom Stammsitz übernommen und am internationalen Standort in China implementiert werden, ist eine Anpassung im Hinblick auf die Besonderheiten der chinesischen Kultur notwendig. Es existiert ein Forschungsbedarf, die kulturellen Unterschiede bei der Gestaltung der Zusammenarbeit zwischen Deutschen und Chinesen zu berücksichtigen. Einige Autoren haben in ihren Veröffentlichungen diesen Bedarf nach angepassten Prozessen bereits geäußert.

Im weiteren Verlauf dieser Arbeit werden die interkulturellen Herausforderungen einer deutsch-chinesischen Zusammenarbeit und deren Wirkungsweisen auf die Produktentwicklung herausgearbeitet (Kapitel 5) und in der Praxis untersucht (Kapitel 6). Darauf aufbauend werden Gestaltungsempfehlungen für die Anpassung der Arbeitsabläufe bzw. Entwicklungsprozesse entwickelt (Kapitel 7), um die Besonderheiten der chinesischen Kultur zu integrieren und dadurch die Bewältigung der interkulturellen Herausforderungen zu ermöglichen.

# 5 Ableitung interkultureller Herausforderungen in der deutsch-chinesischen Produktentwicklung

Im folgenden Kapitel werden die Erkenntnisse aus den Themenfeldern Produktentwicklung (Kapitel 2) und Kulturunterschiede (Kapitel 3) in Beziehung gesetzt, um die interkulturellen Herausforderungen einer deutsch-chinesischen Produktentwicklung theoriegestützt abzuleiten.

## 5.1 Interkulturelle Handlungsfelder in der Produktentwicklung

In Kapitel 3.3.11 wurden fünf interkulturelle Handlungsfelder für die Zusammenarbeit zwischen Deutschen und Chinesen dargestellt (Abbildung 30). Diese Handlungsfelder sind eine Strukturierungshilfe, die eine bessere Gliederung der interkulturellen Herausforderungen ermöglicht und die Bereiche beschreibt, in denen es aufgrund der unterschiedlichen Kulturstandards zu Problemen kommen kann. In den folgenden Kapiteln werden diese identifizierten Handlungsfelder bezogen auf die deutsch-chinesische Zusammenarbeit in der Produktentwicklung beschrieben. Hierzu werden die Kernaussagen zu den Kulturstandards und den daraus resultierenden Problemen in der Zusammenarbeit (Kapitel 3.3) auf die charakteristischen Besonderheiten einer deutschen Produktentwicklung (Kapitel 2.1) projiziert und die interkulturellen Herausforderungen dargestellt, die auftreten können, wenn Deutsche und Chinesen gemeinsam in einer Produktentwicklung nach deutschen Prozessen arbeiten. Es wird gezeigt, dass aufgrund des hohen Wirkungsgrades von Kultur in der Produktentwicklung besonderer Handlungsbedarf herrscht. Die Handlungsfelder und die zugeordneten interkulturellen Herausforderungen der Produktentwicklung werden im anschließenden Kapitel 6 empirisch untersucht. Auf Basis der empirischen Erkenntnisse werden in Kapitel 7 für jedes Handlungsfeld prozessuale Handlungsbedarfe formuliert, die als Grundlage für die Entwicklung der Gestaltungsempfehlungen dienen.

Die dargestellten interkulturellen Herausforderungen entstehen durch das Aufeinandertreffen der unterschiedlichen Kulturen. Die Herausforderungen können nicht einer Kultur als Verursacher zugewiesen werden. Im Zuge dieser Untersuchung ist es notwendig, gewisse kulturspezifische Handlungsmuster zu verallgemeinern, auch wenn diese nicht für alle Mitglieder dieser Kultur zutreffen. Aufgrund der gewählten Perspektive dieser Arbeit, das Prozessmodell aus Deutschland im Hinblick auf die chinesische Kultur anzupassen, werden Herausforderungen aufgezeigt, die überwiegend auf die kulturell geprägten Arbeitsweisen der Chinesen zurückzuführen sind. Dies bedeutet nicht, dass chinesische Mitarbeiter weniger fähig sind, in der Produktentwicklung zu arbeiten, sondern es geht darum, den kulturellen Einflussfaktor herauszuarbeiten und in die Prozessgestaltung zu integrieren.

Für jedes Handlungsfeld wird eine Tabelle nach folgendem Muster erstellt:

| **Handlungsfeld** | |
|---|---|
| ***Besonderheiten Produktentwicklung*** | ***Chinesische Kulturstandards*** |
| Indizierung aus Kapitel 2.1.4 | Indizierung aus Kapitel 3.3 |
| ***Gestaltung der Entwicklungsprozesse in Deutschland*** | |
| Spezifische Anforderungen an die Gestaltung der Entwicklungsprozesse im deutschen Kulturumfeld: Tabelle 2 in Kapitel 2.3.3 | |
| ***Interkulturelle Herausforderungen in der Produktentwicklung*** | |
| Ableitung der interkulturellen Herausforderungen einer deutsch-chinesischen Produktentwicklung, die nach deutschen Prozessen arbeitet. | |

Tab. 14: Tabelle zur Darstellung eines Handlungsfelds

## 5.2 Dissenskultur

Die Produktentwicklung in Deutschland ist gekennzeichnet durch interdisziplinäre Projektarbeit. Zielkonflikte sind inhärent. Konfrontationen gehören zum Prozess. Für die richtigen Abwägungsentscheidungen müssen kritische Themen frühzeitig mit allen Beteiligten diskutiert werden. Es wird eine sachliche Diskussion im Sinne der besten Produktlösung geführt. Je später ein Problem erkannt oder gelöst wird, desto stärker steigen die Kosten. Diese Anforderungen verlangen es, einen offenen Dissens zu pflegen und kritische Themen in der direkten Konfrontation anzusprechen. Die Prozesse sind so gestaltet, dass Zielkonflikte auftreten können und durch direkte und diskursive Arbeitsweisen gelöst werden. Es wird vorausgesetzt, dass kritische Themen von den Mitarbeitern aktiv vorgebracht werden, auch abteilungs- und hierarchieübergreifend.

| Handlungsfeld I: Dissenskultur | |
|---|---|
| ***Besonderheiten Produktentwicklung*** | ***Chinesische Kulturstandards*** |
| Zie01, Zie02, Dyn03, Uns01, Uns03, Mit01, Mit02, Ent01, Arb01, Arb05, Arb06 | Har01, Har02, Har03, Ges01, Ges02, Pas03 |
| ***Gestaltung der Entwicklungsprozesse in Deutschland*** | |
| • Die Prozesse setzen eine offene, direkte und kritische Kommunikation voraus, ungeachtet der Hierarchieebene.<br>• Prozesse sind darauf ausgelegt, dass Konflikte und Probleme frühzeitig allen Beteiligten kommuniziert, sachlich ausdiskutiert und aufgelöst werden (offener Dissens). | |
| ***Interkulturelle Herausforderungen in der Produktentwicklung*** | |
| **1. Kommunikation: Indirekt, zurückhaltend, höflich**<br>Die indirekte und zurückhaltende Kommunikation führt zu einer ungleichen Informationsverteilung und erschwert damit den Konkretisierungsprozess.<br>**2. Konfliktvermeidung, Dissens ablehnen, keine Diskussion**<br>Die Konfliktvermeidung und die Ablehnung des offenen Dissenses führen dazu, dass kritische Themen nicht (rechtzeitig) offengelegt und diskutiert werden oder Zielkonflikte nicht (rechtzeitig) aufgelöst werden.<br>**3. Naheliegender, harmonieorientierter Kompromiss**<br>Die Ablehnung von diskursiven Arbeitsweisen und Fokussierung auf einen naheliegenden, harmonieorientierten Kompromiss schränkt den Lösungsraum ein. | |

Tab. 15: Handlungsfeld Dissenskultur

Der offene Umgang mit Konflikten und die direkte Kommunikation kritischer Themen stehen im Widerspruch zum starken Harmoniebedürfnis und dem Bestreben, das Gesicht zu wahren. Die unterschiedlichen kulturellen Kommunikationsweisen, die Vermeidung des Dissens und die Konfliktablehnung können zu einer unvollständigen Informationslage führen, sodass die Zielkonflikte nicht (rechtzeitig) aufgelöst und Abwägungsentscheidungen nicht oder falsch getroffen werden. Dadurch wird der Konkretisierungsprozess gefährdet. Wenn Lösungen nicht aus unterschiedlichen Perspektiven kritisch hinterfragt werden, sondern ein naheliegender Konsens herbeigeführt wird, schränkt dies den Lösungsraum ein.

Xie et. al. (1998) zeigen, dass der interfunktionale Konflikt und die Konfliktlösungsmethoden Einfluss auf den Produkterfolg haben. Nationale Kulturen beeinflussen die Akzeptanz für das Auftreten von Konflikten sowie die Effektivität der Lösungsmethoden. Dies ist in der Produktentwicklung umso wichtiger, da die Interfunktionalität stark ausgeprägt ist. In asiatischen Kulturen werden Konflikte generell vermieden und Kompromissmethoden bevorzugt. In westlichen Kulturen wird das Auftreten der Konflikte als normal betrachtet. Es werden konfrontative und wettbewerbsartige Ansätze zur Konfliktlösung bevorzugt. Auch wenn sie die Harmonie verschlechtern, wird dies in individualistischen Kulturen akzeptiert. In asiatischen Kulturen eignen sich hierarchische Lösungsmethoden besser.[236]

Chen und Tjosvold (2002) zeigen, dass die Wahrung des Gesichts in China sehr wichtig ist, aber die Konfliktvermeidung zu Ineffektivität in der Teamarbeit führt. Die Chinesen bevorzugen kooperative Ansätze (gemeinsam, konstruktiv) des Konfliktmanagements, lehnen den Wettbewerbsgedanken aber nicht vollständig ab.[237]

## 5.3 Eigenverantwortung und -initiative

In der Produktentwicklung in Deutschland wird von den Mitarbeitern Eigenverantwortung und Eigeninitiative verlangt. Innovationen entstehen dadurch, dass die Entwickler neue Ideen umsetzen und Dinge „einfach mal machen“. Die kreativen Ideen entstehen zum überwiegenden Teil auf der Arbeitsebene, weil sich die Mitarbeiter dort intensiv mit den Themen auseinandersetzen. Sie sind die fachlichen Experten, die den Entwicklungsprozess vorantreiben. Dementsprechend sind die Prozesse gestaltet und lassen trotz ihres vorgebenden Charakters Raum für Flexibilität. Eine zielorientierte Arbeitsweise in den Prozessen gibt Mitarbeitern den notwendigen Gestaltungsspielraum, auf neue Erkenntnisse zu reagieren. Die Mitarbeiterebene ist dabei am besten in der Lage, ein Thema inhaltlich zu verantworten. Die Gestaltung der Prozesse setzt voraus, dass die Mitarbeiter selbstständig erkennen, was im Rahmen der Verantwortung zu tun ist, und sich dementsprechend zielorientiert in die Abläufe einbringen.

---

236 Vgl. Xie et al. (1998), S. 198 ff.

237 Vgl. Chen und Tjosvold (2002), S. 567.

**Handlungsfeld II: Eigenverantwortung und -initiative**

| ***Besonderheiten Produktentwicklung*** | ***Chinesische Kulturstandards*** |
|---|---|
| Zie03, Kre01, Dyn01, Dyn02, Uns02, Uns03, Ent02, Ent03, Arb02, Arb03, Arb04, Res01, Neu01 | Ges01, Aut01, Aut03, Pas01, Pas02, Pas03, Rep01, Rep02, Rep03 |

***Gestaltung der Entwicklungsprozesse in Deutschland***

- Prozesse ermöglichen trotz des vorgebenden Charakters die Flexibilität, neue Dinge zu tun und bestehende Lösungen zu hinterfragen.
- Die Prozesse sind darauf ausgelegt, dass die Mitarbeiter selbstständig die Ziele verfolgen sowie die Konflikte und Entscheidungen im Prozess bewältigen.
- Prozesse sind darauf ausgelegt, dass die Mitarbeiter situative Änderungen selbst entscheiden, um auf Veränderungen und neue Erkenntnisse reagieren zu können.
- Die Prozesse sind darauf ausgelegt, dass ein hohes Maß an eigeninitiativen Entscheidungen auf der Mitarbeiterebene erforderlich ist.

***Interkulturelle Herausforderungen in der Produktentwicklung***

1. **Eigeninitiative, Erwartung von Anweisungen, Inaktivität**
   Die in Deutschland vorausgesetzte Eigeninitiative der Mitarbeiter ist in China nicht gegeben. Die Mitarbeiter bringen ihr Fachwissen nicht selbstständig ein. Es kommt zur Inaktivität, wenn keine Arbeitsanweisung vorliegt. Die Entstehung und Umsetzung neuer Ideen ist dadurch limitiert.
2. **Verantwortung übernehmen, Probleme selbst bewältigen**
   Die Übernahme von Verantwortung auf Mitarbeiterebene für die Zielerreichung und das Treffen der impliziten Arbeitsentscheidungen ist nicht gegeben. Wenn die Produktentwicklung nicht durch die fachlichen Experten auf Arbeitsebene geführt wird, besteht das Risiko, dass Ziele nicht erreicht werden.
3. **Kein offener Umgang mit Fehlern und Schwierigkeiten**
   In China herrscht kein offener Umgang mit Fehlern, sodass sie nicht in die weitere Konkretisierung einfließen. Es besteht das Risiko, aufgrund einer schlechten Informationslage falsche Folgeentscheidungen zu treffen oder Fehler zu verschleppen.

Tab. 16: Handlungsfeld Eigenverantwortung und -initiative

Es besteht das Risiko, dass Verantwortung und Gestaltungsfreiheit auf der Mitarbeiterebene nicht angenommen werden, weil die chinesischen Mitarbeiter repetitive Arbeitsweisen bevorzugen. Es kann zur Inaktivität in den Prozessen kommen, wenn keine Arbeitsanweisungen vorliegen. Dadurch kann die Entstehung und Umsetzung neuer Ideen limitiert werden. Die mögliche Passivität der chinesischen Mitarbeiter würde weiterhin verhindern, dass fachliche Experten eigenständig bestimmtes Expertenwissen einbringen. Die Mitarbeiterebene verfügt jedoch über den besten Wissens- und Informationsstand im

Rahmen des Produktentwicklungsprozesses. Es besteht daher das Risiko, die Ziele nicht zu erreichen, weil der Prozess nicht durch die fachlichen Experten geführt wird.

Fehler passieren im Rahmen der Produktentwicklung, es sind Teilschritte im Konkretisierungsprozess. Wenn jedoch kein verantwortungsvoller Umgang mit Fehlern herrscht und sie nicht als wichtiges Informationselement betrachtet werden, kann es zu einer verzerrten Informationslage und möglicherweise falschen Folgeentscheidungen kommen.

Das geringe eigenverantwortliche und eigeninitiative Verhalten der chinesischen Mitarbeiter ist teilweise auf den Führungsstil zurückzuführen. Die beiden Handlungsfelder sind deswegen teilweise überlappend und die interkulturellen Herausforderungen bzw. deren Konsequenzen deswegen ähnlich. Es soll jedoch grundsätzlich zwischen dem interkulturellen Verhalten der Führungskräfte (*Führungskultur und Hierarchiedenken*) und dem Verhalten der Mitarbeiter (*Eigenverantwortung und -initiative*) unterschieden werden

## 5.4 Führungskultur und Hierarchiedenken

In Deutschland sind die Führungskräfte Moderator des Produktentwicklungsprozesses. Sie setzen den Rahmen und definieren Ziele bzw. Vorgaben. Sie stellen die notwendigen Ressourcen bereit und sorgen dafür, dass die Organisation arbeitsfähig ist. Die Mitarbeiter sind selbst verantwortlich für die Umsetzung (wie etwas gemacht wird) und die Zielerreichung (innerhalb der definierten Rahmenbedingungen). Ein großer Teil der Entscheidungsverantwortung wird an die Mitarbeiter delegiert. Die Prozessgestaltung sieht vor, dass in den operativen Arbeitsabläufen die Führungskräfte eine zurückgestellte Rolle haben, da sie inhaltlich nicht themenführend sind. Sie stellen eine Bündelungsfunktion für mehrere Themen dar, die aufeinander abgestimmt sein müssen und stehen beratend bzw. als Eskalationsmedium für die Mitarbeiter zur Verfügung. Ein partizipativer und ermutigender Managementstil gibt Raum für Querdenken.

| Handlungsfeld III: Führungskultur und Hierarchiedenken | |
|---|---|
| ***Besonderheiten Produktentwicklung*** | ***Chinesische Kulturstandards*** |
| Uns02, Füh01, Füh02, Mit02, Ent03, Arb01, Arb04, Neu01 | Per04, Aut01, Aut02, Aut03, Aut04, Rep02 |
| ***Gestaltung der Entwicklungsprozesse in Deutschland*** | |
| • Die Prozesse sind darauf ausgelegt, dass die Mitarbeiter zielorientiert (langfristig) geführt werden, indem Verantwortung übertragen wird und Entscheidungen an die Mitarbeiter delegiert werden.<br>• Prozesse sind darauf ausgelegt, dass die Mitarbeiter situative Änderungen selbst entscheiden, um auf Veränderungen und neue Erkenntnisse reagieren zu können. | |
| ***Interkulturelle Herausforderungen in der Produktentwicklung*** | |
| **1. Zurückhaltung vor der Hierarchie**<br>Eine autoritäre Führung ist hinderlich für die Produktentwicklung, weil die Mitarbeiter sich gegenüber der Hierarchie mit ihrer Expertise zurückhalten. Die vertikale Kommunikation und diskursive Arbeitsweisen sind limitiert. Das schränkt die Entwicklung neuer Lösungen ein.<br>**2. Arbeitsweisen ausgerichtet auf die Hierarchie und inhaltliche Führung**<br>Die chinesischen Arbeitsweisen sind auf die inhaltliche Führung durch die Hierarchie ausgerichtet. Die Entwicklung von Innovationen wird durch starke Führung eingeschränkt. In den Strukturen einer deutschen Produktentwicklung ist eine intensive Führung nicht leistbar.<br>**3. Entscheidungen werden von Führungskraft erwartet**<br>In der deutschen Produktentwicklung werden viele Entscheidungen an die Mitarbeiter delegiert. Die Führungskräfte können sich nicht mit jedem Thema auskennen. Entscheidungsverantwortung wird in China nicht von der Mitarbeiterebene angenommen. | |

Tab. 17: Handlungsfeld Führungskultur und Hierarchiedenken

Die hohe Machtdistanz in China führt in vielen Fällen zu einer autoritären Führungskultur und starkem Hierarchiebewusstsein. Dadurch kann das kritische Mitdenken und Hinterfragen der Vorgaben von Führungskräften beeinträchtigt werden. Innovationen können nicht von der Hierarchie angeordnet werden. Die Entwicklung neuer Lösungen kann eingeschränkt sein, wenn die Verantwortung für die Gestaltung und Zielerreichung nicht auf der Mitarbeiterebene gelebt wird. In der Produktentwicklung müssen viele Entscheidungen getroffen werden. Wenn diese nicht von den Mitarbeitern übernommen werden, besteht ein Risiko, nicht die richtige fachliche Grundlage zu berücksichtigen. Führungskräfte sind häufig nicht detailliert mit den Inhalten vertraut. Die Ausrichtung der Arbeitsweisen und Entscheidungen auf die Führungskräfte kann zu einem steigenden Führungsaufwand führen, der in den Prozessen einer deutschen Produktentwicklung nicht abbildbar ist.

## 5.5 Struktur der Herangehensweise und Qualitätsanspruch

Die deutsche Produktentwicklung im Automobilbereich zeichnet sich durch eine hohe Komplexität aus. Im Vergleich zu anderen Wertschöpfungsprozessen treten viele Probleme auf, die aufgrund wechselseitiger Abhängigkeiten nicht isoliert betrachtet werden können. Die Zielerreichung ist aufgrund dynamischer Randbedingungen unsicher. Es werden Vorgaben in Form von Prozessen und Methoden gemacht. Diese gestalten eine strukturierte Herangehensweise und dienen dazu, die interfunktionalen Aktivitäten aufeinander abzustimmen bzw. an bestimmten Meilensteinen zu synchronisieren. Es wird dabei vorausgesetzt, dass alle Funktionen gleichermaßen nach diesen Vorgaben arbeiten. Interimslösungen und Sonderwege sind nur in Ausnahmefällen und bei guter Abstimmung möglich. Darüber hinaus wird vorausgesetzt, dass bei der Ausführung der Arbeitsschritte durch die Mitarbeiter ebenfalls strukturierte Problemlösungstechniken angewendet werden und ein hoher eigener Qualitätsanspruch zugrunde gelegt wird.

Die Arbeit nach systematischen Ansätzen und Vorgehensweisen wird in der chinesischen Kultur teilweise nicht angenommen, wenn die Abläufe nicht eindeutig sind oder nicht umgesetzt werden können. Aufgrund der niedrigen Unsicherheitsvermeidung werden dann in vielen Fällen pragmatische oder heuristische Herangehensweisen für Aufgaben und Probleme angewendet. Diese können dazu führen, dass die Wechselwirkungen und Abhängigkeiten bei Problemen oder Zielen nicht strukturiert erfasst und durch fachübergreifende Abstimmung gelöst werden. In den vorliegenden Untersuchungen lassen sich außerdem Hinweise finden, dass in der chinesischen Kultur in vielen Fällen ein aus deutscher Sicht geringerer Qualitätsanspruch zugrunde gelegt wird. Behelfs- und Bastellösungen, die einem 70%-Anspruch genügen, entsprechen nicht dem Qualitätsanspruch in der Produktentwicklung eines technischen Produkts. Es kann dazu kommen, dass ein Arbeitsergebnis eines Prozesses aufgrund schlechter Qualität entweder im Produkt oder beim Prozessablauf zu Problemen in nachgelagerten Schritten führt. Dadurch kann es letztlich zur Zielverfehlung kommen.

| Handlungsfeld IV: Struktur der Herangehensweise und Qualitätsanspruch | |
|---|---|
| *Besonderheiten Produktentwicklung* | *Chinesische Kulturstandards* |
| Kom01, Uns01, Uns03, Zie01, Res01, Res02 | Qua01, Qua02, Str01, Str02, Ges01, Ges02, Ges03, Rep01, Rep03 |
| *Gestaltung der Entwicklungsprozesse in Deutschland* | |
| • Prozesse sind darauf ausgelegt, dass die Mitarbeiter sich mit dem Bearbeitungsobjekt bzw. dem -ergebnis identifizieren und ein inhärentes Anspruchsdenken bzgl. Zeit, Kosten und Qualität haben.<br>• Die Prozesse legen Strukturen und Verantwortung fest, die Ausführung der Arbeitsschritte obliegt den Mitarbeitern. Hierbei werden eine analytische Herangehensweise und strukturierte Problemlösung unter Betrachtung der Abhängigkeiten bzw. Wechselwirkungen vorausgesetzt. | |
| *Interkulturelle Herausforderungen in der Produktentwicklung* | |
| 1. **Qualitätsanspruch**<br>Ein geringer Qualitätsanspruch an Arbeitsablauf und (Arbeits-) Produkt, sowie Ergebnisabnahme nach der 70%-Regel führen in der Produktentwicklung zu Nacharbeit, Zeitverzug und Zielverfehlung.<br>2. **Struktur der Herangehensweise**<br>Pragmatische und heuristische Vorgehensweisen bei der Lösung von Aufgaben und Problemen erfassen nicht alle relevanten Faktoren und Abhängigkeiten, die für eine zielgerichtete Produktentwicklung notwendig sind. Eine abgestimmte Vorgehensweise der interfunktionalen Aktivitäten wird erschwert. | |

Tab. 18: Handlungsfeld Struktur der Herangehensweise und Qualitätsanspruch

## 5.6 Verbund von Person und Sache

Die Produktentwicklung in Deutschland ist charakterisiert durch ein hohes Maß an fach- und hierarchieübergreifender Zusammenarbeit. In der Projektarbeit werden die Teams bedarfsspezifisch, entsprechend der jeweiligen Projektphase, zusammengesetzt. Aufgrund der interdisziplinären, parallelen und stark vernetzten Arbeitsweisen muss häufig mit neuen Kollegen zusammengearbeitet werden. Die Mitarbeiter müssen dementsprechend in wechselnden Teams mit vielen verschiedenen Kollegen kooperieren. Diese dynamische Form der Zusammenarbeit basiert darauf, dass Mitarbeiter die Rolle ihres Fachbereichs vertreten, sie stehen für eine Funktion. Die Prozesse sind auf eine rollenorientierte Zusammenarbeit ausgerichtet, d. h. es macht keinen Unterschied, welcher Mitarbeiter aus einem Fachbereich an einer Besprechung teilnimmt. Die Prozesse sind so gestaltet, dass die inhaltliche Klärung im Fokus steht, nicht die Person. Personelle Wechsel dürfen keine großen Konsequenzen haben.

| **Handlungsfeld V: Verbund von Person und Sache** | |
|---|---|
| ***Besonderheiten Produktentwicklung*** | ***Chinesische Kulturstandards*** |
| Int01, Par01, Par02, Mit02, Ent01, Arb06, Org01, Org02 | Gru01, Gru02, Per01, Per02, Per03, Per04 |

***Gestaltung der Entwicklungsprozesse in Deutschland***

- Prozesse sind auf fachbereichs- und hierarchieübergreifende Zusammenarbeit ausgelegt, in der die Mitarbeiter die Funktion ihres Fachbereichs repräsentieren (rollenorientierte Zusammenarbeit).
- Die Prozesse sind darauf ausgelegt, dass ein rollenorientiertes Arbeiten in verschiedenen, fachübergreifenden Teams mit wechselnder Besetzung möglich ist.

***Interkulturelle Herausforderungen in der Produktentwicklung***

1. **Bedeutung persönlicher Beziehung**
   Die Arbeitsweisen in der deutschen Produktentwicklung können zur Belastung für die persönlichen Beziehungen in China werden, weil die inhaltliche Argumentation aus der Rolle des Fachbereichs wichtiger ist als die persönliche Beziehung. Die Diskussion von fachlichen Themen darf nicht der guten Beziehung untergeordnet werden.
2. **Herausforderungen an Schnittstellen**
   Eine interdisziplinäre Produktentwicklung verlangt eine transparente Zusammenarbeit an Schnittstellen, die sich auf Inhalte fokussiert und Termine einhält. Das darf nicht von der persönlichen Beziehung abhängen. Gute persönliche Beziehungen dürfen auch nicht dazu führen, dass Abstriche bei Leistung und Qualität gemacht werden.
3. **Personelle Wechsel, dynamische Arbeitsformen**
   Eine dynamische Zusammenarbeit mit wechselnden Partnern entspricht nicht der hohen Beziehungsorientierung in der chinesischen Kultur. Es kann zu Reibungs- (bspw. kein Informationsfluss) und Zeitverlusten kommen, wenn keine persönliche Beziehung zwischen Prozesspartnern existiert, weil erst eine Annäherungsphase stattfindet.

Tab. 19: Handlungsfeld Verbund von Person und Sache

Die hohe Bedeutung von persönlichen Beziehungen und Netzwerken in China steht im Widerspruch zu den dynamischen und rollenorientierten Arbeitsformen in der Produktentwicklung. Es kann entweder dazu kommen, dass die Beziehung leidet, weil die persönliche Ebene nicht von der fachlichen Ebene getrennt betrachtet wird, oder es kommt dazu, dass die inhaltliche Klärung der harmonischen Beziehung untergeordnet wird und bspw. die Zielkonflikte nicht aufgelöst werden. Wenn keine persönliche Beziehung zwischen Prozesspartnern oder Teammitgliedern existiert, kann es zu Reibungs- und Zeitverlusten kommen. Im Rahmen des Kennenlernens wird zunächst die Klärung von inhaltlichen bzw.

kritischen Themen ausgesetzt und die persönliche Beziehung hergestellt. Es kann bspw. dazu kommen, dass Schnittstellen sehr personenabhängig funktionieren.

# 6 Empirische Untersuchung der interkulturellen Herausforderungen der Produktentwicklung

Die Darstellung der interkulturellen Herausforderungen einer deutsch-chinesischen Produktentwicklung in Kapitel 5 wurde aus den Erkenntnissen der Literatur theoretisch abgeleitet. Im folgenden Kapitel 6 werden diese theoriegestützen Ableitungen in der Praxis einer deutsch-chinesischen Produktentwicklung untersucht. Es wird empirisch analysiert, ob die beschriebenen interkulturellen Herausforderungen auftreten und welche Konsequenzen daraus resultieren. Es wird damit die erste Forschungsfrage beantwortet. Die Erkenntnisse dienen als Basis für die Gestaltungsempfehlungen in Kapitel 7. In Kapitel 6.1 werden der Aufbau der Studie und die Vorgehensweise zur Erhebung des Datenmaterials beschrieben. Die Auswertung der Daten wird in Kapitel 6.2 dargestellt und anschließend erfolgt eine Zusammenfassung der Erkenntnisse in Kapitel 6.3.

## 6.1 Forschungsdesign und Datenerhebung

Im Rahmen der empirischen Untersuchung sollen neue Erkenntnisse über Zusammenhänge generiert werden. Es handelt sich um eine explorative Vorgehensweise. Die Erhebung erfolgt daher qualitativ im Rahmen von problemzentrierten Interviews. Die Gespräche sollen halbstandardisiert erfolgen und werden deswegen durch einen Leitfaden unterstützt, um eine bessere Vergleichbarkeit der Antworten zu erzeugen. Im Kapitel 6.1 wird diese Auswahl der Forschungsmethode genauer begründet und das Forschungsdesign erläutert.

### 6.1.1 Erhebungsmethode und Strukturierungsgrad

Empirische Untersuchungen werden unterteilt in qualitative und quantitative Forschung. Quantitative Forschung ist auf die Generierung von statistischen Daten ausgerichtet und definiert als mathematische Operation von Zahlbegriffen und deren In-Beziehung-Setzen bei der Erhebung oder Auswertung. Es werden kausale Zusammenhänge anhand von Daten und Fakten belegt. Alle anderen Forschungsweisen fallen unter den Begriff der qualitativen Forschung. Qualitative Forschung beinhaltet die Exploration von Sachverhalten zur Generierung von Wissen und Informationen über Zusammenhänge. Qualitative Methoden eignen sich gut zur Untersuchung soziologischer Zusammenhänge, also zur Erklärung der menschlichen Wirklichkeit. Darüber hinaus ist es möglich, beide Forschungsansätze miteinander zu kombinieren.[238]

Das Ziel der Erhebung ist es, neues Wissen über die Zusammenhänge und Wirkungsweise zu generieren, ob und wie interkulturelle Herausforderungen in der Praxis einer deutsch-chinesischen Produktentwicklung auftreten. Soziale Phänomene wie Herausforderungen der interkulturellen Zusammenarbeit sind komplexe Strukturen, die sich nur schwer quantifizieren lassen. Es sollen neue Informationen erzeugt werden. Hierzu ist es notwendig, dass Erfahrungen geschildert und Erklärungen abgegeben werden. Der Befragte soll möglichst umfassende Informationen frei erzählen können. Ein qualitatives Studiendesign ist daher für die vorliegende Erhebung geeignet.[239]

Grundsätzlich soll die Befragung bei einer qualitativen Studie persönlich im Rahmen eines mündlichen Interviews erfolgen. Vor allem bei komplexen Sachverhalten ist eine Befragung durch den Forscher sinnvoll, da er die Forschungsziele kennt und ausreichend fachliche Kompetenz mitbringt. Es ist wichtig, eine ausreichende Offenheit bei der Erhebung zu gewährleisten, damit der Gesprächspartner seine Erfahrungen beschreibt. Flick (2009)[240] und Lamnek (2005)[241] zeigen verschiedene Formen von Interviews im Rahmen einer qualitativen Erhebung. Sie werden nach dem Grad der Standardisierung unterschieden. Standardisierte Interviews beinhalten geschlossene Fragen mit mehreren Antwortmöglichkeiten. Die Interviews sind leichter auszuwerten, da sie die gleiche Struktur haben und die Antworten direkt vergleichbar sind. Allerdings wird der Interviewte in seinen Äußerungen eingeschränkt. Ein solches Interview eignet sich deswegen im vorliegenden Fall nicht. Offene Interviews haben dagegen keine Struktur und sind auf die Gewinnung neuer Erkenntnisse fokussiert. Ein Beispiel hierfür ist das narrative Interview. Es beinhaltet lediglich Aufforderungen zur Narration, sodass der Gesprächspartner frei erzählen kann. Das macht es allerdings schwierig, das Gespräch zu lenken, und somit kann die Auswertung sehr aufwendig sein. Die verschiedenen Gespräche haben zudem keine einheitliche Struktur und sind nur bedingt miteinander vergleichbar. Auch narrative Interviews eignen sich für die vorliegende Untersuchung daher nur bedingt. Zum einen liegen bereits konkrete Erkenntnisse auf Basis der theoretischen Untersuchung vor und sollen mit den Interviewpartnern diskutiert werden, zum anderen ist das Gebiet der interkulturellen Herausfor-

---

238 Vgl. Mayring (2010), S. 17 ff.; Flick (2009), S. 25.

239 Vgl. Mayring (2010), S. 33.

240 Vgl. Flick (2009), S. 150 ff.

241 Vgl. Lamnek (2005), S. 383

derungen sehr umfassend und schwer abzugrenzen. Die Erlebnisse sind subjektiv beeinflusst und es besteht die Gefahr, dass Gesprächspartner in ihren Erzählungen in eine für das Forschungsvorhaben nicht relevante Richtung abschweifen.

In der vorliegenden Untersuchung werden die Interviews daher in Anlehnung an die Methode der problemzentrierten Interviews nach Witzel (2000) gestaltet. Sie gehören zu den sogenannten halbstandardisierten Interviews. Die Methode eignet sich gut zur Untersuchung eines spezifischen sozialen Problems. Der Forscher hat ein theoretisches Konzept auf Basis der Literatur erstellt, welches im Interview mit der gesellschaftlichen Realität konfrontiert, plausibilisiert und modifiziert wird. Im Fall der vorliegenden Untersuchung handelt es dabei um die theoretisch abgeleiteten interkulturellen Herausforderungen, deren Auftreten in der Praxis analysiert wird. Das theoretische Vorwissen dient als heuristisch-analytischer Rahmen für die Frageideen. Es werden gezielte Fragen mit erzählenden Stimuli kombiniert und somit die sozialen Ansichten des Gesprächspartners ermittelt. Das Offenheitsprinzip wird durch die Narration des Befragten sichergestellt. Ein Leitfaden hilft dem Forscher bei der Gesprächsführung. Er dient als Gedächtnisstütze und Orientierungsrahmen zur Sicherstellung der Vergleichbarkeit der Interviews. Das Ziel ist die Exploration von persönlichen Eindrücken und die Ableitung von Theorien durch die Zusammenführung des Wissens von verschiedenen Experten. Experten zeichnen sich in diesem Fall nicht zwingend durch hohe technische / fachliche Kompetenz aus, sondern sie verfügen über besonderes Wissen und Erfahrungen im Bereich der interkulturellen Zusammenarbeit in der Produktentwicklung.[242]

### 6.1.2 Gestaltung des Interviewleitfadens

Das Schlüsselelement der halbstandardisierten Interviews ist der Interviewleitfaden. Er ist ein geeignetes Element, um bei der Befragung ein ausgewogenes Verhältnis zwischen Offenheit und gleichzeitiger Fokussierung auf die Kernthemen sicherzustellen. Die Herausforderung liegt in der Festlegung der Detailtiefe des Leitfadens. Der Interviewleitfaden ist ein strukturiertes Frageschema, das gewisse Kernfragen enthält und ggf. bestimmte Frage- bzw. Themenblöcke unterscheidet. Er sorgt für eine Vorstrukturierung des Gesprächs, ohne dabei die exakte Fragenabfolge festzulegen. Dem Gesprächsführer steht es frei, bestimmte Fragen des Leitfadens im Interview wegzulassen oder auch gezielte Nachfragen zu stellen, bspw. Aufforderungen zur Begründung oder Konkretisierung zu bestimmten Punkten sowie eine Konfrontation mit Widersprüchen. Das Ziel ist es, den Ge-

[242] Vgl. Flick (2009), S. 162 ff.; Witzel (2000), S. 1ff.

sprächspartner zum freien Erzählen zu motivieren und möglichst viele Informationen zu erhalten.[243]

Die Gestaltung des Leitfadens erfolgt in Anlehnung an Ullrich (1999).[244] Die zentralen Aspekte des Leitfadens orientieren sich an der Aufbereitung der Theorie. Zu Beginn des Interviews erfolgt eine kurze schriftliche Einführung in das Thema inkl. Einordnung der empirischen Untersuchung in den Gesamtkontext der Arbeit und die Darlegung des Forschungsziels. Anschließend wird ein Kurzfragebogen zur Ermittlung der Sozialdaten ausgefüllt. Durch Informations- und Filterfragen werden die Daten der interviewten Person (Unternehmen, Bereich der Entwicklung, Position, Alter, Nationalität, Dauer des China-Aufenthalts etc.) und des Interviews (Datum, Ort, Personen etc.) erfasst. Die Datenabfrage erfolgt schriftlich, um die Gesprächsatmosphäre nicht durch ein Frage-Antwort-Muster zu belasten.

Zum Gesprächseinstieg wird dem Interviewpartner durch einen „Persilschein"[245] vermittelt, dass auch prekäre Themen, deren Äußerung der Interviewte als sozial unangebracht empfinden könnte, angesprochen werden dürfen. Dies geschieht durch einen Verweis auf die Anonymität der Erfassung und die Neutralität bei der Datenauswertung. Es wird klargestellt, dass es im Gespräch um die individuelle Sichtweise auf die interkulturellen Herausforderungen in der Produktentwicklung geht. Es soll dabei nicht auf konkrete Personen referenziert werden und es wird auch nicht die Qualität der Personalauswahl des Gesprächspartners beurteilt. Abschließend wird das Vorgehen kurz skizziert und die Tonaufzeichnung des Interviews sowie die anschließende Transkription erläutert.

Zur Orientierung für den Gesprächspartner wird zunächst ein Überblick über die Interviewkapitel gegeben. Um eine Auflockerung der Gesprächsatmosphäre zu erzeugen, werden im einleitenden Teil das Hintergrundwissen und der Zeitraum der bisherigen Erfahrungen mit einem interkulturellen Arbeitsumfeld betrachtet. Diese Einstiegsfragen sollen eine Vertrauensbasis schaffen und dem Interviewpartner Sicherheit geben. Abschließend wird ein quantitatives Element abgefragt, indem der Interviewte eine Bewertung der Unterschiedlichkeit zwischen der deutschen und der chinesischen Kultur auf einer Skala von eins bis zehn vornehmen soll. Danach wird zur inhaltlichen Befragung übergegangen.

---

[243] Vgl. Ullrich (1999), S. 434 f.

[244] Vgl. Ullrich (1999), S. 437 ff.

[245] Ullrich (1999), S. 439.

Der Interviewleitfaden (siehe Anhang) besteht aus fünf Kapiteln. Diese Kapitel entsprechen den fünf identifizierten Handlungsfeldern:

I. Dissenskultur

II. Eigenverantwortung und -initiative

III. Führungskultur und Hierarchiedenken

IV. Struktur der Herangehensweise und Qualitätsanspruch

V. Verbund von Person und Sache

Zu Beginn eines Kapitels erfolgt eine kurze Einführung in das jeweilige Kapitel. In jedem Kapitel steht ein Set an vorformulierten Fragen in Bezug auf die in Kapitel 5 dargestellten Herausforderungen zur Verfügung. Es handelt sich um direkte, offene Fragen mit erzählgenerierendem Charakter. Die Befragung adressiert die persönlichen Beobachtungen und Erlebnisse der Experten. Die Reihenfolge ist nicht genau festgelegt, sondern kann gesprächsbedingt variiert werden. Die Fragen zum Einstieg eines Kapitels haben einen stärkeren Erzählstimulus, um eine produktive Gesprächsatmosphäre zu erzeugen. Anschließend obliegt es dem Forscher, auch kritische Nachfragen zu stellen. In diesem Fall handelt es sich um problemorientierte Zusatzfragen, die angesprochene Inhalte aufgreifen und genauer darauf eingehen. Als mögliche Nachfragen bieten sich Sondierungsfragen als Aufforderung zur Detaillierung an, aber auch Begründungsaufforderungen oder Aufforderungen zu Stellungnahmen. Von Konfrontationen, Polarisierungen und hypothetischen Situationen wird bewusst abgesehen, um den Erzähler nicht zu beeinflussen. Es soll vermieden werden, durch die Frage bereits den Erzähler auf ein bestimmtes Problem zu drängen, da das Forschungsfeld der interkulturellen Herausforderungen mit vielen Vorurteilen und Klischees belegt ist. Andernfalls bestünde die Gefahr, stereotypische Aussagen oder Vorurteile zu bestätigen.[246]

Im Anschluss an die fünf Kapitel wird offen nach weiteren interkulturellen Herausforderungen gefragt. Darüber hinaus wird eine allgemeine Einschätzung durch die Gesprächspartner abgegeben, inwieweit sich die chinesischen Mitarbeiter in den Strukturen und Arbeitsweisen einer westlichen Produktentwicklung wohlfühlen und ob bereits Erfahrungen mit kulturspezifischen Anpassungen gemacht wurden.

---

[246] Vgl. Witzel (2000), S. 5f.; Stigler und Felbinger (2005), S. 131 f.

Bevor der Interviewleitfaden im ersten Gespräch zum Einsatz kam, wurden die Fragen hinsichtlich gewisser Gütekriterien geprüft. Die theoretische Relevanz, die Anwendbarkeit und die Formulierung der Fragen wurden mit Kollegen aus Praxis und Forschung besprochen. Zur Überprüfung des gesamten Leitfadens bezüglich der Reihenfolge der Fragen, Redundanzen, Verständlichkeit und logischen Brüchen wurde ein Probeinterview mit einem aus China zurückgekehrten Mitarbeiter durchgeführt. Der Leitfaden wurde auf Basis dieser Erkenntnisse weiterentwickelt: Die grundsätzliche Struktur und Anordnung der Fragen wurde für tauglich befunden, allerdings waren die Fragen häufig sehr spezifisch formuliert und es bestand das Risiko, den Gesprächspartner durch die Fragestellung auf ein Thema hinzuweisen. Die Formulierung einiger Fragen wurde daher offener gestaltet, um einen stärkeren, erzählgenerierenden Effekt zu erzeugen. Darüber hinaus wurden einige Fragen gestrichen.[247]

### 6.1.3 Festlegung des Datenmaterials

Die Untersuchung der interkulturellen Herausforderungen in der deutsch-chinesischen Produktentwicklung wurde in der Automobilindustrie durchgeführt. Die Produktentwicklung in der Automobilbranche wird im Rahmen dieser Forschung stellvertretend für die Entwicklung technischer Produkte betrachtet. Die deutschen Automobilhersteller verlagern große Umfänge der Produktentwicklung nach China und sind daher gut für diese Studie geeignet. Zudem bestand für die Erhebung ein guter Feldzugang für den Autor. Bei der qualitativen Forschung ist es wichtig, dass die Interviewpartner über ausreichend Erfahrung in dem relevanten Forschungsfeld verfügen. Die Repräsentativität der Stichprobe ist im Gegensatz zur quantitativen Forschung weniger von Bedeutung. Flick (2009) empfiehlt, die Kriterien zur Auswahl der Interviewpartner möglichst gering zu halten. Im vorliegenden Fall wurde die Auswahl der Interviewpartner anhand einer Mischung aus Fokussierungs- und Repräsentanzstrategie durchgeführt. Es wurden für die Fragestellung möglichst vielversprechende Gesprächspartner ausgewählt und somit eine spezifische Fokussierung sichergestellt. Zudem wird eine repräsentative Grundgesamtheit abgedeckt, um alle zu erwartenden Merkmalskombinationen abdecken zu können:[248]

*Fokussierungsstrategie:* Die vorliegende Arbeit hat das Ziel, die Prozesse einer westlich geprägten Produktentwicklung anzupassen, um sie auf die interkulturellen Herausforderungen in der Zusammenarbeit mit Chinesen einzustellen und vor Ort implementieren zu

---

[247] Vgl. Ullrich (1999), S. 441; Flick (2009), S. 173; Stigler und Felbinger (2005), S. 129ff.

[248] Vgl. Ullrich (1999), S. 434; Flick (2009), S. 130 f.

können. Um die Richtung der Untersuchung in den Interviews zu erfassen, wurden aus dem Stammsitz entsendete Mitarbeiter befragt, die im Rahmen eines mehrjährigen Auslandseinsatzes in einer deutsch-chinesischen Produktentwicklung in China tätig sind. Die Auswahlkriterien waren die Erfahrung sowohl in der Produktentwicklungsarbeit in Deutschland als auch in der gemeinsamen Produktentwicklung in China. Die notwendigen Voraussetzungen waren daher

- Kenntnis der Produktentwicklung in Deutschland (> 3 Jahre) und
- Erfahrung in der deutsch-chinesischen Produktentwicklung in China (> 1 Jahr).

Darüber hinaus ist die Fähigkeit zur Reflexion und Artikulation des Kontexts entscheidend. Letztlich mussten auch die Bereitschaft und die Zeit vorhanden sein, an der Erhebung teilzunehmen.[249]

*Repräsentanzstrategie:* Zur Abdeckung einer repräsentativen Grundgesamtheit erstreckt sich die Befragung über vier verschiedene Unternehmen an drei unterschiedlichen Standorten in China (Shanghai, Peking und Shenyang). Die Teilnehmer waren zum Zeitpunkt der Erhebung zwischen 31 und 55 Jahre alt, fungierten in unterschiedlichen Fachbereichen in der Entwicklung und waren überwiegend bereits deutlich länger als ein Jahr in China tätig. In der Praxis verantworten die aus dem Stammsitz entsendeten Mitarbeiter in der Produktentwicklung in China meistens eine Führungsfunktion. Es wurden daher Gesprächspartner auf unterschiedlichen Hierarchieebenen interviewt: Abteilungsleiter, Gruppenleiter und Spezialisten. Die Befragung von Gruppenleitern und Abteilungsleitern ist angesichts der hohen Hierarchiebedeutung in China sinnvoll. Zudem haben sie mit einer breiten Spanne chinesischer Mitarbeiter zu tun und verfügen somit über umfassende Eindrücke. Spezialisten leiten auf der Arbeitsebene fachlich ein bis drei chinesische Mitarbeiter und haben daher den engsten interkulturellen Bezug. Tabelle 20 gibt einen Überblick über die Datenerhebung und die berücksichtigten Faktoren.

---

249 Vgl. Flick (2009), S. 115 ff., 130 f.

| Nr. | Datum 2014 | Dauer | Firma | Bisherige Zeit in CN | Al-ter | Füh-rungs-ebene | Erfahrung in PE | Themengebiet der Entwicklung |
|---|---|---|---|---|---|---|---|---|
| 1 | 06.05. | 71 min | A | 16 Monate | 34 | GL | 6 Jahre | Fahrwerk |
| 2 | 14.05. | 77 min | B | 18 Monate | 37 | SP | 5 Jahre | Homologation |
| 3 | 21.05. | 51 min | C | 48 Monate | 37 | GL | 8 Jahre | E/E |
| 4 | 08.05. | 72 min | C | 36 Monate | 42 | GL | 15 Jahre | Antrieb |
| 5 | 28.04. | 78 min | B | 38 Monate | 34 | GL | 10 Jahre | Antrieb |
| 6 | 22.05. | 69 min | B | 12 Monate | 35 | SP | 12 Jahre | Daten- / Freigabemgmt. |
| 7 | 13.05. | 71 min | B | 102 Monate | 55 | AL | 24 Jahre | Qualität |
| 8 | 13.05. | 45 min | B | 12 Monate | 31 | SP | 4 Jahre | Geometrie (Gestaltung und Integration) |
| 9 | 16.05. | 48 min | A | 72 Monate | 45 | AL | 10 Jahre | Software, TechCenter |
| 10 | 08.05. | 51 min | C | 36 Monate | 42 | SP | 13 Jahre | Dokumentations- / Änderungsmgmt. |
| 11 | 16.05. | 56 min | A | 30 Monate | 31 | SP | 3 Jahre | Anzeige-Bedien-Konzept, Navi |
| 12 | 13.05. | 77 min | B | 22 Monate | 38 | GL | 14 Jahre | Gesamtfahrzeug |
| 13 | 12.05. | 52 min | B | 12 Monate | 36 | SP | 9 Jahre | Materialien, Betriebsfestigkeit |
| 14 | 30.04. | 78 min | A | 42 Monate | 32 | GL | 7 Jahre | Antrieb |
| 15 | 06.05. | 71 min | A | 44 Monate | 45 | AL | 17 Jahre | Karosserie, Interieur, E/E |
| 16 | 07.05. | 51 min | A | 42 Monate | 37 | GL | 10 Jahre | Anforderungsmgmt. E/E |
| 17 | 12.05. | 77 min | B | 48 Monate | 50 | AL | 9 Jahre | Karosserie, Interieur |
| 18 | 19.05. | 65 min | C | 120 Monate | 33 | AL | 4 Jahre | Homologation, Innenraum, FAS, passive Sicherheit |
| 19 | 03.06 | 76 min | D | 30 Monate | 50 | AL | 25 Jahre | Karosserie |

AL = Abteilungsleiter GL = Gruppenleiter SP = Spezialist

Tab. 20: Übersicht der Interviews

### 6.1.4 Analyse der Entstehungssituation

Im Folgenden wird die Situation der Datenerhebung beschrieben, also wann, wie und unter welchen Bedingungen das Material erhoben wurde.[250]

Die Datenerhebung fand zwischen dem 28. April 2014 und dem 3. Juni 2014 statt. Zwei Interviews wurden in München durchgeführt, die anderen Gespräche fanden in China am jeweiligen Einsatzort des Expatriates statt. Insgesamt wurden 19 Interviews durchgeführt, die Teilnahme war freiwillig. Die Befragung wurde ausschließlich persönlich durch den Forscher vorgenommen, um eine Konstanz in der Befragung sicherzustellen. Er ist mit der Fragestellung bzw. der Vorarbeit vollständig vertraut und kann am besten entscheiden,

250 Vgl. Mayring (2010), S. 53.

wann es sinnvoll ist, vom Leitfaden abzuweichen und spezifische Nachfragen zu stellen. Bei den Gesprächen war neben dem Forscher jeweils nur der Gesprächspartner anwesend. Dadurch wurde eine persönliche und offene Gesprächsatmosphäre geschaffen.[251] Zu einigen der Befragten hatte der Forscher bereits ein langjähriges Vertrauensverhältnis. Dies wirkt sich positiv auf die Offenheit und die Erzählbereitschaft aus.[252]

Alle Gespräche wurden während der Arbeitszeit durchgeführt und unterlagen daher gewissen zeitlichen Restriktionen seitens der Experten. Entsprechend der Empfehlung von Flick (2009) wurden die Interviewtermine für insgesamt 90 Minuten angesetzt. Alle Gespräche konnten in der vorgegebenen Zeitspanne bis zum Ende geführt werden. Die Interviews fanden in separaten Besprechungsräumen statt, sodass es nur zu vereinzelten, kurzen Störungen kam, die den Interviewfluss aber nicht wesentlich beeinflusst haben. In den Gesprächstranskripten wurde ein entsprechender Vermerk gemacht.[253]

Es bestand vor den Interviews persönlicher Kontakt zwischen dem Forscher und dem Interviewpartner. Falls sich beide nicht kannten, wurde eine kurze Vorstellung gemacht und ein Small-Talk geführt. Anschließend legte der Forscher sein Erkenntnisinteresse offen, indem das Forschungsvorhaben erläutert sowie die Einordnung des Gesprächs in den Forschungsprozess kurz erklärt wurden. Anschließend wurde mit dem Interview begonnen und mithilfe des Leitfadens durchgeführt. Im Anschluss an das Gespräch wurde eine kurze Zusammenfassung vom Forscher gegeben.[254]

### 6.1.5 Formale Klassifizierung des Materials

Die Gespräche wurden über ein Mikrofon am Computer aufgenommen (nur Ton). Die Tonaufnahmen sind durchgängig und alle Stellen sind klar verständlich. Die einleitenden Worte des Interviewführers wurden von der Aufnahme exkludiert, da sich diese im ersten Abschnitt des Interviewleitfadens wiederfinden. Die Gespräche wurden durch den Forscher in eine wörtliche Transkription überführt. Diese wurde einige Tage bis Wochen nach den Gesprächen erstellt. Dialekt des Interviewpartners wurde ins Schriftdeutsch übertragen. Darüber hinaus wurden kleinere Versprecher zur besseren Auswertung des Materials geglättet. Non-verbale Auffälligkeiten, z. B. längere Denkpausen und Emotionen, wurden in Klammern und kursiver Schrift festgehalten.

---

[251] Vgl. Hopf (2000), S. 358.
[252] Vgl. Witzel (2000), S. 3.
[253] Vgl. Flick (2009), S. 132f.
[254] Vgl. Witzel (2000), S. 5.

In den Transkripten sind die Aussagen des Forschers mit „MS“ gekennzeichnet. Damit die Anonymität der Interviewpartner gewahrt werden kann, wurden die Aussagen der Gesprächspartner mit I01 bis I19 gekennzeichnet. Zur besseren Strukturierung der Analyse wurden die Absätze durchnummeriert.

## 6.2 Inhaltsanalyse des Datenmaterials

Die Analyse des Datenmaterials erfolgt in Anlehnung an die Methode der qualitativen Inhaltsanalyse von Mayring (2010). Diese Methode eignet sich zur „Analyse von Material, das aus irgendeiner Art von Kommunikation stammt.“[255] Im vorliegenden Fall geht es um die inhaltliche Analyse von protokollierter Kommunikation nach einem systematischen und regelgeleiteten Vorgehen. Nach Mayrings Auffassung ist eine gute Inhaltsanalyse theoriegeleitet. Auf Basis der Erkenntnisse einer vorgelagerten Untersuchung können die empirischen Ergebnisse vor einem theoretischen Hintergrund interpretiert werden. Somit wird inhaltlich an die Erfahrungen anderer angeknüpft. Die Inhaltsanalyse ist eine schlussfolgernde Methode, d. h. aus dem analysierten Material werden Rückschlüsse gezogen und die theoretischen Erkenntnisse ergänzt.[256]

Die Inhaltsanalyse orientiert sich an vorab definierten Regeln, um ein systematisches Vorgehen sicherzustellen. Das heißt jedoch nicht, dass die Analyse immer gleich abläuft. Sie wird auf den konkreten Gegenstand und das Datenmaterial angepasst. Wichtig ist, dass jede Entscheidung im Auswertungsprozess auf eine Regel zurückzuführen ist. Das Kategoriesystem ist hierfür das zentrale Element. Die Definition der Kategorien ist daher von besonderer Bedeutung.[257]

### 6.2.1 Richtung der Analyse

Durch die vorliegende Untersuchung soll die erste Forschungsfrage beantwortet werden: *Welche Herausforderungen entstehen bei der gemeinsamen Produktentwicklung bedingt durch die kulturellen Unterschiede zwischen Deutschen und Chinesen?*

Im Rahmen der Interviews wurden die aus der Theorie abgeleiteten interkulturellen Herausforderungen untersucht. Hierzu wurden die Eindrücke und Erfahrungen der aus dem Stammsitz entsendeten Mitarbeiter erfasst. Es wurde nach den Problempunkten und

[255] Mayring (2010), S. 11.
[256] Vgl. Mayring (2010), S. 12 f.
[257] Vgl. Mayring (2010), S. 48 f.

Schwierigkeiten bei der Zusammenarbeit mit Chinesen gefragt, mit welchen sich die Interviewpartner konfrontiert sehen. Wurden interkulturelle Herausforderungen in der Praxis beobachtet, so sollten die Interviewpartner diese Situationen beschreiben und darlegen, zu welchen Konsequenzen es in der Produktentwicklung kommt. Es sollten keine stereotypen Vorurteile bestätigt werden, daher wurden die Fragen offen und allgemein formuliert. Erst wenn der Gesprächspartner auf ein relevantes Thema zu sprechen kam, wurden ggf. Nachfragen gestellt.

Die Richtung der Analyse ist, durch die Auswertung des Textes zu folgenden drei Zielen eine Aussage machen zu können:

1. Analyse des Auftretens der in der Theorie identifizierten interkulturellen Herausforderungen in der Praxis.
2. Beschreibung und Identifikation weiterer interkultureller Herausforderungen.
3. Darstellung der Konsequenzen der Herausforderungen für die Produktentwicklung.

Das Datenmaterial wird durch Anwendung des Leitfadens schon im Rahmen der Entstehung strukturiert und eingegrenzt, um ein möglichst konzentriertes Material mit hoher Relevanz für die Forschungsfrage zu erhalten. Der Leitfaden wurde, wie in 6.1.2 dargestellt, in die fünf Handlungsfelder untergliedert. Der Gesprächspartner wurde etappenweise durch die relevanten Themen geführt. Die Aussagen zu den oben genannten drei Punkten finden sich im Datenmaterial durch die Vorstrukturierung kategorisiert nach den jeweiligen Handlungsfeldern wieder.

### 6.2.2 Festlegung der Analysetechnik

Mayring (2010)[258] schlägt drei Techniken zur Auswertung von qualitativen Daten vor: die Zusammenfassung, die Explikation und die Strukturierung. Auswahl oder Kombination der drei Elemente ist vom jeweiligen Forschungsziel abhängig.

- Die Zusammenfassung beinhaltet die Reduktion des Materials auf die wesentlichen Inhalte, die repräsentativ für das Grundmaterial stehen. Dabei wird das Material zunächst gekürzt (zusammengefasst) und anschließend in induktiv gebildete Kategorien untergliedert.

---

[258] Vgl. Mayring (2010), S. 63 ff.

- Die Explikation stellt zu bestimmten fraglichen Textteilen zusätzliches Material bereit, um die Textstelle besser verständlich zu machen.
- Die Strukturierung filtert das Material im Hinblick auf definierte Gesichtspunkte. Es handelt sich um eine deduktive Kategorienanwendung.

Die Explikation ist für das vorliegende Material nicht geeignet. Es wurde im Rahmen der theoretischen Voruntersuchung bereits zusätzliches Material betrachtet, um das theoretische Konzept zu entwickeln, welches im Rahmen der Empirie untersucht wurde. Das empirische Datenmaterial ist außerdem sehr umfassend, sodass zusätzliches Material nicht notwendig ist und die Inhaltsanalyse unübersichtlicher machen würde. Es wird daher eine Kombination aus Strukturierung und Zusammenfassung gewählt.

Das Ablaufmodell der Inhaltsanalyse für die vorliegende Untersuchung wird in Abbildung 33 dargestellt.

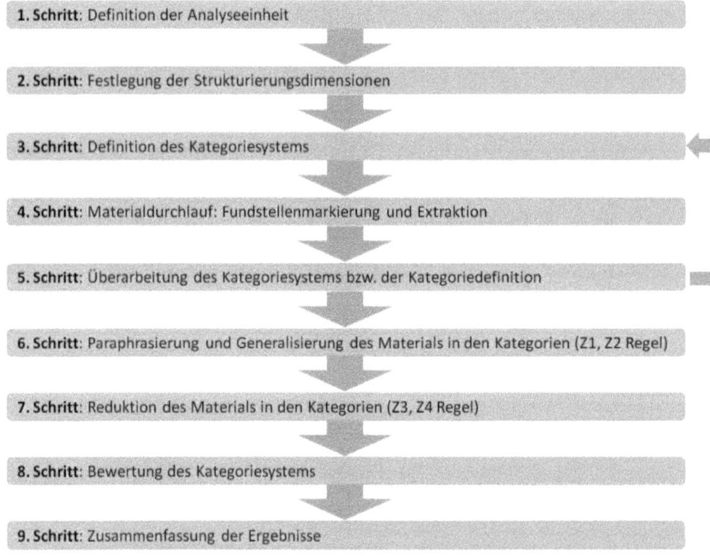


Abb. 33: Ablaufmodell strukturierender Inhaltsanalyse[259]

Der erste Schritt ist die Definition der Analyseeinheit. Dabei wird festgelegt, wie der Materialdurchlauf erfolgt und welchen Umfang die Fundstellen haben können. Anschließend

[259] In Anlehnung an Mayring (2010), S. 93.

wird die Form der Strukturierung festgelegt, also nach welchen Gesichtspunkten das Material gefiltert wird. Es wird unterschieden zwischen folgenden Formen der Strukturierung:

- Bei der formalen Strukturierung kann das Analysekriterium frei bestimmt werden.
- Bei der inhaltlichen Strukturierung erfolgt eine themenspezifische Aufbereitung des Materials anhand definierter Kategorien.
- Die typisierende Strukturierung ordnet das Material aufgrund besonders markanter Ausprägungen.
- Bei einer skalierenden Strukturierung werden die Ausprägungen der einzelnen Dimensionen ermittelt (skaliert) und das Material daraufhin bewertet.

Im dritten Schritt wird das Kategoriesystem definiert. Es werden deduktive Kategorien und deren Ausprägung festgelegt. Nach der Definition des Kategoriesystems wird mit dem Materialdurchlauf begonnen. Es erfolgt eine Markierung und Extraktion der relevanten Fundstellen. Die extrahierten Stellen werden den deduktiv gebildeten Kategorien zugeordnet. Bei der Zuordnung in die definierten Kategorien wird das Kategoriesystem überprüft und ggf. überarbeitet. Es wird überprüft, ob sich die deduktiv gebildeten Kategorien zur Abbildung des gesamten Materials eignen oder ob das Kategoriesystem erweitert werden sollte, indem induktiv gebildete Kategorien ergänzt werden. Nach einer Überarbeitung des Kategoriesystems ist der Materialdurchlauf erneut durchzuführen bzw. die Zuordnung zu überprüfen. Nach dem vollständigen Materialdurchlauf und der Strukturierung in die Kategorien erfolgt die Zusammenfassung des extrahierten Materials durch Paraphrasierung, Generalisierung und Reduktion. Abschließend erfolgt eine Verifikation, ob die Aussagen in dem überarbeiteten Kategoriesystem das Ausgangsmaterial repräsentieren, und eine Zusammenfassung der Ergebnisse.[260]

Die hier dargestellten Schritte des Ablaufmodells der strukturierenden Inhaltsanalyse werden in den folgenden Kapiteln für das vorliegende Material durchgeführt.

[260] Vgl. Mayring (2010), S. 65 ff., 93.

### 6.2.3 Definition der Analyseeinheiten

Im ersten Schritt der strukturierenden Inhaltsanalyse werden die Analyseeinheiten festgelegt.[261] Es müssen folgende Analyseeinheiten bestimmt werden:

- Kodiereinheit
- Kontexteinheit
- Auswertungseinheit

Die *Kodiereinheit* bildet die kleinste Analyseeinheit (minimaler Textanteil), die ausgewertet werden kann. Durch das Verfahren der Kodierung soll eine präzise und konsequente Inhaltsanalyse des Textes sichergestellt werden, die zu einem tieferen Verständnis des Datenmaterials führt und die Entwicklung allgemein gültiger Theorien ermöglicht.[262] Die Kodiereinheit umfasst einen vollständigen Satz.

Die *Kontexteinheit* ist der größte Teil des Materials, der als Ganzes einer Kategorie zugeordnet werden kann. Die Kontexteinheit ist theoretisch das gesamte Interview. Da die Interviews durch die Leitfadenstrukturierung jedoch unterschiedliche Themen beinhalten, werden sie nicht als ganzes Element einer Kategorie zugeordnet. Die übliche Kontexteinheit beläuft sich daher auf eine Aussage bzw. mehrere zusammenhängende Aussagen.

Die *Auswertungseinheit* bestimmt die Reihenfolge der Untersuchung der Textteile. Die Auswertungseinheit ist jeweils ein vollständiges Interview. Die Interviews werden einzeln nacheinander abgearbeitet, um logische Brüche in der Analyse zu vermeiden.

### 6.2.4 Festlegung der Strukturierungsdimension und Definition des Kategoriesystems

Für die Bearbeitung des vorliegenden Materials wird eine inhaltliche Strukturierung der Fundstellen gewählt. Diese Form ist im Hinblick auf die Richtung der Analyse geeignet. Die Aufbereitung des Materials erfolgt themenspezifisch nach den unterschiedlichen Aussagen zu den interkulturellen Herausforderungen in der Zusammenarbeit der deutsch-chinesischen Produktentwicklung.

Das Kategoriesystem baut sich folgendermaßen auf:

---

[261] Vgl. Mayring (2010), S. 59.

[262] Vgl. Flick (2009), S. 317.

Die identifizierten interkulturellen Handlungsfelder (aus Kapitel 5) stellen die fünf übergeordneten Kategorien dar. Diese fünf Handlungsfelder unterteilen sich in Sub-Kategorien. Hierbei handelt es sich um die in Kapitel 5 beschriebenen interkulturellen Herausforderungen. Die Kategorien und Sub-Kategorien wurden auf Basis der theoretischen Voruntersuchung gebildet und dienen zur Strukturierung des Datenmaterials beim ersten Materialdurchlauf. Die Fundstellen werden direkt der identifizierten interkulturellen Herausforderung zugeordnet. Es handelt sich daher um deduktiv gebildete Kategorien.

Um die Offenheit des explorativen Forschungsansatzes sicherzustellen, wurde im Rahmen der vorliegenden Inhaltsanalyse eine Kombination aus deduktiver und induktiver Kategoriebildung angewendet. Das Kategoriesystem wurde während der Inhaltsanalyse um induktiv gebildete Sub-Kategorien erweitert, damit die Gesamtheit des relevanten Materials strukturiert abgebildet werden kann.[263]

Das vollständige Kategoriesystem ist in Tabelle 21 dargestellt. Die induktiv gebildeten Sub-Kategorien sind in kursiver Schrift hervorgehoben.

**Kategorie I: Handlungsfeld „Dissenskultur“**

1. **Kommunikation: Indirekt, zurückhaltend, höflich**
2. **Konfliktvermeidung, Dissens ablehnen, keine Diskussion**
3. **Naheliegender, harmonieorientierter Kompromiss**

**Kategorie II: Handlungsfeld „Eigenverantwortung und -initiative“**

1. **Eigeninitiative, Erwartung von Anweisungen, Inaktivität**
   - Eigeninitiative und sich selbstständig einbringen
   - Anweisungen erwarten
   - Inaktivität, Passivität bei Unklarheit
2. **Verantwortung übernehmen, Probleme selbst bewältigen**
   - Verantwortung an-/übernehmen
   - Selbstständiges Arbeiten und Entscheidungen treffen
   - Identifikation mit der Aufgabe und Zielerreichung (Ergebnis)
3. **Kein offener Umgang mit Fehlern und Schwierigkeiten**
4. ***Durchsetzungskraft*** *[Neue, induktiv gebildete Kategorie]*

   Geringe Durchsetzungskraft führt dazu, dass bei Widerspruch eine Entscheidung schnell revidiert bzw. die Meinung geändert wird, ohne dass die eigene fachliche Perspektive entgegengesetzt wird. Es kommt zu einem Ungleichgewicht der verschiedenen fachlichen Perspektiven und Argumente können vernachlässigt werden.

[263] Vgl. Mayring (2010), S. 83.

| Kategorie III: Handlungsfeld „Führungskultur und Hierarchiedenken“ |
|---|
| **1. Zurückhaltung vor der Hierarchie**<br>**2. Arbeitsweisen ausgerichtet auf die Hierarchie und inhaltliche Führung**<br>**3. Entscheidungen werden von Führungskraft erwartet**<br>***4. Anstreben des hierarchischen Aufstiegs*** *[Neue, induktiv gebildete Kategorie]*<br>Das starke Hierarchiebewusstsein führt dazu, dass der hierarchische Aufstieg das dominierende Ziel der Mitarbeiter ist, dem alles untergeordnet wird (bspw. Familie, Work-Life-Balance). Es gibt zu wenige fachliche Experten, die eine jahrelange Erfahrung mitbringen, weil die Bereitschaft bzw. der Drang sehr groß ist, Job und Arbeitgeber nach zwei bis drei Jahren zu wechseln, um die nächste Karriereebene zu erreichen. |
| Kategorie IV: Handlungsfeld „Struktur der Herangehensweise und Qualitätsanspruch“ |
| **1. Qualitätsanspruch**<br>**2. Struktur der Herangehensweise** |
| Kategorie V: Handlungsfeld „Verbund von Person und Sache“ |
| **1. Bedeutung persönlicher Beziehung**<br>**2. Herausforderungen an Schnittstellen**<br>**3. Personelle Wechsel, dynamische Arbeitsformen** |
| <u>Kategorie: Generelles</u> |
| <u>Kategorie: Lösungsideen</u> |

**Schwarz** = Deduktive Kategorien ***Kursiv*** = Induktive Kategorien **<u>Unterstrichen</u>** = Sammelkategorie für allgemeine Aussagen, die keine interkulturelle Herausforderung direkt adressieren.

Tab. 21: Kategoriesystem für die Analyse des Datenmaterials

### 6.2.5 Analyse des Materials mittels Kategoriesystem

Das vorliegende Datenmaterial wurde in drei Schritten fokussiert und komprimiert. Im ersten Schritt der Analyse wurden die Transkriptionen, also das vorliegende Datenmaterial, kodiert. Die relevanten Textpassagen wurden extrahiert und den Kategorien zugeordnet. Durch diesen Schritt wurden aus dem Gesamtdatensatz die relevanten Stellen herausgefiltert und dadurch das relevante Material konzentriert. Die Fundstellen entsprechen Beschreibungen der interkulturellen Herausforderungen in der Zusammenarbeit.

Die kodierten Textteile wurden im nächsten Schritt (Schritt 6 des Ablaufmodells) in den jeweiligen Kategorien paraphrasiert und generalisiert. Es wurden die Z1- und Z2-Regeln von Mayring (2010) angewendet. D. h. die Textbestandteile wurden auf die wesentlichen inhaltstragenden Textteile gekürzt und in die grammatikalische Kurzform gebracht (Z1).

Diese Textstellen werden als Paraphrasen bezeichnet und können eine oder auch mehrere Aussagen umfassen. Im selben Schritt wurden die Paraphrasen verallgemeinert und auf eine einheitliche Abstraktionsebene generalisiert (Z2).

Anschließend erfolgte eine Reduktion der Paraphrasen nach den Z3- und Z4- Regeln. Es wurden zunächst die bedeutungsgleichen und nicht inhaltstragenden Textpassagen gestrichen (Z3) und anschließend die verbleibenden Textstellen zusammengefasst. Dabei wurden Paraphrasen mit ähnlichen Aussagen zu einem Thema zu einer Paraphrase gebündelt (Bündelung). Paraphrasen mit verschiedenen Aussagen zu einem Thema wurden zusammengefasst und zu einer Paraphrase integriert (Konstruktion / Integration).[264]

Die Kodierung des Datenmaterials wurde mittels der Software MAXQDA durchgeführt. Die Paraphrasierung, Generalisierung und Reduktion des Materials nach den Z-Regeln wurden in Microsoft Word durchgeführt.

### 6.2.6 Bewertung des Kategoriesystems

Das Kategoriesystem stellt den zentralen Baustein der Analyse dar. Im Rahmen der vorliegenden Arbeit wurden deduktive und induktive Vorgehensweisen zur Definition des Kategoriesystems kombiniert. Die deduktiv gebildeten Kategorien dienten als Strukturierungsdimension für die erste Materialbearbeitung und wurden alle im Rahmen der Analyse bestätigt. Um weitere Erkenntnisse während der Erhebung in das Kategoriesystem einfließen zu lassen und eine korrekte inhaltsorientierte Strukturierung des Materials zu ermöglichen, wurde das Kategoriesystem während der Inhaltsanalyse durch zwei neue Subkategorien erweitert. Diese induktiv gebildeten Kategorien wurden direkt aus dem Material durch einen Verallgemeinerungsprozess abgeleitet. Durch die induktive Erweiterung wird eine vollständige Abbildung des relevanten Materials durch das Kategoriesystem gewährleistet. Eine Einordnung der Fundstellen in die deduktiven Kategorien hätte die Erkenntnisse verwässert. Deswegen wurde eine separate Ausweisung vorgenommen.

Die Kombination aus deduktiver und induktiver Vorgehensweise wurde vom Autor als zweckmäßig befunden. Das definierte Kategoriesystem eignet sich gut zur Abbildung des empirischen Datenmaterials. Das Kategoriesystem (Tabelle 21) wird daher für die vorliegende Inhaltsanalyse bestätigt.

---

[264] Vgl. Mayring (2010), S. 70.

Allen (Sub-) Kategorien wurden mehrere Fundstellen aus verschiedenen Interviews zugeordnet. Den Kategorien *II-1) Eigeninitiative, Erwartung von Anweisungen, Inaktivität* und *II-2) Verantwortung übernehmen, Probleme selbst bewältigen* wurden die meisten Fundstellen zugeordnet. Um die Übersichtlichkeit zu verbessern, wurden Fundstellen in drei Themen untergliedert (wie in Tabelle 21 dargestellt).

Darüber hinaus wurden allgemeine Aussagen zu Problemen, die nicht spezifisch ein Handlungsfeld bzw. eine interkulturelle Herausforderung adressierten, in einer Sammelkategorie *Generelles* sowie Lösungsideen und Anregungen, welches Vorgehen vor dem Hintergrund der interkulturellen Herausforderungen besonders gut funktioniert, unter *Lösungsideen* eingeordnet.

### 6.2.7 Zusammenfassung der Ergebnisse

Die vorliegende Untersuchung hat gezeigt, dass kulturelle Unterschiede zwischen Deutschen und Chinesen in der gemeinsamen Produktentwicklung zu erheblichen Herausforderungen führen. Die identifizierten Handlungsfelder wurden alle bestätigt und Erkenntnisse über Auftreten und Konsequenzen der interkulturellen Herausforderungen in der unternehmerischen Praxis gewonnen. Es wurden nicht in jedem Interview alle Sub-Kategorien angesprochen, sondern die Gesprächspartner haben individuelle Schwerpunkte in ihren Darstellungen gesetzt. In der Summe der Erhebung wurde über jedes Handlungsfeld mehrfach gesprochen. Es wurden Gesprächspartner aus verschiedenen Unternehmen an unterschiedlichen Standorten interviewt, um eine breite Spanne abzudecken und eine Verzerrung der Ergebnisse zu vermeiden, bspw. durch regions- oder unternehmensspezifische Herausforderungen. Im Rahmen der Inhaltsanalyse wurden jedoch keine grundsätzlichen Unterschiede zwischen Aussagen festgestellt. Wie in der gesamten Erhebung hat die inhaltliche Spanne der Aussagen zwischen den Gesprächen variiert, jedoch wurden keine strukturellen Auffälligkeiten zwischen den Unternehmen festgestellt.

Eine spezifische Darstellung der Erkenntnisse zu den einzelnen Handlungsfeldern erfolgt in Kapitel 6.3. Allgemein kann an dieser Stelle festgehalten werden, dass die in der chinesischen Kultur üblichen Arbeitsweisen in der Praxis nur bedingt zu den Prozessen einer gemeinsamen deutsch-chinesischen Produktentwicklung passen. Die Prozesse und Abläufe sind für die chinesischen Mitarbeiter ungewohnt und teilweise nicht nachvollziehbar. Die chinesischen Mitarbeiter lernen die Prozesse auswendig (Interview 14: 485-488; Interview 08: 408-411), fühlen sich in den Strukturen jedoch nur bedingt wohl, bspw. weil sie Verantwortung übernehmen müssen und dadurch ihre kulturelle Komfortzone verlassen

(Interview 17: 518; Interview 12: 281-289). Der Großteil der Interviewpartner hält die deutsch-chinesische Produktentwicklung insgesamt für ineffizient. Es entstehen deutlich häufiger Fehler und Probleme, die Abläufe verzögern, die Qualität verschlechtern und Nacharbeit unter höherem Ressourceneinsatz notwendig machen als in Deutschland. Das Erreichen der Ziele der Produkterstellung ist daher wesentlich schwieriger und kann aufgrund interkultureller Herausforderungen nicht sichergestellt werden.

Die Befragung hat gezeigt, dass ein Großteil der Konsequenzen aus den interkulturellen Herausforderungen durch besonderes Engagement der Expatriates kompensiert wird. Dies führt dazu, dass die Arbeitsbelastung bei den Expats stark ansteigt und zu einer dauerhaften Überlastung führt. Ein Gesprächspartner gab an, dass die derzeitigen Entwicklungsabläufe in China nur mit einer Expatquote von 30-40% möglich sind (Interview 01: 416). Dieses Verhältnis wird jedoch nur in der Aufbau- bzw. Hochlaufphase erreicht. Langfristig wird (vor allem aus Kostengründen) eine geringere Expatquote angestrebt. Es ist daher wichtig, dass Prozesse unabhängig von der Expatleistung funktionieren, einerseits um die Arbeitsbelastung bei den Expats zu reduzieren und andererseits, um die Ziele der Internationalisierung zu erreichen. Der überwiegende Teil der Interviewten hält eine Anpassung der deutschen Produktentwicklungsprozesse in einem gemischt-kulturellen Umfeld in China für notwendig. Es müssen bestimmte Prozesse herausgegriffen und spezifisch gestaltet werden, bspw. durch stärkere inhaltliche Führung und gezielte Anbahnung von Meilensteinen, dann können sie von den chinesischen Kollegen bearbeitet werden (Interview 01:416; Interview 18: 54-57). Die deutsche Art und Weise der Produktentwicklung hat die OEMs in der Vergangenheit zum Erfolg geführt, jedoch muss man sich in China auf die unterschiedlichen Rahmenbedingungen einstellen und auch Raum für die kulturellen Eigenheiten in den Arbeitsweisen schaffen (Interview 12: 193-197).

### 6.2.8 Anwendung von Gütekriterien der Inhaltsanalyse

Inhaltsanalytische Gütekriterien dienen zur Bewertung der Qualität einer empirischen Untersuchung. Die zentralen Gütekriterien bei einer qualitativen Untersuchung sind Validität, Objektivität und Reliabilität.[265]

Die Objektivität bei individuellen Gesprächen zu gewährleisten, ist grundsätzlich schwierig. Die Strukturierung der Gespräche durch einen Leitfaden stellt die Vergleichbarkeit sicher. Dadurch wird die Objektivität verbessert und Willkür vorgebeugt. Das Ziel der Studie ist es

---

[265] Vgl. Mayring (2010), S. 51 f., 116 ff..

nicht, eine vollständige intersubjektive Übereinstimmung der Ergebnisse zu erhalten, sondern eine individuelle Einschätzung der Experten abzufragen. Die Äußerungen beinhalten die subjektiven Erfahrungen der sozialen Realität. Die Randbedingungen sind stabil; deswegen haben viele Experten ähnliche Beobachtungen gemacht und die Aussagen der verschiedenen Interviews überschneiden sich. Es wurden jedoch unterschiedliche Schwerpunkte in den Gesprächen gesetzt. Die Gesamtheit der Aussagen stellt die Bandbreite möglicher interkultureller Herausforderungen in der deutsch-chinesischen Produktentwicklung dar.

Die Reliabilität beschreibt die Zuverlässigkeit der Untersuchung. Messfehler können auftreten, wenn es im Rahmen der Datenerhebung zu Missverständnissen kommt, bspw. weil eine Frage nicht richtig verstanden wurde oder das Gespräch vom eigentlichen Thema abweicht. Die Strukturierung der Gespräche wurde durch den Leitfaden sichergestellt. Die Befragung durch den Forscher selbst beugt etwaigen Missverständnissen bei der Fragestellung vor. Die gestellten Fragen sind Erzählaufforderungen, die den Interviewpartner anregen, von seinen persönlichen Erlebnissen zu berichten. Es gibt bei diesen Aussagen keine richtige oder falsche, sondern nur eine subjektive Einschätzung des Erlebten. Das Risiko, eine Frage falsch zu verstehen und eine abweichende Antwort zu geben, wird somit als gering eingeschätzt.

Die Validität beschreibt die Gültigkeit der Messung. Es gibt keine externen Vergleiche, deren Ergebnisse herangezogen werden könnten, da bislang in dieser Form keine Untersuchungen zu den interkulturellen Herausforderungen einer deutsch-chinesischen Produktentwicklung durchgeführt wurden. Die vorliegende Untersuchung stützt sich jedoch auf eine wissenschaftlich belastbare Basis. Es wurden Analogien aus verwandter Literatur betrachtet, die Herausforderungen theoretisch abgeleitet und durch die Erhebung bestätigt. Die Validität ist somit gegeben und die Erkenntnisse können für den weiteren Gang der Untersuchung (Entwicklung der Gestaltungsempfehlungen) zugrunde gelegt werden.

Im Rahmen einer qualitativen Forschung ist die Nachvollziehbarkeit ein wichtiges Gütekriterium. Dies wird durch die in den Kapiteln 6.1 und 6.2 dargelegte ausführliche Dokumentation der Vorgehensweise sichergestellt.

## 6.3 Darstellung der empirischen Erkenntnisse

Im Kapitel 6.3 werden die Erkenntnisse aus der empirischen Untersuchung für jede Kategorie zusammengefasst und die Forschungsfrage 1 beantwortet: *Welche Herausforderungen entstehen bei der gemeinsamen Produktentwicklung bedingt durch die kulturellen Unterschiede zwischen Deutschen und Chinesen?*

### 6.3.1 Beobachtungen bei der Durchführung der Interviews

Die Frage nach der generellen Bewertung der Unterschiedlichkeit der deutschen und der chinesischen Kultur auf einer Skala von 1 bis 10 (10 stellt größtmögliche Unterschiede dar) wurde im Durchschnitt mit 7,8 beantwortet. Alle Angaben lagen bei dem Wert 5 oder höher, insgesamt wurde dreimal der Höchstwert 10 vergeben (Abbildung 34). Ein Interviewpartner antwortete auf die Frage: „Also irgendwo muss es ja auf der Welt 10 geben. Dann muss es eigentlich fast 10 sein, weil, wer soll denn noch verschiedener sein, außer irgendwelche afrikanischen Buschvölker, aber sagen wir mal, in wirtschaftlich relevanten Ländern gibt es keinen größeren Unterschied als Deutsch-Chinesisch." (Interview 14: 28)

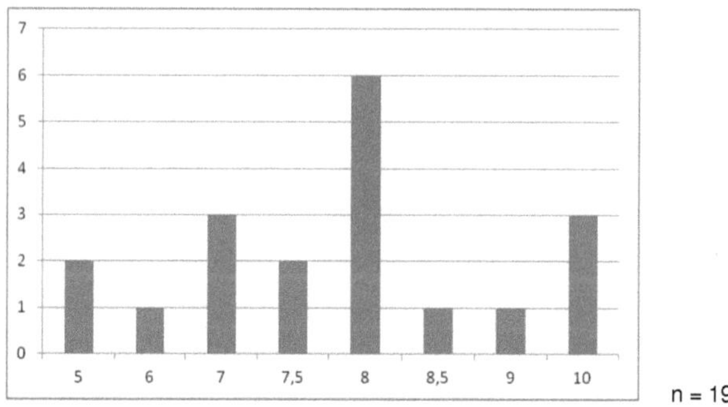


n = 19

Abb. 34: Häufigkeit der Nennung der Antworten zur Bewertung der kulturellen Unterschiedlichkeit von Deutschland und China (Skala 1 bis 10)

An der Stelle des Interviews, an welcher in die vordefinierten Fragen aus dem Leitfaden zum ersten Kapitel Dissenskultur begonnen wurde, haben die Gesprächspartner teilweise Bedenken geäußert, dass es schwer fällt, eine allgemeine Aussage zu treffen, weil dabei die Gefahr bestehe, alle Chinesen „über einen Kamm zu scheren". Es hat daher geholfen, den im Leitfaden genannten „Persilschein" zu betonen und hervorzuheben, dass es bei den qualifizierten Fragen nicht um Pauschalurteile sondern persönliche Erfahrungen geht.

In den Interviews war auffällig, dass die Gesprächspartner teilweise sehr negativ gegenüber den interkulturellen Herausforderungen eingestellt waren. Unterschiede wurden als Defizite bzw. Missstände in der Zusammenarbeit beklagt, die auf die chinesische Kultur zurückzuführen seien. Es wurde mehrfach erwähnt, dass die Chinesen gezielt zu einer westlichen Arbeitsweise hin entwickelt oder ihnen gewisse Eigenschaften antrainiert werden sollten. Es wurde die Hoffnung geäußert, dass sich die Arbeitsweisen der Chinesen im Laufe der Zeit „verbessern", weil sie durch diese Zusammenarbeit westlicher würden.

Die starke Arbeits- bzw. Führungsbelastung bei den Expatriates spiegelt sich in einer negativen Grundstimmung wieder. Von zwei Interviewpartnern wurde die schlechte Stimmung explizit angesprochen (Interview 01: 165-168; Interview 12: 193-197). Die Haltung der Expatriates gegenüber den Arbeitsweisen der Chinesen ist teilweise herablassend und das persönliche Verhältnis leidet. Aufgrund des hohen Führungsaufwandes empfinden die Expats die Zusammenarbeit i. d. R. als belastend und nicht als Hilfestellung. Es entsteht bei einigen Expats der Eindruck, dass sie selbst viel Rücksicht auf die chinesische Kultur nehmen. Es wird in die persönliche Beziehung investiert und die Harmonie gewahrt, um den Gesichtsverlust zu vermeiden, aber im Gegenzug erhält man wenig Leistung zurück bzw. die Erwartungshaltung wird nicht erfüllt (Interview. 06: 182; Interview 17: 151, 320).

### 6.3.2 Interpretation der empirischen Erkenntnisse

Im Folgenden werden die Erkenntnisse aus der empirischen Datenerhebung zusammenfassend dargestellt. Die Darstellung erfolgt anhand des Kategoriesystems. Es werden zu jeder Sub-Kategorie die Erkenntnisse aus den Interviews erläutert. Die römischen Ziffern bezeichnen die Kategorie, also das Handlungsfeld, und die arabischen Ziffern die interkulturelle Herausforderung (Sub-Kategorie). Bei den dargestellten Ergebnissen handelt sich um die Interpretation der Paraphrasen nach der Reduktion, also der Ergebnisse des siebten Schritts im Ablaufmodell.

***I – Dissenskultur: 1) Kommunikation: Indirekt, zurückhaltend, höflich***

Nach Meinung der befragten deutschen Expatriates ist der Umgangston der chinesischen Kollegen sehr höflich. In Besprechungen lassen sich die chinesischen Mitarbeiter als zurückhaltend beschreiben. Äußerungen sind häufig nicht klar und zielstrebig, sondern wirken auf die Deutschen unpräzise und führen zu Missverständnissen bzw. unterschiedlichen Informationsständen. Von den chinesischen Kollegen kommt kein aktiver Widerspruch in einer Besprechung oder ein entschlossenes Vortragen einer Forderung. Ein Gesprächspartner erläuterte, dass Widerspruch und Zweifel bei Chinesen häufig non verbal, durch eine zurückhaltende und verschlossene Körpersprache, geäußert werden.

Es kommt insgesamt zu einer ineffizienten Kommunikation, die einen klaren Informationsaustausch behindert und eine ungleiche Informationslage zur Folge hat. Es entstehen Unstimmigkeiten, weil kein Widerspruch von den chinesischen Kollegen erfolgt, selbst wenn bei diesen bessere Informationen bekannt sind. Das Schweigen wird von den deutschen Kollegen als Zustimmung gewertet und es kommt zu einer falschen Informations- und Beschlusslage.

***I – Dissenskultur: 2) Konfliktvermeidung, Dissens ablehnen, keine Diskussion***

Die generelle Konfliktvermeidung und die fehlende Dissensbereitschaft werden von fast allen Gesprächspartnern als Herausforderung genannt. Ein sachlicher Konflikt, ohne Beeinflussung der persönlichen Ebene, ist auf der Mitarbeiterseite schwer möglich, weil Höflichkeit und Harmonie wichtiger sind. Probleme und Konflikte werden nur schrittweise übermittelt. Das führt zu falschen Folgeentscheidungen, weil die Vorgesetzten nicht rechtzeitig und vollständig informiert werden.

Auffällig ist die grundsätzliche Vermeidung von Diskussionen. Eine inhaltliche Klärung von kritischen Themen in der direkten Konfrontation ist nicht möglich, auch wenn sie fachlich notwendig wäre. Diskussionen werden, teilweise durch abrupten Themenwechsel, abgebrochen oder ohne Ergebnis beendet. Besprechungen müssen dadurch mehrfach wiederholt werden. Diskussionsintensive Workshops werden abgelehnt. Es werden individuelle Arbeitsweisen mit anschließender Präsentation abgeschlossener Ausarbeitungen bevorzugt. Teilweise wurde festgestellt, dass kritische Inhalte mit den chinesischen Kollegen im persönlichen Gespräch oder per E-Mail besprochen werden. Häufig muss jedoch eine nachgelagerte Klärung durch den Expatriate erfolgen.

Es wurde weiterhin genannt, dass Leistung nicht eingefordert wird (kein Anzählen). Ein konstruktives Nutzen der Eskalation als Managementmethode wird aus Harmoniegründen nicht angewendet, um die Beziehung nicht zu gefährden. Wenn Input nicht kommt, wird nicht weitergearbeitet. Dadurch geraten die Arbeitsabläufe in Zeitverzug.

Missverständnisse und unterschiedliche Informationsstände führen zu einer ineffizienten Problemlösung. Kritische Themen und Probleme werden nicht (rechtzeitig) geklärt, sondern entlang des Prozesses verschleppt. Entscheidungen werden verzerrt, verzögert, ganz verhindert und müssen später korrigiert werden. Das Arbeiten in parallelen SE-Teams wird deutlich erschwert. Einige Gesprächspartner bezeichneten die Abläufe insgesamt als ineffizient, weil es zu deutlich mehr Fehlern und Verzögerungen als in Deutschland kommt. Diese führen zu ungeplanten Eskalationen, weil die Ziele nicht erreicht werden. Die Produkte sind teilweise unreif zur Markteinführung.

Neben den sachlich-inhaltlichen Auswirkungen leiden vor allem auch die persönlichen Verhältnisse. Die Deutschen werfen den Chinesen fehlenden Mut und Standhaftigkeit für die Dissenskultur vor, weil sie sich in der kritischen Diskussion nicht behaupten wollen. Auf der anderen Seite dominiert der problem- und ergebnisorientierte Besprechungsablauf der deutschen Mitarbeiter die lokalen chinesischen Mitarbeiter. Die direkte Kommunikation wird häufig als Gesichtsverlust wahrgenommen.

***I – Dissenskultur: 3) Naheliegender, harmonieorientierter Kompromiss***

Das große Harmoniebedürfnis führt dazu, dass die chinesischen Kollegen sehr konsensorientiert arbeiten und bereit sind, persönliche Zugeständnisse zu machen. Es wurde häufig die Beobachtung geäußert, dass die Chinesen bevorzugt den Weg des geringsten Widerstandes wählen, weil keine Bereitschaft vorhanden ist aufzufallen bzw. anzuecken. Dadurch werden bestimmte fachliche Sichtweisen vernachlässigt, weil ein Einzelner nicht gegen die Gruppe spricht, sondern sich der Gemeinschaftsmeinung unterordnet, um den Konsens nicht zu gefährden. Es wird dem Vorschlag des Gegenübers bzw. der anderen schnell zugestimmt. Dabei werden auch schlechtere Produktlösungen in Kauf genommen, um die gute Beziehung nicht zu gefährden. Wenn kritische Inhalte und Probleme im Vorfeld bekannt sind, werden diese weitestgehend bilateral abgestimmt und in der Besprechung lediglich die formale Vereinbarung getroffen.

➔ *Das Handlungsfeld Dissenskultur und die drei beschriebenen Herausforderungen konnten bestätigt werden.*

***II – Eigenverantwortung und -initiative: 1) Eigeninitiative, Erwartung von Anweisungen, Inaktivität***

Alle Gesprächspartner sahen in der geringen Eigeninitiative der chinesischen Mitarbeiter eine Herausforderung für die Produktentwicklung. Es wurde deutlich, dass die deutschen Expatriates eigentlich von allen Kollegen deutlich mehr Initiative erwarten. Die deutschen Arbeitsweisen sind darauf ausgerichtet, dass ein Mitarbeiter selbstständig erkennt, was im Rahmen seiner Rolle getan werden muss und dies aktiv umsetzt. Die chinesischen Mitarbeiter hingegen erwarten eine direkte Anweisung von Aufgabenstellungen. Wenn dies nicht der Fall ist, wird häufig abgewartet, bis der Chef eine Aufgabe erteilt. Die Freiräume und Verantwortlichkeiten in den Arbeitsweisen werden nicht genutzt. Im Gegenteil, Interpretations- und Gestaltungsspielraum auf der Mitarbeiterseite führen zu Unsicherheit und Unzufriedenheit und es werden schlechtere Ergebnissen erzielt. Die Prozesse geraten in Zeitverzug, weil bei Problemen teilweise zu spät gehandelt wird. Die Produktentwicklung in China benötigt daher insgesamt mehr Zeit.

Die Anweisung einer Aufgabenstellung muss außerdem den Lösungsweg bzw. die notwendigen Handlungsschritte aufzeigen. Das schafft Klarheit darüber, was getan werden soll und wirkt positiv auf die Motivation. Wenn die Handlungsschritte nicht klar sind, kommt es zur Inaktivität, um nicht das Risiko einzugehen, etwas Falsches zu tun. Laut Aussage vieler Gesprächspartner funktioniert ein Ablauf umso besser, je konkreter die einzelnen Arbeitsschritte („Kochrezept") dargelegt werden. Schriftliche Arbeitsanweisungen bzw. Prozessdokumentationen sind ebenfalls förderlich. Auch während des Prozessablaufs streben die chinesischen Mitarbeiter kontinuierliches Feedback und Bestätigung an.

Es wurde jedoch kritisch angemerkt, dass durch präzise inhaltliche Vorgaben die Produktentwicklung eingeschränkt wird. Die Anweisungen werden sehr diszipliniert ausgeführt, wie folgende Aussage zeigt: „[...], wenn eine Vorgabe artikuliert worden ist, als Teil einer Arbeitsanweisung, dann wird davon nicht abgewichen. Sie können versuchen, hier durch irgendeinen Sicherheitsguard zu kommen oder bei der Finanzabteilung ein Entgegenkommen zu erwirken, findet schlicht nicht statt." (Interview 09: 63). Auf der anderen Seite ist es in der Produktentwicklung nicht immer möglich, genaue Anweisungen zu erteilen, bzw. machen neue Erkenntnisse alternative Arbeitsschritte notwendig. Vor allem in diesen Situationen kommt es laut Aussage der Interviewten zu Herausforderungen, weil ein Arbeitsauftrag nicht wie angewiesen umgesetzt werden kann. Bei Problemen oder unklaren Situationen in der Aufgabenausführung erfolgt nicht immer eine eigenständige Rückmeldung durch den Mitarbeiter (Prinzip der Selbstanzeige). Teilweise wird eine abwartende und passive Haltung eingenommen. Wenn der Vorgesetzte nicht in regelmäßigen Intervallen den Fortschritt kontrolliert, kommt es zur Inaktivität. Die Gesprächspartner merkten an, dass keine Beharrlichkeit bei der Problemlösung existiert, sondern immer der Expatriate aktiv werden muss.

Es kommt daher insgesamt zu einer starken Belastung auf den unteren Führungsebenen. Aufgrund der geringen Eigeninitiative der chinesischen Mitarbeiter muss mehr Zeit in die inhaltliche Führung und Kontrolle investiert werden. Obwohl die Führungsspanne in China häufig geringer ist, berichten viele der deutschen Führungskräfte von einer Überlastung.

Einige Interviewpartner erwähnten, dass einzelne chinesische Mitarbeiter, die eine langjährige internationale Ausbildung erfahren haben, eine stärkere Eigeninitiative aufweisen, weil sie sich an die westlichen Arbeitsweisen angepasst haben.

***II – Eigenverantwortung und -initiative: 2) Verantwortung übernehmen, Probleme selbst bewältigen***

Die Gesprächspartner haben die dauerhafte Übertragung von Verantwortung auf einen Mitarbeiter, bspw. für einen technischen Umfang, als große Herausforderung genannt. Die Verantwortung wird von der Mitarbeiterebene abgelehnt, sondern die Anweisung der Führungskraft erwartet. Es ist keine Bereitschaft vorhanden, bspw. Verantwortung für die Zielerreichung eines Prozesses zu übernehmen und auch in unklaren Situationen Handlungsentscheidungen zu treffen und Klarheit zu schaffen. Es wurde berichtet, dass auftretende Probleme und kritische Situationen von chinesischen Mitarbeitern toleriert werden, wenn sie dafür nicht verantwortlich sind, auch wenn dadurch die eigenen Arbeitsabläufe beeinträchtigt werden. Hierdurch kommt es zu Verzögerungen und unreifen Arbeitsergebnissen im Prozess. Einige Gesprächspartner berichteten davon, dass sie wiederholt Auftragslisten aus Besprechungen vorfinden, in denen entweder keine oder mehrere Personen als Verantwortliche (ohne Festlegung, wer die Hoheit hat) hinter den Aufträgen stehen.

Die Interviewten waren überwiegend der Meinung, dass vor allem das eigenständige Treffen von Entscheidungen im operativen Arbeitsablauf, wie sie es im deutschen Umfeld der Produktentwicklung von der Mitarbeiterebene voraussetzen, in China nur bedingt funktioniert. Entscheidungen werden von der Führungskraft erwartet. Die chinesischen Mitarbeiter sehen sich selbst als Entscheidungsvorbereiter, nicht als Entscheidungsträger. Somit wird das Risiko vermieden, für etwas verantwortlich zu sein, das schlecht gelaufen ist (Gesichtsverlust). Entscheidungsfreiräume werden nicht genutzt.

Kleinere Entscheidungen, die nur das eigene Team betreffen, oder rein technische Entscheidungen werden teilweise noch selbstständig getroffen. Jedoch sind vor allem Entscheidungen bei unklaren Randbedingungen oder offenen Fragestellungen eine Herausforderung, wie folgende Aussage zeigt: „Nimm dir mal das Lastenheft und schreib mal raus, was sind die zehn wichtigsten Anforderungen [...]. Lastenheft lesen, gerne, da sind sie noch voll in der Komfortzone, aber entscheide mal, was die zehn wichtigsten...dann,

dann schüttet's bei dem Stresshormone aus.“ (Interview 14: 93). Häufig wurde beobachtet, dass an Entscheidungspunkten die Informationen zusammengetragen und der Führungskraft vorgelegt werden, aber keine Entscheidungsempfehlung gegeben wird.

Einige Befragte waren der Meinung, dass Verantwortung offiziell einem Mitarbeiter erteilt werden kann, am besten schriftlich und mit formaler Benennung durch die Führungskraft, allerdings bleiben auch dann Schwierigkeiten in der Umsetzung. Es wurden in solchen Fällen bspw. intransparente Entscheidungsabläufe beschrieben. Aus Rücksicht und Harmonie wird versucht, die Führungskraft wenig mit Problemen zu belasten, sondern es wird angestrebt, möglichst zeitnah etwas Positives zu berichten.

Neben dem geringen Verantwortungs- und Entscheidungsbewusstsein wurden die fehlende Identifikation mit der eigenen Aufgabe und die fehlende intrinsische Ergebniserreichungsverantwortlichkeit als Problem angesprochen. Den chinesischen Kollegen fehle „diese Eigenmotivation, dieses Brennen für die Technik, [...], wie wir es haben [...]“ (Interview 17: 400). Viele chinesischen Mitarbeiter haben keine Verbundenheit mit dem Produkt oder dem Unternehmen, die bspw. zu einer Motivation für Zielübererfüllung führt. Gleichermaßen herrscht keine Betroffenheit, wenn übergeordnete Ziele nicht erreicht werden.

Auch in dieser Kategorie wurde als Konsequenz für die Produktentwicklung häufig Doppelarbeit genannt, weil sich nicht darauf verlassen wird, dass Verantwortung eigenständig gelebt und die notwendigen Entscheidungen getroffen werden. Die Informationslage in Entscheidungssituationen ist nicht ausreichend, sodass Entscheidungen nicht oder verzögert getroffen werden. Besprechungen müssen wiederholt bzw. auf einer höheren Hierarchieebene durchgeführt werden. Die Entwicklungszeit aus Deutschland kann aufgrund fehlender Effizienz in China nicht erreicht werden. Darüber hinaus leidet auch das persönliche Verhältnis, weil sich die Entscheidungs- und Führungsbelastung bei den deutschen Vorgesetzten stark erhöht.

***II – Eigenverantwortung und -initiative: 3) Kein offener Umgang mit Fehlern und Schwierigkeiten***

Der verantwortungsvolle Umgang mit Fehlern und Schwierigkeiten ist eine Herausforderung für die Produktentwicklung in China. Die Befragten gaben an, dass die Klärung technischer Probleme schwieriger und langsamer ist als in Deutschland. Fehler werden teilweise von den chinesischen Mitarbeitern ignoriert und dadurch zu spät gelöst. Es herrscht eine geringe Kommunikation von Fehlern, sodass diese nicht aktiv offengelegt werden, um mögliche negative Konsequenzen zu vermeiden. Das kann entweder den eigenen Gesichtsverlust oder auch den eines Kollegen betreffen, beides soll verhindert werden.

Die beschriebenen Probleme in der Produktentwicklung liegen überwiegend darin, dass eine drohende Zielverfehlung nicht mit alternativen Maßnahmen hinterlegt wird sondern es schnell zur Resignation auf Mitarbeiterebene kommt. Die aktive Eskalation an das Management kommt zu spät, erst wenn es sich nicht mehr vermeiden lässt, weil die Probleme zu groß geworden sind. Auch dies führt in der Folge dazu, dass Meilensteine und Projektziele nicht erreicht werden.

***II – Eigenverantwortung und -initiative: 4) Durchsetzungskraft***

Diese Subkategorie wurde induktiv im Rahmen der Materialanalyse ergänzt, weil mehrere Gesprächspartner die fehlende Durchsetzungskraft bei den chinesischen Mitarbeitern als Herausforderung angesprochen haben. Laut ihren Aussagen fehlt es an Sicherheit und Entschlossenheit, um bei Widerspruch und Gegenargumenten standhaft zu bleiben, vor allem in interkulturellen Situationen gegenüber den deutschen Kollegen, auch wenn die Kollegen dabei auf der gleichen Hierarchieebene stehen. Auf der anderen Seite ist das Auftreten der Deutschen im Vergleich sehr durchsetzungsstark. Es entstehen daher Probleme in der Produktentwicklung, weil das durchsetzungsstarke Auftreten der Deutschen keinen Raum dafür lässt, dass die chinesischen Kollegen relevante Informationen kommunizieren können. Es kommt somit zu einer verzerrten Informationslage, weil bestimmtes Fachwissen nicht einfließt.

➔ *Das Handlungsfeld Eigenverantwortung und -initiative sowie die drei beschriebenen Herausforderungen konnten bestätigt werden. Es wird eine weitere interkulturelle Herausforderung (Durchsetzungskraft) ergänzt.*

***III – Führungskultur und Hierarchiedenken***

Laut überwiegender Meinung der Gesprächspartner ist die unterschiedliche Führungskultur in China mit großen Herausforderungen verbunden. In China wird eine transaktionale Führung praktiziert. Die in Deutschland übliche transformationale Führung wird von der Mitarbeiterebene nicht angenommen (Interview 15: 198; Inter 09: 207). Die Erwartungshaltung und Einstellung in China unterscheidet sich deutlich von der in Deutschland: „[...] in China arbeiten die Mitarbeiter für den Chef und in Deutschland arbeiten die Mitarbeiter für ein Projekt.“ Die transaktionale Führung in einer deutsch-chinesischen Produktentwicklung führt zu einer steigenden Belastung bei den deutschen Führungskräften. In der Praxis werden teilweise zusätzlich Unterstrukturen eingefügt, um die intensive Führung zwischen Expatriate und chinesischem Mitarbeiter zu ermöglichen. Die meisten Gesprächspartner sind davon überzeugt, dass die transaktionale Führung in China zwar notwendig ist, aber die Ausschöpfung der technischen Kompetenz und der Potentiale in der Produktentwicklung einschränkt.

***III – Führungskultur und Hierarchiedenken: 1) Zurückhaltung vor der Hierarchie***

Alle Gesprächspartner bewerten die Hierarchieorientierung in China als sehr hoch. Die Mitarbeiter haben großen Respekt vor Verantwortungsträgern. Die in I-1) erläuterte Zurückhaltung zeigt sich besonders deutlich gegenüber der Hierarchie.

Es existiert eine geringe Bereitschaft zur Kritik an einer Führungskraft oder zur inhaltlichen Herausforderung des (eigenen) Vorgesetzten, auch wenn der chinesische Mitarbeiter inhaltlich nicht einverstanden ist. Die konstruktive Debatte zwischen Führungskraft und Mitarbeiter ist eingeschränkt, weil der Mitarbeiter ein obrigkeitshöriges Verhalten zeigt und sich der Meinung des Chefs anpasst. Je größer die Unterschiede in der Hierarchieebene oder je mehr Führungskräfte in einer Besprechung anwesend sind, desto größer wird die Zurückhaltung der Rangniederen. Die Möglichkeit, vor Hierarchie etwas präsentieren zu können, führt zu Unwohlsein bei den chinesischen Kollegen. Es kommt daher zu Problemen in der hierarchieübergreifenden Zusammenarbeit. Informationen werden nicht übermittelt, weil die Rangniederen die Aussage des Ranghöchsten in einer Besprechung abwarten und dieser zustimmen. In hierarchieübergreifenden Workshops zeigt sich ein starkes Ungleichgewicht in den Wortbeiträgen. Die durchsetzungsstarke Arbeitsweise der Deutschen verstärkt dieses Ungleichgewicht. Auf der anderen Seite wurde von den Gesprächspartnern berichtet, dass Anweisungen nicht infrage gestellt werden, sondern die chinesischen Mitarbeiter auch unangenehme Aufgaben akzeptieren und diszipliniert ausführen, wohingegen es bei deutschen Mitarbeitern zur Diskussion kommen kann.

***III – Führungskultur und Hierarchiedenken: 2) Arbeitsweisen ausgerichtet auf die Hierarchie & inhaltliche Führung***

Der chinesische Führungsstil steht im Widerspruch mit der deutschen Produktentwicklung, die auf einen partizipativen Managementstil ausgerichtet ist. In der chinesischen Kultur liegt die Verantwortung für ein Ergebnis bei der Führungskraft. Dies führt dazu, dass die Arbeitsanweisungen von den Mitarbeitern sehr genau befolgt werden, ohne davon abzuweichen. Sie verstehen sich als ausführendes Organ des Chefs. Im Gegenzug muss die

Führungskraft regelmäßig den Fortschritt einer Arbeitsanweisung (Aufgabe) überprüfen, sonst wird die Aufgabe als unwichtig erachtet und nicht bearbeitet. Die Führungskraft hat eine Holschuld bezüglich des Arbeitsergebnisses.

Die starke Ausrichtung der chinesischen Arbeitsweisen auf die Hierarchie führen zu Herausforderungen in der gemeinsamen Produktentwicklung, weil ein langfristiges, zielorientiertes Arbeiten nicht möglich ist. Umfangreichere Aufgaben werden in kleine Arbeitspakete unterteilt und der Ergebnisfortschritt ständig kontrolliert. Der Zeithorizont ist dabei kurzfristig. Diese Form der Mitarbeiterführung entspricht den Besonderheiten der chinesischen Kultur, stellt aber die deutschen Führungskräfte vor neue Herausforderungen. Einerseits steigt wiederum der Führungsaufwand, andererseits müssen die Führungskräfte im Detail die inhaltlichen Aufgaben kennen und verstehen. Führungskräfte in der deutschen Produktentwicklung stellen jedoch eine Bündelungsfunktion für viele Projekte und unterschiedliche Themen dar.

Viele Gesprächspartner sind der Meinung, dass eine Führung durch klare inhaltliche Vorgaben die Produktentwicklung ineffizient macht und fordern eine Anpassung der Strukturen und Prozesse, um diesem Effekt entgegenzuwirken.

Es wurde festgestellt, dass bei einer gleichen Führungsspanne wie in Deutschland die chinesische Form der Mitarbeiterführung nur bei stark repetitiven Arbeitsweisen funktioniert, weil die Führungskraft nicht so häufig inhaltlich eingreifen muss. In der Produktentwicklung haben die Aufgaben jedoch nur einen bedingt repetitiven Charakter. Entweder wird dies aufgrund einer hohen zielorientierten Führung und einer selbstständigen Arbeitsweise aufgefangen oder die Organisation muss kleinere Teams mit reduzierter Aufgabentiefe aufweisen, da sonst der Führungsaufwand nicht mehr zu bewältigen ist. Dies erhöht gleichzeitig den Bedarf an Führungskräften.

***III – Führungskultur und Hierarchiedenken: 3) Entscheidungen werden von Führungskraft erwartet***

Die hohe Machtdistanz führt dazu, dass chinesische Führungskräfte die Entscheidungs- und Informationsverantwortung bei sich zentralisieren. Auf der anderen Seite erwarten die chinesischen Mitarbeiter eine intensivere Führung auch von einem deutschen Vorgesetzten. Es gehört zum Respekt vor der Autorität, dass die Führungskraft die Verantwortung übernimmt und die Entscheidungen trifft. Es erfolgt dementsprechend eine schnelle Aufwärtsdelegation von Entscheidungen an die Führungskraft. An dieser Stelle konnte ein tiefgreifender Kulturkonflikt beobachtet werden, weil sich ein genau gegensätzliches Verhalten zeigt. Die deutsche Führungskraft möchte nicht zentralistisch führen und nicht selbst entscheiden, um dem Mitarbeiter (nach deutscher Denkweise) den ausreichenden Freiraum zu geben. Der chinesische Mitarbeiter hingegen erwartet Führung und Entscheidungen von der Führungskraft, das Einräumen von Freiräumen ist kontraproduktiv.

Besprechungen verlaufen daher ohne Ergebnis, weil Entscheidungen auf die nächst höherer Ebene verlagert werden sollen. Vor allem bei Problemen an Schnittstellen ist Führung notwendig, weil die Leistung nicht auf der Arbeitsebene eingefordert wird. Chinesische Genehmigungswege sind sehr aufwendig und zeitintensiv, weil sie auch bei kleineren Entscheidungen (bspw. Dienstreisen) sehr hohe Ebenen einbinden. Die Prozesse und Arbeitsabläufe einer deutschen Produktentwicklung sind darauf jedoch nicht ausgelegt. Es wurde von einem Fall berichtet, bei welchem die Beförderung eines chinesischen Mitarbeiters zum Teamleiter zur Zentralisierung der Entscheidungskompetenz und zu einem sinkenden Output des gesamten Teams geführt hat.

***III – Führungskultur und Hierarchiedenken: 4) Anstreben des hierarchischen Aufstiegs***

Diese Subkategorie wurde induktiv im Rahmen der Materialanalyse ergänzt, weil mehrere Gesprächspartner den großen Drang nach hierarchischem Aufstieg bei den chinesischen Mitarbeitern als Herausforderung für die Organisation und die Arbeitsweisen in der gemeinsamen Produktentwicklung beschrieben haben. Die Karriereplanung ist in vielen Fällen ausschließlich darauf ausgerichtet, möglichst schnell eine Führungsposition einzunehmen. Der hierarchische Aufstieg ist wichtiger als die Inhalte eines Jobs. Probleme entstehen, weil das Streben nach einer Führungsposition sich häufig nicht mit einer Potentialbeurteilung nach deutschen Maßstäben deckt. Es werden in Deutschland kulturell bedingt andere Anforderungen gestellt. Es kommt zur Frustration bei den chinesischen Mitarbeitern. Die Bereitschaft, die Abteilung oder das Unternehmen zu wechseln, ist groß. Die daraus entstehende Fluktuation beeinflusst die fachliche Qualifikation negativ, weil viele Mitarbeiter nur sehr kurz in derselben Funktion arbeiten und sich keine Fachspezialisten mehr entwickeln können. Der Aufbau bzw. die Erhaltung der Fachkompetenz wird erschwert und schränkt das Innovationspotential ein.

➔ *Das Handlungsfeld Führungskultur und Hierarchiedenken sowie die drei zugeordneten Herausforderungen konnten bestätigt werden. Es wird eine weitere interkulturelle Herausforderung (Anstreben des hierarchischen Aufstiegs) ergänzt.*

***IV – Struktur der Herangehensweise und Qualitätsanspruch: 1) Qualitätsanspruch***

Die Befragung hat gezeigt, dass in China ein niedrigeres Qualitätsniveau als in Deutschland angelegt wird und zu Problemen in der Produktentwicklung führt. Es herrscht eine Toleranz bezüglich der Einhaltung von Regeln, Zielvorgaben und projektrelevanten Inhalten. 60-70% Zielerreichung werden als zufriedenstellend betrachtet. Es existiert keine Motivation, ein Ziel zu 100% zu erreichen oder eine Übererfüllung des Ziels anzustreben. Es gibt einen speziellen chinesischen Ausdruck für „passt schon so“ - „ChaBuDuo“ (差不多), der häufig verwendet wird, wenn das Ergebnis den ungefähren Zweck der Aufgabe erfüllt. Der Fokus liegt darauf, dass es eine Lösung gibt, aber nicht auf einer guten, dauerhaften Lösung, die reproduzierbar ist. Es entstehen Probleme in der Entwicklung, weil die Folgeaktivitäten beim (internen) Kunden nicht beim eigenen Arbeitsschritt berücksichtigt werden. Teilweise wurde auch beobachtet, dass selbstverschuldete Qualitätsmängel durchgedrückt werden, um das Gesicht zu wahren. Es wurde wieder beschrieben, dass es zu Doppelarbeit, Blindleistung und Verzögerungen kommt, weil die Qualität des Bearbeitungsobjekts nicht ausreichend ist und dieses trotzdem in den nächsten Prozess übergeben wird. Qualitätsdefizite auf jeder Stufe führen zu einer Verfehlung der Meilenstein- und der Gesamtziele. Das Entwicklungsobjekt wird nicht freigegeben und es kommt zum Zeitverzug.

Die Qualitätsunterschiede zeigen sich auch deutlich bei Präsentationen und Berichten deutlich. Die Inhalte werden nicht verstanden, weil die Informationen unvollständig, nicht strukturiert und schlecht dargestellt sind. Es entstehen Probleme bei der Entscheidungsvorbereitung, sodass Entscheidungen und Prozesse wiederholt werden müssen. Die Konsequenzen sind ebenfalls Verzögerung und Zieleverfehlung.

Es wurde als hilfreich beschrieben, die gewünschte Ergebnisqualität vorzuspezifizieren oder ein Template für die Ergebnisdarstellung vorzugeben. Diese dienen als Vergleichsmaßstab und Orientierungshilfe. Durch die gezielte Vorgabe ist es möglich, ein angestrebtes Qualitätslevel schrittweise herbeizuführen. Dies eröffnet auch Chancen, da man sich dem gewünschten Niveau von unten annähert, wohingegen deutsche Entwickler häufig mit der 150%-Lösung beginnen und eine technisch und qualitativ anspruchsvolle Lösung entwickeln, die herunter iteriert werden muss, damit Aufwand und Kosten vertretbar sind. Insgesamt ist es jedoch für die chinesischen Mitarbeiter schwierig, ohne genaue Vorgabe das verlangte Qualitätsdenken für die Entwicklung eines Premiumautomobils anzunehmen. Sie besitzen meistens kein Premiumautomobil und können sich somit nicht mit diesem Qualitätsanspruch identifizieren.

***IV – Struktur der Herangehensweise und Qualitätsanspruch: 2) Struktur der Herangehensweise***

Die Interviews haben gezeigt, dass die Struktur der Herangehensweise der chinesischen Kollegen an Aufgaben und Probleme zu Herausforderungen bei der Produktentwicklung führt. Die Vorgehensweisen fokussieren sich häufig auf ein akutes Problem bzw. einen Vorfall, der möglichst rasch und mit pragmatischen Mitteln behoben werden soll. Man gibt sich schnell mit einer Erkenntnis zufrieden. Es erfolgt keine Untersuchung struktureller Faktoren und Wechselwirkungen. Abhängigkeiten und Schnittstellen werden nicht berücksichtigt sowie langfristige Auswirkungen nicht abgeschätzt.

Es wurde teilweise eine hohe Bereitschaft zu improvisieren beobachtet, wenn keine klaren Anweisungen vorliegen, wie etwas zu tun ist. Es wird problemfokussiert vorgegangen, ohne dabei zu abstrahieren und eine reproduzierbare Problemlösung zu erstellen. Der Kontext gerät in den Hintergrund und es werden situative Vorgehensweisen angewendet.

Ein unstrukturiertes Zeitmanagement und fehlende Priorisierung führen dazu, dass Ergebnisse im Prozess nicht rechtzeitig vorliegen oder Ergebnisse von der Vorgabe abweichen. Es werden neue Themen angefangen und bestehende Aufgaben vernachlässigt: „Last-in-first-out-Prinzip" (Interview 08: 147). Es kommt zu einer Häufung unfertiger Ergebnisse und damit zu Zeitverzug. Langfristige Projekte werden lückenhaft und mit wenig Struktur geplant. Erst wenn ein Zieltermin absehbar ist, werden Aktivitäten begonnen, jedoch kommt es dann zu Problemen, die mit normalen Abläufen nicht mehr zu realisieren sind. In solchen Fällen wird mit großem Aufwand und Sondermaßnahmen versucht, das Ziel noch zu erreichen. Das persönliche Netzwerk spielt an dieser Stelle eine wichtige Rolle und eröffnet viele Möglichkeiten, jedoch sind die Abläufe nicht transparent und entsprechen nicht den Prozessen einer deutschen Produktentwicklung.

In vielen Interviews wurde von fehlenden projekthaften Arbeits- und Denkweisen berichtet. Die strukturierten Vorgehensweisen werden von den chinesischen Kollegen nicht angenommen, sondern es wird häufig mit chinesischem Pragmatismus gearbeitet. Dadurch fehlt die analytische Gründlichkeit und es werden systematische Fehler durch die Produktentwicklung verschleppt. Das stellt eine große Herausforderung in der SE-Teamarbeit dar, weil die parallelen Abläufe auf abgestimmte Zeitpläne und Ziele hinarbeiten. Die Zusammenführung der Ergebnisse zu den Meilensteinen ist häufig nicht möglich.

➔ *Das Handlungsfeld Struktur der Herangehensweise und Qualitätsanspruch und die zwei zugeordneten Herausforderungen konnten bestätigt werden.*

***V – Verbund von Person und Sache***

Ein inhaltliches Thema ist in China sehr eng mit dem Mitarbeiter als Person verbunden. Ein Gesprächspartner berichtete von einem anschaulichen Beispiel: Die Entscheidung, ein Projekt aus inhaltlichen Gründen nicht weiter zu finanzieren, hat bei dem beteiligten Mitarbeiter zu starken Emotionsausbrüchen und Angst vor dem Jobverlust geführt (Interview 06: 355).

***V – Verbund von Person und Sache: 1) Bedeutung persönlicher Beziehungen***

Die einhellige Meinung in den Interviews hat bestätigt, dass gute persönliche Beziehungen für die berufliche Zusammenarbeit in China eine sehr wichtige Rolle spielen. Wenn zwei Mitarbeiter eine gute persönliche Beziehung zueinander haben, wird sich die Einsatzbereitschaft deutlich erhöhen, wenn etwas füreinander oder miteinander erarbeitet werden muss. Prozesse werden daher bevorzugt mit Leuten aus dem eigenen Beziehungsnetzwerk durchgeführt, dafür werden auch Umwege akzeptiert. Beziehungen ermöglichen neue Lösungswege. Bspw. können Ziele trotz schlechten Zeitmanagements (sieh IV-2) durch das Beziehungsnetzwerk noch erreicht werden. Wenn die persönliche Beziehung jedoch schlecht ist, werden Aufgaben abgelehnt oder vernachlässigt. Es existieren keine Hemmungen, ein Projekt deswegen scheitern zu lassen. Am Ende eines Projekts ist gutes persönliches Verhältnis wichtiger, als die Projektziele vollständig erreicht zu haben. Wenn durch ein Projekt ein persönliches Netzwerk zerstört wird, weil für die Zielerreichung jemand sein Gesicht verliert, wird sich das im nächsten Projekt bemerkbar machen. Das Prinzip der proaktiven Eskalation und das Einfordern von Leistung (Anzählen) funktioniert daher nicht, wenn dadurch die persönliche Beziehung gefährdet wird.

Die Prozesse einer deutschen Produktentwicklung sind jedoch darauf ausgelegt, dass ein Projektziel durch das System erreicht wird. Persönliche Beziehungen sind vernachlässigbar. In der Folge laufen die Prozesse in China deutlich langsamer, weil die Effektivität beeinträchtigt wird. Die Zusammenarbeit folgt nicht den sachlogischen Prozessen, sondern persönlichen Beziehungen. Es kommt außerdem zu Zeitverlusten, weil bevorzugt Personen aus dem Beziehungsnetzwerk kontaktiert werden, anstelle des offiziell benannten Ansprechpartners.

Ein gutes Beziehungsverhältnis basiert auf der Gewährung von persönlichen Vorteilen und ist für die chinesischen Kollegen wichtiger als die hierarchische Organisation oder Geheimhaltungsvorschriften. Es existiert eine Bereitschaft, Regeln zu vernachlässigen, wenn es die persönliche Beziehung fördert. Das ist mit den Arbeitsweisen einer deutschen Produktentwicklung nicht vereinbar, weil sie die Authentizität und Arbeit im Interesse des Unternehmens gefährden.

***V – Verbund von Person und Sache: 2) Herausforderungen an Schnittstellen***

Im Rahmen der Erhebung wurde bestätigt, dass die Abläufe an Prozessschnittstellen in China stärker als in Deutschland durch die persönliche Beziehung der Prozesspartner beeinflusst werden. Auf der einen Seite funktioniert die abteilungsübergreifende Zusammenarbeit deutlich besser, wenn die Schnittstellen durch ein gutes persönliches Netzwerk unterstützt werden. Wenn das nicht der Fall ist, verschlechtert sich die Kommunikation, Zeitpläne und inhaltliche Zusagen werden nicht eingehalten. Die Abläufe geraten in Zeitverzug und es entstehen Abweichungen bei den Vorgaben bzw. Zielwerten. Es wurde berichtet, dass aufgrund von schlechten persönlichen Beziehungen in China personelle Wechsel vorgenommen werden.

Auf der anderen Seite wurde angemerkt, dass bei einer guten persönlichen Beziehung Zugeständnisse bei der Leistungsabnahme gemacht werden. Qualitätsmängel oder Abweichungen an Schnittstellen werden nur subtil aufgezeigt, um die Beziehung nicht zu gefährden. Es kann zu einer schrittweise steigenden Zielabweichung im Prozess kommen.

***V – Verbund von Person und Sache: 3) Personelle Wechsel, dynamische Arbeitsformen***

Die dynamischen Arbeitsformen einer deutschen Produktentwicklung führen zu Herausforderungen in der Zusammenarbeit mit Chinesen, weil die Beziehungsebene nicht berücksichtigt wird. Nach einem personellen Wechsel wird sich ein neuer Kollege zunächst in das Beziehungsnetzwerk integrieren, d. h. zwischen den neuen Prozesspartnern kommt es zu einer Kennenlernphase. In dieser Phase werden keine inhaltlichen Themen bearbeitet, sondern die Beziehungsebene hergestellt. Es erfolgt ein schrittweiser Übergang zu Inhalten. Nach einem personellen Wechsel sinkt die Produktivität der Zusammenarbeit deutlich und der Prozessablauf verlangsamt sich. Die deutsche Direktheit, sofort die sachlichen Inhalte anzusprechen, wird als Affront wahrgenommen und gefährdet die Beziehung. Um ein ausgeglichenes, persönliches Verhältnis zu ermöglichen, ist es zudem wichtig, dass die Prozesspartner auf der gleichen Hierarchieebene stehen.

In den Interviews wurde außerdem festgestellt, dass eine rollenorientierte Projektarbeit in China mit einer weiteren Herausforderung konfrontiert wird. Die chinesischen Mitarbeiter verstehen sich nicht als Repräsentant einer fachlichen Funktion (bspw. Konstruktion), sondern sie stehen für die eigene Aufgabe, bspw. ein Bauteil zu konstruieren. D. h. es wird zur Konstruktion eines anderen Bauteils keine Aussage gemacht. Auch eine Vertreterregelung wird nicht praktiziert. Zum einen wollen die chinesischen Kollegen grundsätzlich nicht, dass jemand die eigene Aufgabe übernimmt. Zum anderen werden die Vertreter aufgrund der niedrigeren Hierarchieebene von den Prozesspartnern nicht akzeptiert.

➔ *Das Handlungsfeld Verbund von Person und Sache und die drei zugeordneten Herausforderungen konnten bestätigt werden.*

### 6.3.3 Zusammenfassung der Wirkung auf die Produktentwicklung

Die dargestellten Erkenntnisse der empirischen Untersuchung über die interkulturellen Herausforderungen einer deutsch-chinesischen Produktentwicklung haben gezeigt, dass es aufgrund der kulturellen Unterschiede zu Problemen in der Zusammenarbeit kommt, die zu Reibungsverlusten in der Produktentwicklung bzw. deren Prozesse führen. Die aus Deutschland transferierten Arbeitsabläufe und Entwicklungsprozesse können nicht wie geplant durchgeführt werden. Die am häufigsten beobachteten Konsequenzen sind:

- Es kommt zu einer schlechte(re)n Informations- und Wissensverteilung.
- Es erfolgt keine (rechtzeitige) Auflösung von Zielkonflikten unter Beachtung aller Aspekte.
- Entscheidungen werden verzögert oder gar nicht getroffen. Es kommt zu verzerrten Entscheidungen aufgrund von nicht ausreichenden oder falschen Eingangsinformationen.
- Es treten vermehrt Fehler und Probleme auf und es erfolgt (teilweise) keine rechtzeitige systematische Lösung.
- Die Qualität der Arbeitsergebnisse (Zwischenprodukte) und der Abläufe verschlechtert sich und es kommt zu einem Anwachsen der Probleme.

- Abgestimmtes, interfunktionales Arbeiten in rollenbasierten SE-Teams ist nicht möglich.
- Die Lösungsentwicklung ist eingeschränkt, weil keine systematische und zielorientierte Vorgehensweise zur Erzeugung reproduzierbarer Lösungen angewendet wird.
- Beziehungsorientierung nimmt nicht eingeplante Zeit in Anspruch und führt teilweise zu verzerrten Abläufen und Ergebnissen.

Die genannten Konsequenzen führen insgesamt dazu, dass die Abläufe und Entwicklungsprozesse ineffizient und ineffektiv sind und die Ziele der Produktentwicklung nicht erreicht werden. Es wird mehr Zeit für die Entwicklung benötigt, weil Nacharbeit nötig ist oder Abläufe nicht gemäß der geplanten Terminschiene abgeschlossen werden. Zudem sinkt die Qualität und es sind zusätzliche Ressourcenaufwendungen nötig. In der Folge sind die Produkte teilweise unreif zur Markteinführung, sodass der Kundennutzen und somit der Markterfolg der Produkte gefährdet wird. In manchen Fällen ist es deswegen notwendig, den Termin zur Markteinführung zu verschieben. Die Wirkung der interkulturellen Herausforderungen auf die Ziele der Produktentwicklung wird in Abbildung 35 dargestellt:

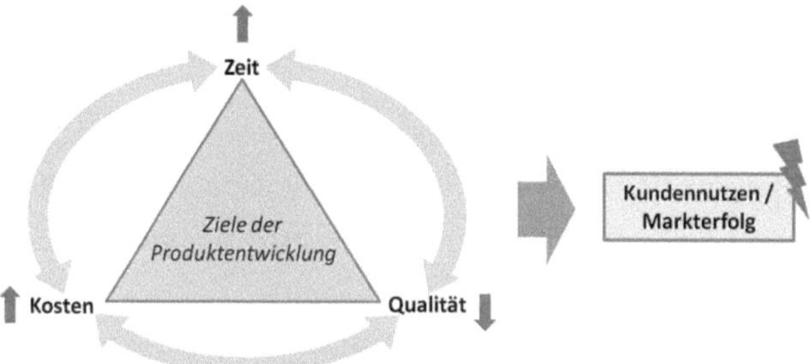


Abb. 35: Konsequenz der interkulturellen Herausforderungen für Produktentwicklung

Im anschließenden Kapitel 7 wird untersucht, wie durch eine Anpassung der Entwicklungsprozesse den dargestellten Konsequenzen vorgebeugt werden kann. Es werden Gestaltungsempfehlungen erarbeitet, die eine Integration beider Kulturen in die Arbeitsabläufe ermöglichen, um dadurch die interkulturellen Herausforderungen zu bewältigen.

### 6.3.4 Wissenschaftlicher Beitrag der Untersuchung

Der wissenschaftliche Beitrag der vorliegenden Untersuchung besteht aus folgenden Elementen:

- Die Kombination von bestehenden Erkenntnissen aus zwei unterschiedlichen Themenfeldern in der Literatur: Es wurden die interkulturellen Herausforderungen in der deutsch-chinesischen Zusammenarbeit und die Besonderheiten der Produktentwicklung dargestellt und gezeigt, welches Konfliktpotential für die kollaborative interkulturelle Produktentwicklung entsteht. Auf Basis der theoretischen Erkenntnisse wurden Ableitungen vorgenommen, zu welchen interkulturellen Herausforderungen es bei der deutsch-chinesischen Produktentwicklung kommen kann.

- Das Auftreten der interkulturellen Herausforderungen wurde in der Praxis im Rahmen einer qualitativen Forschungsstudie untersucht. Dabei wurden die theoriebasierten Ableitungen validiert und bestätigt. Darüber hinaus wurden weitere interkulturelle Herausforderungen einer deutsch-chinesischen Produktentwicklung erfasst.

- Im Rahmen der empirischen Untersuchung wurde zudem untersucht, welche Wirkung durch die interkulturellen Herausforderungen auf die Produktentwicklung entsteht und welche Konsequenzen für den Produktentwicklungsprozess entstehen.

Die Kernergebnisse dieser Untersuchung sind empirisch belegte Erkenntnisse über die interkulturellen Herausforderungen einer deutsch-chinesischen Produktentwicklung und deren Konsequenzen für die Durchführung der Entwicklungsprozesse.

# 7 Gestaltung der Entwicklungsprozesse im interkulturellen deutsch-chinesischen Umfeld

In Kapitel 7 wird auf Basis der gewonnen Erkenntnisse beschrieben, wie eine strukturelle Verbesserung der Produktentwicklung im Hinblick auf die gezeigten interkulturellen Herausforderungen vorgenommen werden kann. In Kapitel 7.1 werden Anforderungen an die Gestaltung der Entwicklungsprozesse in Form von prozessualen Handlungsbedarfen formuliert. Auf Basis dieser Handlungsbedarfe werden in Kapitel 7.2 konkrete Gestaltungsempfehlungen für die Anpassung der Entwicklungsprozesse bei der Verlagerung von Deutschland nach China entwickelt. In Kapitel 7.3 erfolgt eine abschließende Betrachtung und wissenschaftliche Einordnung der Gestaltungsempfehlungen.

## 7.1 Anforderungen an die Gestaltung der Entwicklungsprozesse

In diesem Kapitel werden Anforderungen an die Gestaltung der Entwicklungsprozesse im interkulturellen deutsch-chinesischen Umfeld formuliert. Es wird dabei schrittweise vorgegangen. Es wird zunächst untersucht, wie Prozesse beschaffen sind, die sich für die Verlagerung nach China eignen bzw. nicht eignen. Hierfür werden die Merkmale der Entwicklungsprozesse betrachtet. Die Prozessmerkmale haben unterschiedliche Ausprägungen je nach Prozess. Es wird dargestellt, welche Merkmalsausprägungen dazu führen, dass ein Prozess für die Durchführung im interkulturellen deutsch-chinesischen Umfeld geeignet ist. Basierend auf der Darstellung, wie die Merkmale der Entwicklungsprozesse beschaffen sein müssen, damit sich ein Prozess für die Verlagerung nach China eignet, werden prozessuale Handlungsbedarfe für die Anpassung der Entwicklungsprozesse formuliert. Die prozessualen Handlungsbedarfe sind die Grundlage für die Entwicklung der Gestaltungsempfehlungen zur Anpassung der Entwicklungsprozesse in Kapitel 7.2.

### 7.1.1 Eignung von Entwicklungsprozessen für die Verlagerung nach China

Auf Basis der empirischen Erkenntnisse aus Kapitel 6 wird in diesem Abschnitt herausgearbeitet, welche Entwicklungsprozesse für eine Verlagerung nach China besser bzw. schlechter geeignet sind. Es wird somit die zweite Forschungsfrage beantwortet: *Welche Prozesse eignen sich im Hinblick auf die kulturbedingte Prägung von chinesischen Mitarbeitern besonders gut bzw. besonders schlecht für die Verlagerung nach China?*

Es werden hierzu die in Kapitel 2.3.2 dargestellten Merkmale von Entwicklungsprozessen herangezogen. Diese Merkmale sind in Tabelle 22 aufgeführt. Es wird die kulturspezifische Bedeutung jedes Merkmals herausgearbeitet, indem dargestellt wird, welche Ausprägungen das interkulturelle Konfliktpotential verstärken bzw. verringern. D. h. ein Prozess, der Merkmalsausprägungen aufweist, die dazu führen, dass ein Auftreten der in Kapitel 6 dargestellten interkulturellen Herausforderungen vermieden bzw. die negative Wirkung auf die Produktentwicklung gemindert wird, ist für die Durchführung in China *besser geeignet*. Diese Ausprägungen des jeweiligen Merkmals, die eine bessere Eignung des Prozesses für die Durchführung China beschreiben, werden in der mittleren Spalte dargestellt. In der rechten Spalte werden die Ausprägungen beschrieben, die zu einer *schlechteren* Eignung des Prozesses für die Durchführung führen. Je häufiger ein Prozess die Ausprägung der rechten Spalte aufweist oder je stärker sich die Ausprägung der rechten Spalte zeigt, desto stärker werden die interkulturellen Herausforderungen bei der Prozessdurchführung auftreten. Anhand der dargestellten Merkmalsausprägungen kann ein Entwicklungsprozess im Hinblick auf seine Eignung für die Durchführung in China bewertet und eine Aussage über die Kritikalität, also das interkulturelle Konfliktpotential, getroffen werden. Die Grenzen der Merkmalsausprägungen sind nicht eindeutig, sondern fließend. Somit ist die Bewertung der Kritikalität nicht digital, sondern drückt eine Tendenz aus.

| Merkmal | Besser geeignet (+) | Weniger geeignet (-) |
|---|---|---|
| **Anzahl beteiligter Bereiche (Organisationseinheiten)** | Weniger Bereiche, konstante Beteiligung | Viele verschiedene und wechselnde Bereiche |
| **Ort der Zusammenarbeit** | Zusammenarbeit, aber in kleinen Runden oder bilateral | Zusammenarbeit in großen Runden |
| **Zeit der Zusammenarbeit** | Sequentiell | Parallel |
| **Intensität der Zusammenarbeit** | Integrierte Zusammenarbeit, bei gutem Verhältnis und geringem Konfliktpotential | Integrierte Zusammenarbeit mit hohem Konfliktpotential |
| **Bearbeitung der Aufgaben** | Kulturell getrennte Arbeit, gleiche Interessenslage / Ziele | Interkulturelle Arbeit notwendig, unterschiedliche Interessenslage / Ziele |
| **Anzahl der Schnittstellen** | Wenige, konstante Schnittstellen | Viele, wechselnde Schnittstellen |
| **Zahl der Prozessschritte** | Übersichtlicher Prozess mit wenigen Schritten | Unübersichtlicher Prozess mit vielen Schritten |
| **Datenzugriff** | Keine kulturspezifische Relevanz | |

| Merkmal | Besser geeignet (+) | Weniger geeignet (-) |
|---|---|---|
| **Kompetenzanforderung** | Kein interkultureller Wissenstransfer notwendig | Interkultureller Wissenstransfer notwendig |
| **Kapazität** | Keine kulturspezifische Relevanz | |
| **Sprache** | Gleiche Sprache, bzw. Sprachen aus asiatischem Kulturkreis | Viele unterschiedliche Sprachen aus verschiedenen Kulturen |
| **Prozessdynamik** | Stabiler Prozessablauf (standardisiert / strukturiert) | Dynamischer Prozessablauf |
| **Unsicherheit / Eventualitäten (Vorhersehbarkeit)** | Weniger Eventualitäten und Vorhersehbarkeit der Aufgaben | Viele Eventualitäten und unsichere Einflüsse von außen |
| **Innovationsgrad** | Innovation macht die Nutzung chinesischer Kreativität möglich | Innovationen haben großes Risiko zu scheitern |
| **Konstanz der Arbeitsinhalte** | Hohe Konstanz, ähnliche oder repetitive Tätigkeiten | Geringe Konstanz, wechselnde Tätigkeiten und Varianz |
| **Interdependenzen / Abhängigkeiten** | Geringe Abhängigkeit (wenig Abstimmungsaufwand) | Hohe Abhängigkeit (viel Abstimmungsaufwand) |
| **Konfliktpotential** | Geringes Konfliktpotential | Hohes Konfliktpotential |
| **Entscheidungsumfang und Gestaltungsspielraum** | Geringer Spielraum und Entscheidungsumfang | Großer Spielraum und Entscheidungsumfang |
| **Grad der möglichen Beeinflussung des Prozessergebnisses** | Qualität kann genau spezifiziert werden bzw. ist direkt beobachtbar | Qualität kann nicht direkt beobachtet werden |
| **Tragweite des Prozessergebnisses** | Geringe Tragweite, trennbare Verantwortung bei Hierarchie | Hohe Tragweite und eigenständige Verantwortung |
| **Zeitlicher Versatz bis zum Eintreten des Ergebnisses** | Direkt oder kurzfristig zu beobachten | Zeitverzögerung und Unsicherheit |
| **Messbarkeit / Beschreibbarkeit des Ergebnisses** | Messbarer Prozessoutput, Ergebnis ist a priori spezifizierbar | Ungenaue Vorgabe des Ergebnisses, geringe Messbarkeit |
| **Informationslage** | Klare, stabile Informationslage | Unsichere Informationslage / Notwendigkeit, Annahmen zu treffen |
| **Halbwertszeit des Wissens** | Wissen ist stabil | Dynamischer Wissensbedarf |

Tab. 22: Ausprägung der Prozessmerkmale im Hinblick auf die Eignung für eine Prozessdurchführung in China

In Kapitel 2.2.3 wurde erläutert, dass in der Praxis die zu verlagernden Entwicklungsprozesse nicht aufgrund der kulturellen Eignung bestimmt werden, sondern strategische und wirtschaftliche Aspekte entscheidend sind. Es ist also davon auszugehen, dass die Bewertung des interkulturellen Konfliktpotentials als Kriterium für die Verlagerungsentscheidung eines Entwicklungsprozesses nicht ausschlaggebend ist. Wenn die zu verlagernden Entwicklungsprozesse bereits aufgrund anderer Kriterien vorgegeben sind, wird die Bewertung des interkulturellen Konfliktpotentials vorgenommen, um Indikatoren zu ermitteln, welche Anpassung des Entwicklungsprozesses notwendig ist. Es werden prozessuale Handlungsbedarfe abgeleitet und eine Anpassung der Prozesse vorgenommen, um dem Auftreten der interkulturellen Herausforderungen vorzubeugen. Hierzu werden die in Kapitel 7.2 entwickelten Gestaltungsempfehlungen herangezogen. Durch die Gestaltungsempfehlungen wird die Ausprägung der Prozessmerkmale beeinflusst und zu *besser geeignet* verschoben. Das interkulturelle Konfliktpotential wird somit verringert.

### 7.1.2 Handlungsbedarfe für die Gestaltung der Entwicklungsprozesse

Im vorigen Kapitel wurden die für China geeigneten Merkmalsausprägungen der Entwicklungsprozesse dargestellt. Auf Basis dieser Erkenntnisse werden im vorliegenden Abschnitt Anforderungen an die Gestaltung von Entwicklungsprozessen in China formuliert. Aus den Anforderungen werden für jedes Handlungsfeld prozessuale Handlungsbedarfe für die Anpassung der Prozessgestaltung im Rahmen der Verlagerung nach China abgeleitet. Die prozessualen Handlungsbedarfe sind somit die Grundlage für die Erarbeitung der Gestaltungsempfehlungen im anschließenden Kapitel 7.2. Es wird im Folgenden die dritte Forschungsfrage beantwortet: *Wie ist bei der Gestaltung von Prozessen der Produktentwicklung die Interkulturalität im deutsch-chinesischen Umfeld zu berücksichtigen?*

Aus den empirischen Erkenntnissen können drei zentrale Anforderungen an die kulturgerechte Gestaltung von Entwicklungsprozessen zusammengefasst festgehalten werden: *Standardisiert, strukturiert und sicher* („*drei S*").

- Das Ziel der *Standardisierung* ist es, bewährte Prozesse zu stabilisieren und eine wiederholbare Routine zu erzeugen, um dem Auftreten unklarer Situationen und Problemen vorzubeugen. Die Vorgabe von Standards unterbindet außerdem improvisierte Sonderabläufe und Bastellösungen, weil Vorgehensweisen und Randbedingungen klar definiert sind. Es herrscht hohe Transparenz, vor allem an Schnittstellen, und Abweichungen sind gut beobachtbar.

- Durch eine *Strukturierung* der Prozesse können Bearbeitungsabläufe und Verantwortlichkeiten ex ante definiert werden. Dadurch werden Fehler, Konflikte und Eskalationsbedarfe sowie das damit verbundene Risiko des Gesichtsverlusts reduziert. Verantwortungen sind festgelegt und durch vereinbarte Mandate soweit wie möglich auf die Mitarbeiter übertragen.

- Ein *sicherer* Prozess setzt eine gute Standardisierung und Strukturierung voraus. Die Beschreibung *sicher* bezieht sich auf das Risiko des Gesichtsverlustes bzw. die Wahrung der Harmonie. Detaillierte Dokumentation dient als verlässliche Informationsquelle. Es werden harmonieorientierte Kommunikations- und Reportingstrukturen etabliert. Langfristig ausgelegte Zusammenarbeit mit einer konstanten Rollenbesetzung fördert die persönlichen Beziehungen.

Der Grad der Standardisierbarkeit und Strukturierbarkeit bei Entwicklungsprozessen ist aufgrund des besonderen Charakters der Produktentwicklung nur bedingt möglich. Dies wurde in Kapitel 2 gezeigt. Es wurde außerdem dargestellt, dass die Produktentwicklung in Deutschland spezifisch auf das kulturelle Umfeld ausgerichtet ist. Daraus leitet sich der übergreifende Handlungsbedarf für die Anpassung der Entwicklungsprozesse in China ab:

In China ist es notwendig, von den für Deutschland charakteristischen Arbeitsweisen und der Gestaltung der Entwicklungsprozesse in gewissem Umfang abzusehen und Potentiale für die Produktentwicklung bewusst nicht zu realisieren, dafür aber eine bessere Standardisierung und Strukturierung zu ermöglichen und funktionierende Abläufe sicherzustellen.

Die Erfüllung der Anforderungen an die Prozessgestaltung aus Tabelle 2 (Kapitel 2.3.3) stellt in China eine Abwägungsentscheidung dar. Es soll auf die spezifischen interkulturellen Herausforderungen in den jeweiligen Handlungsfeldern bei der Gestaltung eingegangen werden, indem die *drei S* ermöglicht werden, gleichzeitig aber die Lösungsentwicklung dabei nicht zu stark eingeschränkt wird. In den folgenden Absätzen werden für jedes Handlungsfeld spezifische prozessuale Handlungsbedarfe formuliert.

Für das Handlungsfeld I *Dissenskultur* werden zwei Handlungsbedarfe formuliert. Diese zielen darauf ab, die Prozesse so zu gestalten, dass ein akzeptables Risiko für Konflikte besteht, diese jedoch gesichtswahrend gelöst werden können, ohne dass dabei die rechtzeitige Diskussion kritischer Themen und Zielkonflikte vernachlässigt wird:

*I-a) Abläufe etablieren, die eine Gesicht wahrende Bewältigung von Konflikten und Herausforderungen ermöglichen.*

*I-b) Sicherstellung, dass kritische (harmoniegefährdende) Themen und Konflikte in den Abläufen nicht ignoriert und vernachlässigt werden (können).*

Die Handlungsbedarfe im Handlungsfeld II zielen darauf ab, dass eine Prozessgestaltung eine geringe *Eigenverantwortung und -initiative* beim Prozessanwender kompensiert bzw. dass die Prozessabläufe gut vorgegeben sind und Eigenverantwortung und -initiative nicht ausgeprägt notwendig sind.

*II-a) Annahme von Verantwortlichkeit (v. a. für Entscheidungen) in den Prozessen sicherstellen.*

*II-b) Standards etablieren, um Inaktivität zu vermeiden bzw. rechtzeitig aufzudecken (aktive Fortschrittskontrolle) und Prozesse durch klare Arbeitsaufträge in überschaubaren Intervallen strukturieren.*

*II-c) Ablaufklarheit in den Prozessen schaffen.*

*II-d) Fehler als zulässige Stufe / Zwischenergebnis im Prozess definieren (an den richtigen Stellen und im richtigen Umfang), um eine Akzeptanz von Fehlern zu schaffen.*

Handlungsfeld III berücksichtigt die *Führungskultur und das Hierarchiedenken* bei der Gestaltung der Entwicklungsprozesse. Die transaktionale Führung mit kurzer Fristigkeit und einer intensiven Kontrolle muss durch die Prozesse ermöglicht werden. Die inhaltliche Einbindung der Führungskräfte in die operativen Abläufe muss in der Prozessgestaltung abgebildet werden.

*III-a) Transaktionales Führen statt transformationalem Führen in den Prozessen verankern: operative Einbindung der Führungskräfte (bspw. bei Entscheidungen) und inhaltliche Führung durch Handlungsanweisungen.*

*III-b) Hierarchiedenken (Führungskultur) bei Entscheidungs- / Abstimmungsprozessen berücksichtigen.*

Das Handlungsfeld IV *Struktur der Herangehensweise und Qualitätsanspruch* stellt die Anforderung, dass die Prozessgestaltung eine strukturierte Vorgehensweise und die Erreichung der Qualitätsziele sicherstellen muss.

*IV-a) Qualitätsorientierung: Stärkere Qualitätsfokussierung und -kontrolle (Standards) in den Prozessen verankern.*

*IV-b) Die Prozesse müssen eine strukturierte Vorgehensweise vorgeben und sicherstellen, dass die Ergebnisse auf geforderte Qualität hingeführt werden.*

Die Berücksichtigung der hohen Beziehungs- und Personenorientierung in Prozessen und deren Rollen ist Inhalt des Handlungsfeldes V (*Verbund von Person und Sache*). Die Prozessgestaltung muss die personelle Kontinuität verbessern. Bei der Gestaltung von Schnittstellen und personellen Wechseln müssen Beziehungen berücksichtigt werden.

*V-a) Kopplung von Verantwortlichkeiten bzw. Vereinbarungen an Personen berücksichtigen.*

*V-b) Personelle Konstanz etablieren, Beziehungen berücksichtigen.*

*V-c) Reduzierung und Formalisierung von Verantwortungswechsel, Schnittstellen und Kooperationspunkten.*

In Kapitel 7.2 wird bei der Erläuterung der Gestaltungsempfehlungen Bezug auf die hier dargestellten prozessualen Handlungsbedarfe genommen, die durch die jeweilige Gestaltungsempfehlung adressiert werden. Es werden insgesamt zehn Gestaltungsempfehlungen entwickelt. Jeder Handlungsbedarf wird dabei mindestens durch eine Gestaltungsempfehlung adressiert.

## 7.2 Gestaltung der Entwicklungsprozesse im interkulturellen Umfeld

Die vorliegende Arbeit hat bislang gezeigt, dass kulturelle Unterschiede im Rahmen der deutsch-chinesischen Produktentwicklung erheblichen Einfluss haben und es in der Zusammenarbeit zu interkulturellen Herausforderungen mit tiefgreifenden Auswirkungen auf den Produktentwicklungsprozess kommt. Das interkulturelle Konfliktpotential kann verringert werden, indem die Gestaltung der Entwicklungsprozesse im Hinblick auf die unterschiedliche kulturelle Prägung der Mitarbeiter angepasst wird. Im Folgenden werden daher Gestaltungsempfehlungen für die Anpassung der Entwicklungsprozesse beim internationalen Transfer von Deutschland nach China dargestellt. Die spezielle Ausrichtung auf die deutsche Kultur soll aufgehoben und eine Integration der chinesischen Kultur in die Gestaltung ermöglicht werden. Es wird die vierte Forschungsfrage beantwortet: *Welche Gestaltungempfehlungen für die Produktentwicklungsprozesse können unter Berücksichtigung der Interkulturalität im deutsch-chinesischen Umfeld gegeben werden?*

### 7.2.1 Prozessuale Gestaltung

Die Ablauforganisation der Produktentwicklung wird durch das in Kapitel 2.3.3 erläuterte Prozessmodell beschrieben. Abbildung 36 stellt den unterschiedlichen Auflösungsgrad des Prozessmodells dar. Die für die Gestaltungsempfehlungen relevante Detaillierungsebene ist die Ebene der operativen Arbeitsabläufe (*Entwicklungsprozesse*).

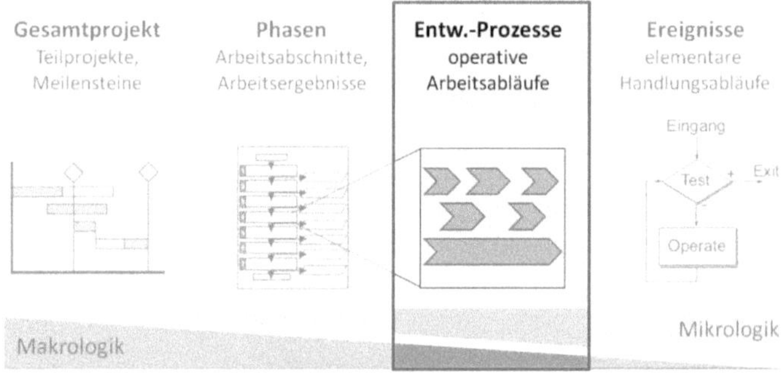


Abb. 36: Relevanter Auflösungsgrad des Produktentwicklungsprozesses

Die Gestaltungsempfehlungen für die Entwicklungsprozesse haben einen vorgebenden (präskriptiven) Charakter für das operative Arbeiten. Sie bieten Vorschläge für die Abfolge und Art und Weise der Durchführung von Tätigkeiten.[266] Die Gestaltungsempfehlungen kommen daher in der dritten Phase des Prozessmanagements (Abbildung 37) zum Einsatz, der Gestaltung. In der Beschreibung der Gestaltungsempfehlungen wird teilweise ein Ausblick auf die Phase der Realisierung gegeben, indem Anwendungsbeispiele dargestellt werden.

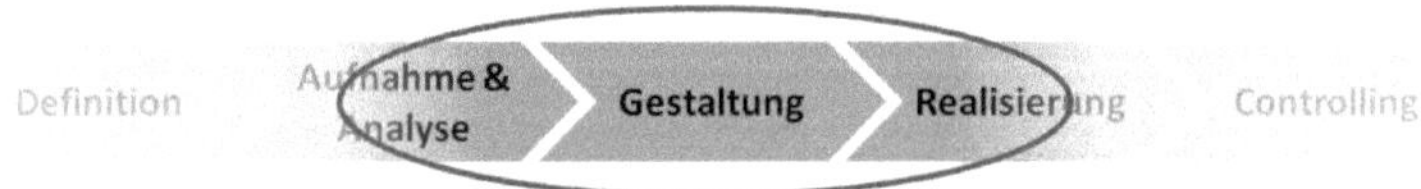


Abb. 37: Relevante Phase des Prozessmanagements

Die Schwierigkeit bei der kulturspezifischen Anpassung von Prozessen liegt in der richtigen Wahl des Anpassungsgrades. Die Änderungen müssen eine Verbesserung der prozessualen Randbedingungen für die operative Arbeit haben, ohne dabei den Kontext im

---

[266] Vgl. Lindemann (2009), S. 57 f.

Prozessmodell zu verlieren oder die Lösungsentwicklung in der Produktentwicklung stark einzuschränken.[267]

Es werden im Folgenden die prozessualen Gestaltungsfelder dargestellt, also übergeordnete Stellhebel, mit Hilfe derer Einfluss auf die Prozesse genommen werden kann: *„Wo kann man prozessseitig etwas tun, welche Stellschrauben gibt es?“* In den Kapiteln 7.2.2 bis 7.2.4 werden anschließend die Empfehlungen zur Prozessgestaltung erläutert: *„Welche Freiheitsgrade sollen wie genutzt werden, an welchen Stellschrauben wird gedreht und in welche Richtung?“*

Die drei kulturrelevanten Gestaltungsfelder für die Produktentwicklungsprozesse werden in Anlehnung an die Darstellung von Gaul (2001)[268] in Kapitel 2.3.1 definiert:

- *Prozessdesign*
- *Rollen* im Prozess
- *Prozessdokumentation.*

Die entwickelten Gestaltungsempfehlungen werden in diese Gestaltungsfelder untergliedert.

Das *Prozessdesign* beinhaltet die Abgrenzung und Strukturierung der Prozessinhalte sowie die Gestaltung der Schnittstellen. Dadurch wird die sachlogische Abfolge festgelegt, also *was* im Prozess getan wird und *welche Schritte* in *welcher zeitlichen Abfolge* durchgeführt werden. Darüber hinaus werden die markanten Punkte (Schnittstellen und Entscheidungen) definiert. Die Abbildung 38 stellt schematisch zwei unterschiedliche Prozessdesigns dar. Es existieren Unterschiede in Zahl, Länge und Ebene der Prozesselemente sowie deren logischer Verknüpfung. Die Gestaltungsempfehlungen legen für die Anpassung die erprobten Abläufe aus der Produktentwicklung in Deutschland zugrunde. Diese umfassen grundsätzlich die richtigen inhaltlichen Schritte. Es werden Anpassungen der markanten Punkte, eine andere Schneidung oder Zuordnung der Elemente zu Prozessen sowie die explizite Ausmodellierung von Elementen betrachtet. Dadurch soll darauf hingewirkt werden, dass sich die kulturelle Prägung des Prozessanwenders bzw. der Prozesspartner besser mit dem Prozess vereinen lässt. Es muss ein direkter Zusammenhang bzw. eine

---

[267] Vgl. Hansen und Ahmed-Kristensen (2011), S. 214 f., 221.

[268] Vgl. Gaul (2001), S. 82 ff.

Auswirkung zur Ebene Mensch hergestellt werden, damit eine Verbesserung der kulturellen Randbedingungen erzielt werden kann.

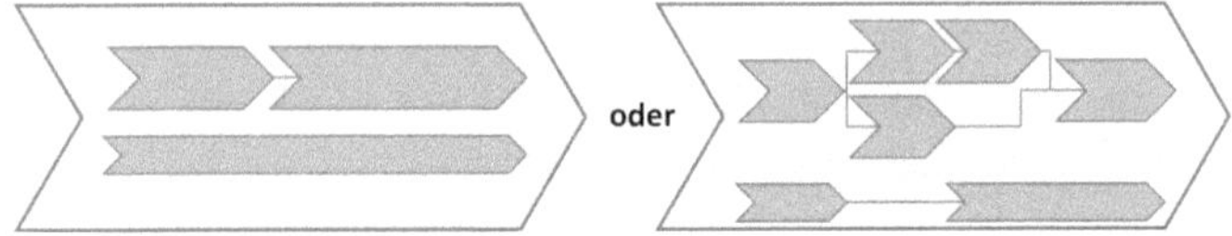


Abb. 38: Beispiele für unterschiedliche Prozessdesigns

Für einen Prozess werden außerdem Ressourcen bereitgestellt. In jedem Prozess der Produktentwicklung existiert mindestens eine *Rolle*. Eine Rolle ist ein abstrakt definierter Verantwortungs- und Tätigkeitsumfang, der einer Organisationseinheit zugeordnet ist. Im Prozessablauf wird die Rolle von einem Mitarbeiter ausgeführt, dem Prozessanwender. Zwischen den Mitarbeitern kommt es zu sozialen Interaktionen, die bei unterschiedlichem kulturellem Hintergrund von Interkulturalität geprägt werden. Die Definition der Rollen hat daher großen Einfluss auf die menschliche Ebene. Durch die Definition der Rollen wird zum einen festgelegt, *wer* mit *wem* im Prozess zusammenarbeiten muss. Zum anderen stellen die Rollen ein fachliches Anforderungsprofil für die Auswahl des Mitarbeiters, der diese Rolle wahrnehmen wird. Wenn bspw. eine hohe fachliche Spezialisierung in den einzelnen Prozessschritten notwendig ist, wird für jeden Schritt eine neue Rolle definiert. Dies führt dazu, dass in einem Prozessablauf häufig die Personen wechseln. Eine Rolle kann jedoch auch mehreren Schritten in einem Prozess oder einem ganzen Prozess zugeordnet werden. Abbildung 39 zeigt schematisch zwei Prozesse mit unterschiedlicher Rollengestaltung.

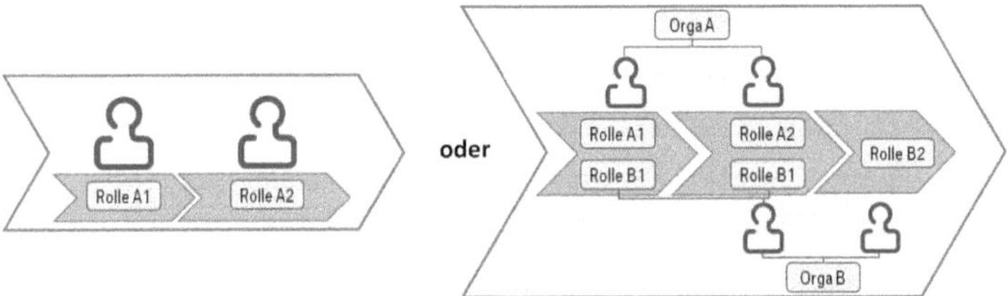


Abb. 39: Beispielhafte Darstellung: Rollen im Prozess

Das dritte Gestaltungsfeld, die *Prozessdokumentation,* umfasst die Optimierung der Informationsflüsse der prozessbezogenen Informationen. Die Prozessdokumentation wird in zwei Dimensionen unterschieden. Die Dokumentationstiefe gibt an, wie detailliert die verschiedenen Ebenen beschrieben werden. Bei einer geringen Dokumentationstiefe werden bspw. nur die Leitplanken der Prozesse und die Ziele grob beschrieben, um den Rahmen zu stecken. Eine detaillierte Prozessdokumentation hat bspw. einen hohen Auflösungsgrad und es werden auch die einzelnen Elemente (z. B. Handlungsschritte) in den Prozessen genau beschrieben.

Die zweite Dimension ist die Dokumentationsbreite. Sie gibt an, ob zusätzlich zu den textuellen Beschreibungen der Arbeitsabläufe weitere Dokumente erstellt werden, bspw. grafische Prozessabläufe, Aufgabenprofile, Zeitpläne etc. Abbildung 40 zeigt die beiden Dimensionen der Prozessdokumentation.

Die Erstellung von Prozessdokumentationen hängt einerseits von der Bereitschaft ab, wie viel Dokumentationsaufwand betrieben werden soll und andererseits von der möglichen Vorgabegenauigkeit der Prozessabläufe. In Kapitel 2.3 wurde dieses Spannungsfeld für die Entwicklungsprozesse erläutert.

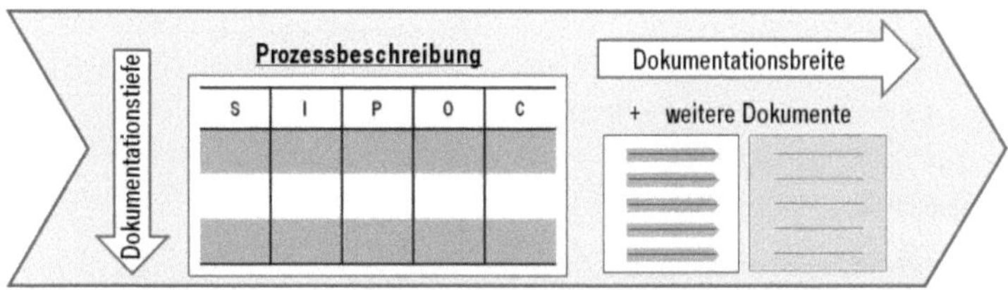


Abb. 40: Schematische Darstellung: Prozessdokumentation

Die entwickelten Gestaltungsempfehlungen sind allgemein gehalten, damit sie auf möglichst viele Entwicklungsprozesse anwendbar sind. Die Anwendung muss im jeweiligen Fall prozessspezifisch erfolgen. Als Hilfestellung werden Beispiele erläutert. Die Gestaltungsempfehlungen werden in Anlehnung an die Vorgabe zur Beschreibung von Methoden nach Lindemann (2009) dargestellt.[269]

- Es wird der grundlegende Zweck erklärt („*Was unterstützt die Methode?*").
- Es wird die Anwendung dargestellt („*Welche Problemstellung kann ich in welchen Schritten mit dieser Methode bearbeiten?*").
- Es wird die Wirkung (*Was wird durch die Methode erzielt?*) in Form der adressierten Handlungsbedarfe erläutert. Darüber hinaus werden, falls relevant, die Wechselwir-

[269] Vgl. Lindemann (2009), S. 61 f.

kungen zwischen den Gestaltungsempfehlungen aufgezeigt (aufeinander aufbauend, ergänzend, bedingen sich gegenseitig etc.).

- Abschließend wird eine beispielhafte Anwendung skizziert.

In den anschließenden Kapiteln 7.2.2 bis 7.2.4 werden die folgenden zehn Gestaltungsempfehlungen zur Anpassung der Prozesse beim Transfer von Deutschland nach China erläutert:

| **Gestaltung des Prozessdesigns (7.2.2)** |
|---|
| 1) Transaktionale Prozesssteuerung |
| 2) Iterative Prozessstruktur |
| 3) Prozesshomogenisierung |
| 4) Gestaltung von Entscheidungspunkten |
| 5) Gestaltung von Prozessschnittstellen |
| 6) Standardvorgehen für Sonderfälle |
| **Gestaltung der Rollen im Prozess (7.2.3)** |
| 7) Katalysator-Rolle in Entwicklungsteams |
| 8) Gestaltung durchgängiger Rollen |
| 9) Kulturspezifische Rollenbesetzung |
| **Gestaltung der Prozessdokumentation (7.2.4)** |
| 10) Kulturspezifische Prozessdokumentation in China |

Tab. 23: Übersicht der Gestaltungsempfehlungen

### 7.2.2 Gestaltung des Prozessdesigns

Die folgenden Gestaltungsempfehlungen adressieren das Prozessdesign und sind darauf ausgerichtet, die Prozesse so zu gestalten, dass sie dadurch besser zur interkulturellen Arbeitssituation in einer deutsch-chinesischen Produktentwicklung passen.

#### *1) Transaktionale Prozesssteuerung*

Zweck: Die Prozesssteuerung in der Produktentwicklung in Deutschland erfolgt eigenverantwortlich durch den Prozessanwender auf Mitarbeiterebene. Der Mitarbeiter wendet die notwendigen Elemente im Prozessablauf selbstständig an. Die Führungskraft hat im Standardablauf keine Rolle. In China ist der Mitarbeiter jedoch Umsetzer von Arbeitsanweisungen, daher muss in den Prozessen eine Einbindung der Führungskraft und die transaktionale Führung abgebildet werden. Das heißt, es wird eine inhaltliche Führung durch Anweisungen ermöglicht, indem Prozesse im Ablauf in kleinere „Arbeitspakete“ auf den detaillierteren Ebenen untergliedert werden. Die verschiedenen Ebenen (Sub-Prozess, Aufgaben und Arbeitsschritte) werden in Abbildung 41 dargestellt. Die Detaillierung wird erhöht, Arbeitspakete mit überschaubarer Fristigkeit gebildet und die Durchführung beim Mitarbeiter beauftragt.

Die Komplexität von langfristigen und vernetzten Zielstellungen wird durch die Gliederung in kleinere Pakete bewältigbar, es wird eine höhere Strukturierung und eine analytische Herangehensweise sichergestellt. Es ergibt sich eine höhere Zahl an abgrenzbaren Abschnitten im Prozess, zwischen denen zusätzliche Abstimmpunkte eingeführt werden können. Dadurch wird ein durchgängiges Monitoring ermöglicht und Fehlentwicklungen bzw. Qualitätsdefizite aufgezeigt. Es kann rechtzeitig durch die Führungskraft eingegriffen und somit der Gesichtsverlust verhindert werden.

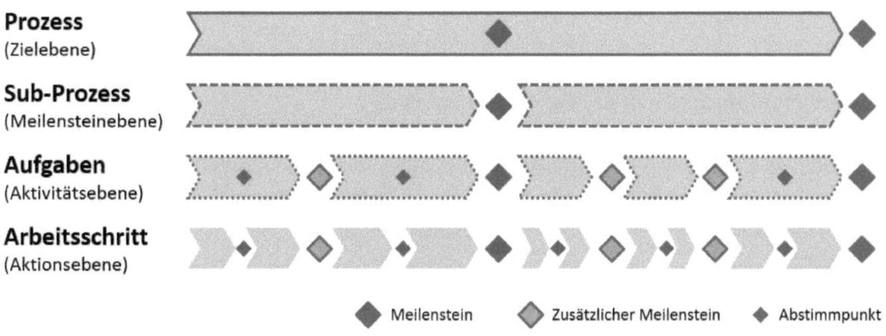


Abb. 41: Strukturierende Untergliederung der Prozesse

Anwendung: Es werden zwei neue Rollen im Prozess eingeführt. Die Rolle des Prozesssteuerungsverantwortlichen (PSV) wird von einer deutschen Führungskraft eingenommen. Sie ist für die Bildung der Arbeitspakete während des operativen Prozessablaufs zuständig. Langfristige, zielorientierte Prozesse werden in sequentielle Arbeitspakete untergliedert (siehe Abbildung 41). Es wird eine Detaillierung bis auf die Aufgabenebene, teilweise auch die Arbeitsschrittebene, empfohlen. Die Durchführung der Arbeitspakete wird beim Prozessumsetzungsverantwortlichen (PUV) beauftragt. Hierbei handelt es sich um den chinesischen Mitarbeiter.

Die Untergliederung in Abschnitte erfolgt anhand der Kriterien in Tabelle 24. Die einzelnen Arbeitspakete haben spezifische Vorgaben bzw. Ziele. Die Bearbeitungszeit ist klar definiert. Ein kurzfristiges Fälligkeitsdatum erhöht das Bewusstsein dafür, dass unmittelbar mit der Bearbeitung begonnen werden muss. Am Ende eines Abschnitts wird an einem Meilenstein oder Abstimmpunkt ein vorab definiertes Ergebnis (Arbeitsstand) vom PSV gemäß der vereinbarten Zeitschiene abgefragt. Dieser überwacht somit den Prozessfortschritt (zeitlich, qualitativ) und definiert die genaue Ausrichtung des nächsten Arbeitspakets (Feinjustierung). Es wird empfohlen, die zusätzlichen Kontrollpunkte vor allem an solchen kritischen Punkten einzuführen, die in der Vergangenheit häufig zu Problemen geführt haben, bspw. wenn hohes Konfliktpotential herrscht. Es kann optional ein Schritt eingeführt werden, der vorsieht, dass der PUV einen Vorschlag für die Bildung des nächsten Arbeitspaketes vorlegt, der dann durch den Steuerungsverantwortlichen freigegeben wird.

Die Abarbeitung der Arbeitspakete stellt sicher, dass sukzessive das Gesamtziel des Prozesses erreicht wird. Die Verantwortung hierfür trägt der PSV. Der PUV ist zuständig für die Erbringung des Arbeitsergebnisses je Paket.

***Kriterien für die Untergliederung der Entwicklungsprozesse***

- Messbares / abstraktes (Zwischen-) Ergebnis liegt vor
- Wechsel der Bearbeitungsreihenfolge; von parallel zu sequentiell oder umgekehrt
- Punkte, an welchen häufig Tätigkeiten erneut begonnen werden (nächste Schleife)
- Wechselnder Arbeitsinhalt / Verantwortlichkeit / Personenbeteiligung / Ressource
- Umgebungswelt wechselt (Hardware / Software)
- Methodenwechsel
- Entscheidung muss getroffen werden
- Neuer Input / Eingangsgröße fließt ein
- Veränderung von Input zu Output objektiv feststellbar
- Punkte, an welchen häufig Konflikte / Probleme auftreten

Tab. 24: Kriterien für die Untergliederung der Entwicklungsprozesse

Wirkung: Die empirischen Erkenntnisse haben gezeigt, dass die Arbeits- und Führungsweisen der Chinesen durch ein starkes Hierarchiebewusstsein geprägt sind. Durch die vorgestellte Anpassung der Entwicklungsprozesse wird darauf eingegangen, indem eine klare Abgrenzung zwischen der Verantwortung der deutschen Führungskraft für die Zielerreichung und die des chinesischen Mitarbeiters für die Umsetzung vorgenommen wird. Es wird sichergestellt, dass es nicht zu Inaktivität und zum Zeitverzug kommt, sondern die Verantwortlichkeit auf den unterschiedlichen Hierarchieebenen angenommen und umgesetzt wird. Dies ist vor allem für die Auflösung von Zielkonflikten und Problemen wichtig. Zudem wird ein systematisches und zielorientiertes Vorgehen sichergestellt. Diese Gestaltungsform ist daher die Grundlage für die Anpassung der Entwicklungsprozesse im interkulturellen, deutsch-chinesischen Umfeld. Die Schwierigkeit liegt in der operativen Untergliederung der Prozesse und Bildung der Arbeitspakete (in Kapitel 2 wurde das Spannungsfeld gezeigt). Die empirische Untersuchung hat jedoch gezeigt, dass in China eine tiefergehende Strukturierung der Prozesse soweit wie möglich anzuwenden ist, auch wenn dadurch die Freiheit der Produktentwicklung teilweise eingeschränkt wird. Deswegen erfolgt keine generische Untergliederung der Prozesse in die Arbeitspakete, sondern eine situative Gestaltung durch den jeweiligen PSV im Prozessablauf. Folgende Handlungsbedarfe werden durch diese Anpassung adressiert:

*I-a) Gesichtswahrende Abläufe etablieren.*
*II-a) Annahme von Verantwortlichkeit sicherstellen.*
*II-b) Inaktivität vermeiden durch klare Arbeitsaufträge in überschaubaren Intervallen.*
*II-c) Ablaufklarheit schaffen.*
*III-a) Transaktionales Führen in den Prozessen verankern.*
*IV-a) Qualitätsfokussierung und -kontrolle in den Prozessen verankern.*
*IV-b) Strukturierte Vorgehensweise vorgeben und sicherstellen.*

Beispiel: Die Vorbereitung der Freigabe im Rahmen des Konstruktionsprozesses wird in Deutschland durch den Konstrukteur wahrgenommen. Das Ziel des Prozesses ist ein freigabereifes Teil. Die Verantwortung für die Erreichung des Ziels obliegt dem konstruierenden Mitarbeiter. Er muss checklistenartig bestimmte Punkte abarbeiten, bspw. eine Geometrieabsicherung oder Lieferantenbestätigung durchführen, bis die Freigabe erfolgen kann. Herausforderungen und Konflikte müssen selbstständig gemanagt werden; wenn Unterstützung benötigt wird, muss dies dem Chef angezeigt werden (Selbstanzeige). In China kann der Prozess anhand der Checklistenaufträge in Arbeitspakete untergliedert und schrittweise abgearbeitet werden. Die Verantwortung für ein freigabereifes Teil liegt beim PSV und bspw. die Durchführung einer Geometrieprüfung beim PUV. Nach Freigabe des Arbeitsergebnisses (kollisionsfreie Geometrieprüfung) wird das nächste Arbeitspaket (z. B. Lieferantenbestätigung) angewiesen.

### *2) Iterative Prozessstruktur*

Zweck: Die Grundidee ist, Prozesse nicht als Fluss, sondern als Zyklen zu gestalten, sodass abgrenzbare Arbeitspakete wiederholt durchlaufen werden, bis ein Ziel erreicht ist.

In der Produktentwicklung nähert man sich im Rahmen der stetigen Konkretisierung dem vorgegeben Ziel (Zielwert) häufig schrittweise an und führt bewusste oder auch unbewusste Iterationen durch. Diese kontrollierten Iterationen sind in Deutschland implizit im Prozess berücksichtigt, müssen in der Produktentwicklung mit Chinesen jedoch explizit ausmodelliert werden, damit sie als Standardvorgehen akzeptiert werden. Iterationen können sonst als „Scheitern“ betrachtet werden, weil Ziele nicht erreicht wurden und Abläufe wiederholt werden müssen. Es muss Bewusstsein und Akzeptanz für dieses Vorgehen geschaffen werden, indem die schrittweise Annäherung als Soll-Prozess etabliert wird.

Durch Iterationen können schrittweise kleinere Veränderungen vorgenommen werden, die weniger weitreichende Konsequenzen haben. Am Ende einer Iteration erfolgt eine Überprüfung an einem Meilenstein oder Abstimmpunkt. Feedback kann somit in kürzeren Zyklen eingeholt und eingearbeitet werden. Es ist eine gesichtswahrende Prozesssteuerung und Qualitätssicherung möglich, indem man schrittweise auf die Zielwerte hin arbeitet. Außerdem wird Unsicherheit reduziert, Routine erzeugt und die Komplexität bewältigbar.

Anwendung: Diese Gestaltungsempfehlung unterstützt die transaktionale Prozesssteuerung. Die einzelnen Arbeitspakete werden als Iterationen modelliert. Dabei werden die Aufgaben und Arbeitsschritte in wiederkehrenden Schleifen angeordnet (Abbildung 42). Am Ende der jeweiligen Schleife liegt ein Ergebnis (Output) vor, welches vom PSV überprüft wird. Er steuert somit den Fortschritt der Iterationen (inhaltlich und qualitativ). Die Ergebnisausprägung am Ende einer Iteration ist flexibel, weil noch weitere Iterationen folgen. Am Ende jeder Schleife werden die Themen für die „nächste Runde“ vom PSV beauftragt und nicht als Defizite aufgezeigt. Die Anzahl der Iterationen ist unterschiedlich. Sie werden durchgeführt, bis das Prozessziel erreicht ist und vom PSV freigegeben wird.

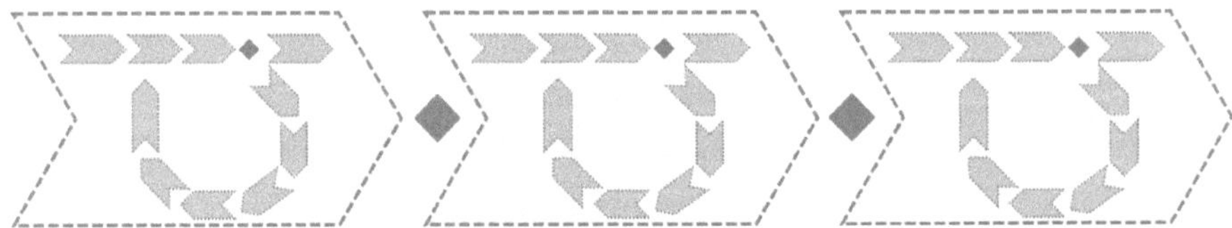

Abb. 42: Iterative Prozessstruktur in Phasen

Es ist besonders wichtig, diese Gestaltungsform bei der Prozessdokumentation und der Terminplanung zu berücksichtigen. Aus der Prozessdokumentation wird ersichtlich, dass es sich um Prozessschleifen handelt und mehrere Wiederholungen vorgesehen sind. In der Terminplanung sind die Iterationen zeitlich berücksichtigt, weil die Prozesse ggf. mehr Zeit in Anspruch nehmen. Es wird ausreichend Zeit für die benötigte Anzahl der Schleifen auf dem kritischen Pfad vorgesehen.

Wirkung: Die Gestaltungsempfehlung der iterativen Vorgehensweise ist an die aufgabenorientierte Prozesssteuerung angelehnt. Die Anwendung wird unterstützt durch homogene Prozessinhalte, weil sich diese leichter in Iterationen gestalten lassen (siehe hierzu *Prozesshomogenisierung*). Durch die Ausmodellierung der Iterationen wird dem Gesichtsverlust vorgebeugt, weil die wiederholte Durchführung als Standard etabliert wird. Zudem entstehen kurze Rückmeldezyklen, sodass Inaktivität, Fehler bzw. Probleme und schlechte Qualität frühzeitig von der Führungskraft erkannt werden. Es kann rechtzeitig eingegriffen und somit können steigende Kosten von späten Korrekturen vermieden werden. Das Risiko einer ungeplanten Eskalation und einer Verfehlung der Zielerreichung sinkt. Folgende Handlungsbedarfe werden durch diese Anpassung adressiert:

*I-a) Gesichtswahrende Abläufe etablieren.*

*II-b) Inaktivität vermeiden durch klare Arbeitsaufträge in überschaubaren Intervallen.*

*II-c) Ablaufklarheit schaffen.*

*II-d) Akzeptanz von Fehlern schaffen.*

*IV-a) Qualitätsfokussierung und -kontrolle in den Prozessen verankern.*

Beispiel: Die Abstimmung eines Projekt-Terminplans ist aufgrund der wechselseitigen Abhängigkeiten und divergierenden Interessenlagen häufig konfliktbehaftet. Die unterschiedlichen betroffenen Fachbereiche haben spezifische Ziele, deren Erreichung von der Ausprägung des Terminplans beeinflusst wird. Es wird daher versucht, während der Abstimmung des Terminplans, Einfluss zu nehmen. Die Abstimmung eines Terminplans kann in Iterationen erfolgen. Die Aufgabenpakete sind einzelne Abstimmschleifen mit den beteiligten Funktionen. Das Ergebnis einer Iteration ist jeweils eine Version des Terminplans aus der Sicht eines Fachbereichs. Durch die Iterationen werden alle Fachbereiche eingebunden und der Terminplan unter Berücksichtigung der unterschiedlichen Ziele erstellt. Am Ende einer Iteration erfolgt ein Review durch den PSV. Er führt die Auflösung von Interessenkonflikten herbei oder nimmt eine Priorisierung vor und beauftragt anschließend die nächste Abstimmschleife. Dieses Vorgehen wird angewendet, bis ein abgestimmter und stabiler Terminplan vorliegt.

#### *3) Prozesshomogenisierung*

Zweck: Die Grundidee dieser Gestaltungsempfehlung ist es, Prozesse, die Elemente mit stark unterschiedlicher Charakteristik enthalten, zu neuen Prozessen mit ähnlichen charakteristischen Inhalten zusammenzufassen. Dazu werden Prozessinhalte herausgelöst und die Fragmente anschließend zu (Sub-) Prozessen mit homogener Charakteristik zusammengefasst.

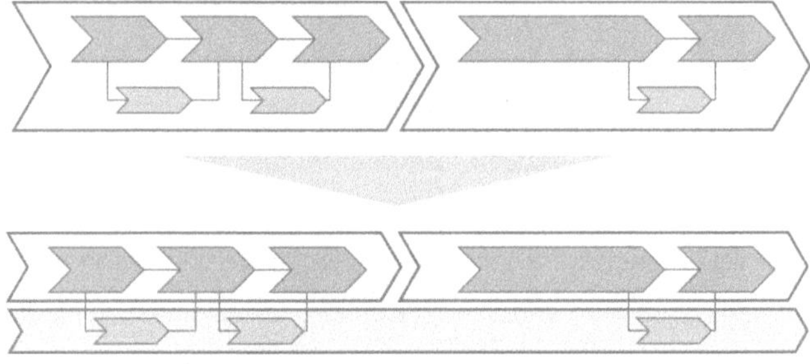

Abb. 43: Prozesshomogenisierung

Es ist dabei nicht das Ziel dieser Gestaltungsempfehlung, ein komplettes Process-Reengineering durchzuführen und die Prozesse neu zu definieren. Die Sachlogik soll nicht grundsätzlich verändert werden. Dies wird in Abbildung 43 schematisch verdeutlicht. Die Unterteilung und Neugliederung von homogenen Prozessen ermöglicht einerseits eine bessere Standardisierung und Strukturierung sowie das Erzielen von Routine und Synergieeffekten. Andererseits dient die Homogenisierung der Befähigung bzw. Verbesserung der Wirkung anderer Gestaltungsempfehlungen.

<u>Anwendung:</u> Die Anwendung dieser Gestaltungsempfehlung wird in drei Schritte unterteilt.

Im ersten Schritt wird durch eine Prozessanalyse geklärt, ob die Homogenisierung zielführend ist. Es wird untersucht,

- ob in einem Prozess viele charakteristisch unterschiedliche Inhalte vorliegen, die mit denjenigen aus einem anderen Prozess zusammengefasst werden können.
- ob in mehreren Prozessen (in umliegenden Bereichen), die zeitlich parallel ablaufen, Inhalte mit ähnlichen Eigenschaften vorliegen. Es werden bspw. in verschiedenen Prozessen ähnliche Aktivitäten für andere Prozessobjekte (unterschiedliche Komponenten) durchgeführt.

Im zweiten Schritt werden die relevanten Elemente aus den jeweiligen Prozessen herausgelöst. Hierfür können die Kriterien zur Untergliederung der Prozesse (Tabelle 24) angewendet werden. Es ist wichtig, an dieser Stelle die zeitlichen Interdependenzen der herausgelösten Inhalte zu berücksichtigen. Als Ergebnis dieses Schritts erhält man verschiedene Prozesselemente: Sub-Prozesse, Aufgaben oder Arbeitsschritte.

Im dritten Schritt werden homogene Prozesse gebildet. Hierzu werden die identifizierten Elemente mit grundsätzlich ähnlicher Charakteristik, eventuell in leicht unterschiedlichen Ausprägungen, zu einem neuen Prozess oder neuen Sub-Prozessen zusammengefasst.

Wirkung: Die Prozesshomogenisierung ermöglicht eine bessere Standardisierung und Strukturierung, weil eine Konstanz bei den Prozessinhalten vorliegt. Dadurch entsteht Ablaufklarheit und Routine. Zudem wird die Bildung und Anweisung von abgegrenzten Arbeitspaketen erleichtert. Im Gegenzug entstehen jedoch zusätzliche Schnittstellen. Es ist im Einzelfall eine Abwägung der Effekte vorzunehmen.

Die Prozesshomogenisierung stellt darüber hinaus eine Befähigungsmethode dar, weil anschließend andere Gestaltungsempfehlungen leichter angewendet werden können. Homogene Prozessinhalte erleichtern z. B. die *transaktionale Prozessgestaltung* oder die *iterative Prozessstruktur*. Darüber hinaus sind die Anforderungen an den Prozessanwender bei homogenen Prozessen weniger divers und es kann eine bessere *kulturspezifische Rollenbesetzung* (Kapitel 7.3.3) vorgenommen werden.

Beispiel: Die fachliche Freigabe einer Komponente zum Abschluss des Konstruktionsprozesses wird durch den Konstrukteur und seinen Abteilungsleiter durchgeführt. Die administrative Freigabe im System kann jedoch ausgelagert und zentral für alle Komponenten durchgeführt werden. Die Freigabe im System ist sehr aufwendig und hat daher ganz andere charakteristische Inhalte als der Konstruktionsprozess. Es muss bspw. sichergestellt werden, dass die richtige Version freigegeben wird und dass die hinterlegten Geometriedaten sowie das Beziehungswissen (für welches Fahrzeug ist diese Komponente in der Ausprägung relevant) korrekt sind.

### *4) Gestaltung von Entscheidungspunkten*

Die Gestaltungsempfehlung für die Entscheidungspunkte wird unterteilt in zwei Ansätze. Zum einen die Gestaltung der Personenentscheidung im Rahmen des Prozessablaufs und zum anderen die Entscheidungen, die in einem Management-Gremium getroffen werden.

#### 4a) Personenentscheidungen im Prozessablauf

Zweck: Die Grundidee dieser Gestaltungsempfehlung ist es, Entscheidungspunkte in einem Prozess, die in Deutschland im Prozessablauf vom Mitarbeiter getroffen werden, explizit herauszuarbeiten und zu gestalten. Hierzu gehören vor allem die impliziten Entscheidungen. Durch die explizite Ausgestaltung von Entscheidungspunkten soll sichergestellt werden, dass die erforderlichen Entscheidungen getroffen werden. Grundsätzlich ist es in China notwendig, mehr Entscheidung auf die Führungsebene zu heben, damit sie dort von deutschen Führungskräften getroffen werden. Wenn eine Entscheidung im Prozess vom chinesischen Mitarbeiter getroffen werden soll, muss hierfür eine besondere Ertüchtigung vorgenommen werden. Diese Grundidee ist in Abbildung 44 schematisch dargestellt.

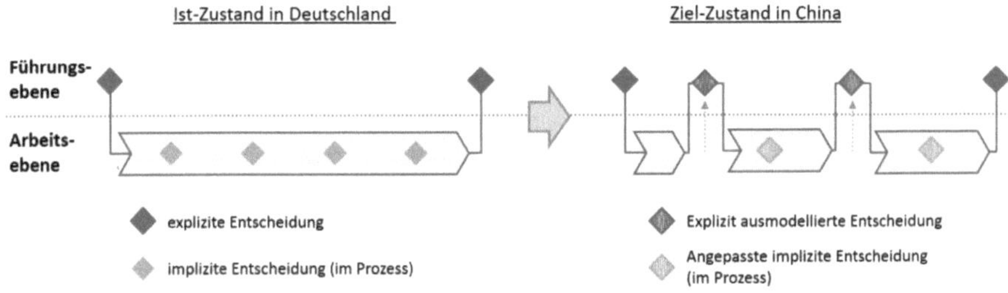


Abb. 44: Explizite Modellierung der Entscheidungspunkte

Anwendung: Im ersten Schritt werden alle Entscheidungen in einem Prozess herausgearbeitet. Dabei kann es sich sowohl um technische, als auch um finanzielle Entscheidungen oder Management-Entscheidungen handeln. Es ist eine intensive Analyse des Prozesses mit Erfahrungsträgern notwendig, damit auch alle impliziten Entscheidungen, wie z. B. Änderungen, Auswahl, Bestätigungen etc., erkannt werden.

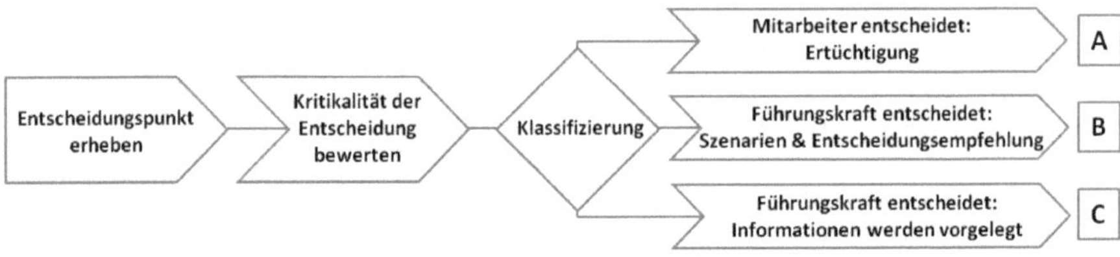


Abb. 45: Vorgehensweise zur Gestaltung der Entscheidungspunkte im Prozess

Im nächsten Schritt werden die Entscheidungspunkte nach ihrer Kritikalität bewertet und klassifiziert. Die Bewertung der Kritikalität erfolgt anhand der Tabellen 24 bis 26. Sie beschreiben die drei verschiedenen Kategorien, welchen die Entscheidungspunkte zugeordnet werden können. Entsprechend der Klassifizierung wird festgelegt, wie die Gestaltung des Entscheidungspunktes erfolgen soll, ob der Mitarbeiter zur Entscheidung ertüchtigt wird und die Entscheidung im Prozess verbleibt oder ob die Entscheidung auf die Führungsebene gehoben und von der deutschen Führungskraft übernommen wird. Für den zweiten Fall liegen zwei unterschiedliche Gestaltungsformen des Entscheidungspunktes vor. Das entsprechende Vorgehen wird anschließend als Standard für die identifizierten Entscheidungspunkte vereinbart und in der Prozessdokumentation festgehalten. In Abbildung 45 wird eine Übersicht über die Vorgehensweise dargestellt. Die drei Varianten werden im Folgenden erläutert.

A) Mitarbeiter entscheidet: Bei klarer Entscheidungslage und geringer Tragweite der Entscheidung wird der chinesische Mitarbeiter selbstständig entscheiden. Die Kriterien für die Entscheidungskritikalität sind in Tabelle 25 dargestellt.

Die Gestaltung des Entscheidungspunktes muss die chinesische Kultur berücksichtigen. Die Schwierigkeit besteht darin, sicherzustellen, dass die Entscheidungsverantwortung angenommen und umgesetzt wird.

Es wird keine grundlegende Veränderung am Prozess vorgenommen, der Ablauf ist analog zum Prozess in Deutschland. Es werden flankierende Maßnahmen durchgeführt, um stabile Randbedingungen zu etablieren. Dazu gehört eine offizielle Dokumentation, welche Rolle entscheidet und wann der genaue Zeitpunkt bzw. der spätest-zulässige Entscheidungszeitpunkt ist. Damit wird die Entscheidung zum Teil der Aufgabe. Zudem werden die Entscheidungsbefugnisse (Inhalt, Umfang, mögliche Auswirkung und Konsequenzen, finanzieller Rahmen, beteiligte Prozesspartner) schriftlich festgehalten. Falls möglich, werden Entscheidungsregeln oder verschiedene Szenarien für unterschiedliche Eingangssituationen definiert.

Die explizite Dokumentation von Entscheidungskompetenz kompensiert eine geringe hierarchische Struktur. Die Chinesen sind es gewohnt, in hierarchischen Organisationen zu arbeiten. Dies ist jedoch bei Projektarbeitsweisen mit flachen Organisationsstrukturen nicht gewährleistet. Durch die Verantwortungsdokumentation wird Hierarchie geschaffen, allerdings nur für bestimmte Fragestellungen bzw. Entscheidungen. Es ist daher wichtig, die Entscheidungskompetenz auch auf der Mitarbeiterebene zu dokumentieren, nicht wie in Deutschland üblich auf der führenden Managementebene, bspw. bei einem Funktionsinhaber. Die Unterlage wird durch die Führungskraft an die beteiligten Prozesspartner kommuniziert und zentral abgelegt, sodass Transparenz in der Organisation entsteht:

- Der verantwortliche Mitarbeiter hat Klarheit über seine Pflichten: *„Hierfür werde ich angeschaut."*

- Es liegt allgemeine Klarheit über die Rechte des verantwortlichen Mitarbeiters vor, weil die Dokumentation an die Prozesspartner kommuniziert wurde. D. h. der Mitarbeiter kann sich darauf berufen: *„Hierzu bestimme ich, wo es lang geht."*

- Die Prozesspartner haben Klarheit über Ansprechpartner und Verantwortung: *„Durch die Dokumentation weiß ich, von wem ich was bekommen muss."*

| Kriterium | Ausprägung |
|---|---|
| Erfolgskritikalität für den Prozess / das Produkt | Gering. Kleinere, fachspezifische Entscheidungen, die üblicherweise „on the fly" getroffen werden. |
| Auswirkungsgrad / Tragweite der Entscheidung | Gering. Keine richtungsweisenden Entscheidungen bzw. Entscheidungen können mit bewältigbarem Aufwand korrigiert werden. |
| Zeitlicher Horizont | Kurzfristig: Tage bis wenige Wochen. Konsequenzen zeigen sich rasch nach der Entscheidung. |
| Interdependenz der Entscheidung (Wechselwirkung) | Wenig. Geringe Auswirkungen, die bei der Entscheidung zu berücksichtigen sind bzw. geringe Vernetzung zu anderen Themen. |
| Konfliktpotential (häufiger Eskalationsbedarf) | Unkritisch. Kontakt zu Partnern beschränkt sich auf den Informationsaustausch. Entscheidung wird (sofern fachlich korrekt) von allen Beteiligten befürwortet. Keine Kompromisse notwendig. |
| Prozesspartner / von der Entscheidung Betroffene | Direkte Kollegen oder bekannte Kollegen aus Nachbarabteilungen, keine Hierarchie. |
| Monetäre Konsequenzen / beanspruchte Ressourcen | Gering. Es werden keine Wertgrenzen überschritten, die das Einschalten der Führungsebene notwendig machen.<br>Die Beanspruchung von Ressourcen (v. a. Kollegen und Prozesspartner) ist bereits in den Eckwerten enthalten. |
| Informations- / Entscheidungslage | Klare Ausgangslage, sichere Randbedingungen. Alle vorgelagerten Entscheidungen sind getroffen und die notwendigen Informationen zum Treffen der Entscheidung liegen vor. |

Tab. 25: Kritikalität der Entscheidungspunkte I: Entscheidung durch Mitarbeiter

<u>B) Führungskraft entscheidet anhand einer Empfehlung:</u> Wenn durch die Entscheidung die Harmonie auf der Mitarbeiterebene beeinträchtigt werden könnte oder bei steigender Tragweite der Entscheidung, ist Rückhalt durch das Management notwendig, sodass die Entscheidung auf die Führungsebene gehoben und von deutschen Führungskräften getroffen wird. Die Kriterien für die Entscheidungskritikalität sind in Tabelle 26 dargestellt.

Die Gestaltung des Entscheidungspunktes muss die deutsche Kultur berücksichtigen, denn die Schwierigkeit besteht darin zu vereinbaren, dass die deutsche Führungskraft die

Entscheidung übernimmt. Dies muss eindeutig geregelt sein. Es kann sonst zu einer automatischen Rückdelegation kommen, weil erwartet wird, dass der Mitarbeiter die Entscheidung selbst trifft. Der chinesische Mitarbeiter bereitet die Entscheidung nur vor.

Es werden teilweise Veränderungen am Prozess vorgenommen, weil eine spezielle Entscheidungsvorbereitung durch den Mitarbeiter eingefügt werden muss. Diese beinhaltet das Zusammenstellen der relevanten Informationen und das Darstellen von möglichen Entscheidungsszenarien, ggf. ist der Ablauf hierfür festzulegen. Anschließend wird der Prozess unterbrochen und die Entscheidung getroffen (siehe hierzu die schematische Darstellung in Abbildung 44).

| **Kriterium** | **Ausprägung** |
|---|---|
| Erfolgskritikalität für den Prozess / das Produkt | Übergeordnete Themen mit Relevanz für Projektmeilensteine. Exponierte Entscheidung für die Produktsubstanz. |
| Auswirkungsgrad / Tragweite der Entscheidung | Weichenstellung für Produkt oder Prozess: Richtungsweisende Vorgabe für Nachfolgeaktivitäten. Korrekturen / Änderungen sind mit erheblichem Aufwand verbunden. |
| Zeitlicher Horizont | Mittelfristiger Horizont. Konsequenzen der Entscheidung zeigen sich mit zeitlicher Verzögerung (mehrere Monate). |
| Interdependenz der Entscheidung (Wechselwirkung) | Entscheidung muss fachbereichsübergreifend abgestimmt werden, um die Faktoren / Auswirkungen (Kausalketten) zu berücksichtigen. Eine übersichtliche Situationsdarstellung ist möglich. |
| Konfliktpotential (häufiger Eskalationsbedarf) | Geringes bis mittleres Konfliktpotential, teilweise unterschiedliche Interessenslage. Gewisse Kompromisse notwendig, die i. d. R. ohne Eskalation herbeigeführt werden können. |
| Prozesspartner / von der Entscheidung Betroffene | Involviert unterschiedliche und wechselnde Bereiche, jeweils mit anderen Kollegen, teilweise auch das Management. |
| Monetäre Konsequenzen / beanspruchte Ressourcen | Entscheidung kann zu erhöhtem (außerplanmäßigem) Ressourcenbedarf oder zu außerplanmäßiger Arbeitslast in anderen Abteilungen führen. Mittlere bis hohe Korrekturkosten. |
| Informations- / Entscheidungslage | Teilweise unklare Informationslage, wesentliche Eingangsgrößen liegen vor oder können durch Analogien herangezogen werden. |

Tab. 26: Kritikalität der Entscheidungspunkte II: Entscheidungsvorbereitung

C) Führungskraft entscheidet: Wenn eine Entscheidung bei stark divergierenden Interessen getroffen werden muss, sodass bereits die Vorbereitung konfliktbehaftet ist, oder wenn eine Entscheidung von hoher Managementbedeutung ist, sodass eine Vorbereitung mit Führungskräften auf höheren Ebene notwendig ist, wird die Entscheidung auf die Führungsebene gehoben und von deutschen Führungskräften getroffen. Auf eine vorhergehende Entscheidungsvorbereitung wird in diesem Fall verzichtet. Die Kriterien für die Entscheidungskritikalität sind in Tabelle 27 dargestellt.

Die Gestaltung des Entscheidungspunktes ist ähnlich der Variante mit Entscheidungsempfehlung. Es werden teilweise Veränderungen am Prozess vorgenommen. Die Zeitschiene wird angepasst. Der Entscheidungsbedarf muss rechtzeitig der Führungskraft vorgelegt werden, ggf. mit gewisser Vorlaufzeit, damit die Führungskraft Informationen einholen oder Abstimmgespräche führen kann. Alternativ kann sie die Entscheidung auch auf eine höhere Managementebene bringen.

| Kriterium | Ausprägung |
|---|---|
| Erfolgskritikalität für den Prozess / das Produkt | Relevanz für die Zielerreichung und den Erfolg von Produkt / Prozess und / oder hohe strategische Bedeutung. |
| Auswirkungsgrad / Tragweite der Entscheidung | Langfristige Konzeptentscheidung / strategische Weichenstellung. Unsichere Konsequenzen. Geringe Korrekturmöglichkeit bzw. sehr hoher Korrekturaufwand. |
| Zeitlicher Horizont | Richtungsweisende Entscheidung, Konsequenz zeigt sich langfristig (>1 Jahr). Hohe Relevanz für die Marktphase eines Produkts. |
| Interdependenz der Entscheidung (Wechselwirkung) | Komplexe Ausgangslage. Eine Gesamtübersicht der Kausalzusammenhänge kann aufgrund der unterschiedlichen variablen Faktoren nicht vollständig erzeugt werden. |
| Konfliktpotential (häufiger Eskalationsbedarf) | Hoch. Kontroverse Interessenslagen, Kompromissfindung schwierig. Erfolgswirksam für die Ergebnisse der Abteilungen (Gehaltsauswirkungen). |
| Prozesspartner / von der Entscheidung Betroffene | Betrifft unternehmensweit zahlreiche Bereiche. Hohe Managementattention / -relevanz. |
| Monetäre Konsequenzen / beanspruchte Ressourcen | Entscheidung führt zu hohen / langfristigen Investitionen. Hohes Risiko. Fehlinvestitionen nicht korrigierbar → Folgekosten. |
| Informations- / Entscheidungslage | Unvollständige Informations- und Entscheidungslage. Häufig unklare Prämissen / volatile Randbedingungen, sodass Annahmen getroffen werden müssen. |

Tab. 27: Kritikalität der Entscheidungspunkte III: Entscheidung durch Führungskraft

4b) Gremien-Entscheidung

Zweck: Gremien funktionieren in China anders als in Deutschland. Zum einen geben chinesische Vortragende aus Respekt vor der Hierarchie i. d. R. keine Entscheidungsempfehlung an das Gremium ab. In Deutschland wäre es jedoch üblich, für ein Gremium mehrere

Szenarien vorzubereiten und ein Szenario für die Entscheidung zu empfehlen. Zum anderen sind die Entscheidungsprozesse in China stark auf die ranghöchste Person ausgerichtet, sie zentralisiert die Verantwortung. Das führt dazu, dass ein Gremium der Meinung des Ranghöchsten folgt bzw. Rangniedere sich zurückhalten. Wenn eine Entscheidung in einem Gremium getroffen wird, ist daher eine besondere Vorgehensweise notwendig, um die Entscheidung vorzubereiten.

Anwendung: Gremienentscheidungen in China bedürfen einer besonderen Vorabstimmung. Im vorliegenden Fall wird davon ausgegangen, dass es sich bei der Gremienbesetzung sowohl um deutsche als auch um chinesische Manager handelt.

Im Rahmen der Entscheidungsvorbereitung müssen Einzelgespräche zur Vorabstimmung mit allen Gremienteilnehmern geführt werden. Dadurch wird sichergestellt, dass im Gremium die Harmonie gewahrt werden kann und dass es zu einer objektiven Entscheidung kommt. Die Abstimmung beginnt mit den Rangniederen und geht schrittweise die Hierarchie nach oben. Dadurch erhält man offene Aussagen von allen Ebenen, andernfalls kann es passieren, dass die untere Hierarchie den Aussagen der Höhergestellten folgt. Es ist wichtig, dass der Mitarbeiter, der die Entscheidungsabstimmung durchführt, die Gremienteilnehmer gut kennt, um auch das inoffizielle Hierarchiegefüge berücksichtigen zu können. Vor allem konfliktreiche Entscheidungen bedürfen evtl. mehrerer Abstimmungsschleifen. Wenn im Vorfeld kein allgemeiner Konsens über die Entscheidung vorliegt, sollte keine Vorlage im Gremium erfolgen, sondern das Thema auf eine persönliche Ebene gebracht werden.

Wirkung: Die empirische Untersuchung hat gezeigt, dass die Übernahme von Verantwortung und das Treffen von Entscheidungen zu großen Herausforderungen führt. Es ist aufgrund des starken Harmoniebedürfnisses nicht sichergestellt, dass konfliktbehaftete Informationen vollständig für eine Entscheidung offengelegt werden. Es kann außerdem dazu kommen, dass ein naheliegender Konsens herbeigeführt wird, der aus Produktsicht nicht optimal ist. Durch die vorliegende Empfehlung zur Gestaltung der Entscheidungspunkte wird eine ausreichende Informations- und Wissensverteilung sowie eine rechtzeitige Auflösung der Zielkonflikte unter Berücksichtigung aller Fachbereichsperspektiven sichergestellt. Folgende Handlungsbedarfe werden adressiert:

*I-a) Gesichtswahrende Abläufe etablieren.*

*I-b) Kritische Themen und Konflikte können nicht ignoriert werden.*

*II-a) Annahme von Verantwortlichkeit sicherstellen.*

*II-c) Ablaufklarheit schaffen.*

*III-b) Hierarchiedenken bei den Entscheidungsprozessen berücksichtigen.*

### *5) Gestaltung der Prozessschnittstellen*

Zweck: Das Ziel dieser Gestaltungsempfehlung ist eine Formalisierung der Prozessschnittstellen, damit die Leistungsübergabe weniger sensitiv im Hinblick auf die persönliche Beziehung der Schnittstellenpartner funktioniert. Der Kern der Formalisierung ist die Einführung einer durchgehenden Holschuld. Die Abfrage des Prozessinputs beim (internen) Lieferanten wird als Standardaufgabe im Prozess explizit definiert. Der Leistungserbringer kann die Übergabe an einer Prozessschnittstelle nicht ignorieren, weil vereinbart ist, dass der Output zu einem festgelegten Zeitpunkt vom Leistungsabnehmer eingefordert wird: *„Da kommt jemand und holt etwas ab."* Auf der Seite des Leistungsabnehmers ist klar geregelt, wann der Input notwendig ist und welche Eskalationswege eingeleitet werden müssen, um letztlich den eigenen Prozess zeitgerecht erfüllen zu können: *„Mein Kunde schaut mich für meine Leistung an".* Das Verfahren der Holschuld eignet sich in China, weil es dem chinesischen Führungsstil entspricht, der auch durch Kontrolle und Leistungsabfrage funktioniert.

Anwendung: Die Prozesse werden rückwärtsterminiert und die Inputmeilensteine für die Schnittstellen verbindlich festgelegt. Dazu gehören die Einforderungszeitpunkte (es wird Leistung angefragt) und die folgende Leistungsübergabe. Die Terminierung des Leistungseingangs stellt sicher, dass der kritische Pfad eingehalten wird. Die erste Aufgabe im Nachfolgeprozess muss standardmäßig die aktive Abfrage des Inputs zu einem festgelegten Zeitpunkt beim relevanten Vorgängerprozess sein. Dieses Prinzip ist schematisch in Abbildung 46 dargestellt.

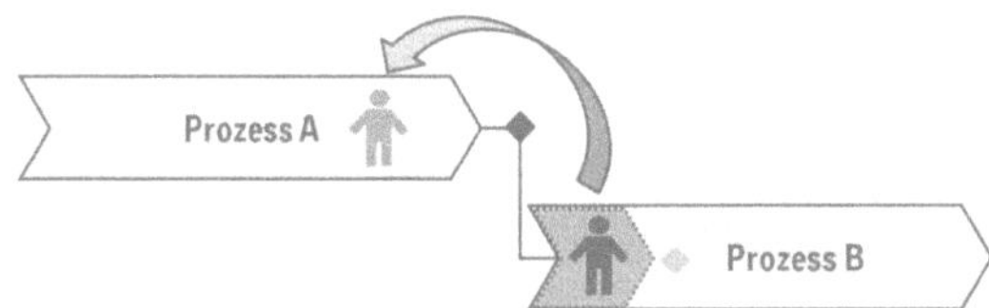


Abb. 46: Standardisierte Abfrage des Prozessinputs (Holschuld)

Darüber hinaus wird durch eine Formalisierung der Prozessschnittstellen die Verbindlichkeit dafür erzeugt, dass eine Leistung übergeben werden muss. Dadurch wird eine Nicht-Leistung verhindert bzw. rechtzeitig erkannt und vordefinierte Eskalationswege eingeleitet. Die Gestaltung der Schnittstelle wird explizit zwischen den Prozesspartnern vereinbart und dokumentiert. Dies geschieht unter Einbindung der jeweiligen Führungskräfte, um eine Management-Beauftragung zu erhalten. Für jede Schnittstelle werden die oben genannten Termine wie beschrieben festgelegt und der zu übergebende Inhalt spezifiziert. Darüber hinaus sind gewisse Ergänzungen in der Dokumentation notwendig, um auf die chinesische Kultur einzugehen:

- Alle Schnittstellenpartner, insb. Leistungserbringer und Leistungsabnehmer werden namentlich von den Führungskräften festgelegt. Das entspricht der hohen Personenorientierung in China und erhöht die individuelle Verbindlichkeit. Die operativen Prozesspartner sind auf dem gleichem Hierarchielevel und haben idealerweise bereits eine persönliche Beziehung zueinander. Weiterhin sind Weisungs- und Aufgabenerteilungsbefugnisse zu regeln, damit das Hierarchiegefüge sichergestellt ist.

- Verbindliche Eskalationsprozesse inkl. Terminierung werden vorab vereinbart. Die Eskalation muss als Standardaufgabe, bei Verzögerung oder Minderleistung, definiert sein. Es können bspw. auch Führungskräfte benannt werden, die routinemäßig den Status erheben.

- Im Falle einer personellen Veränderung muss eine offizielle Kommunikation erfolgen. Es darf nicht einfach eine neue Person an einer Schnittstelle antreten.

Wirkung: In der empirischen Untersuchung wurde bestätigt, dass die Zusammenarbeit, vor allem an Schnittstellen, häufig von der persönlichen Beziehung der Prozesspartner abhängt. Es kann dazu kommen, dass nicht oder nur eingeschränkt zusammengearbeitet wird, weil keine persönliche Beziehung existiert und die Prozesse dadurch in Zeitverzug geraten. Durch die formale Gestaltung der Schnittstellen und die offizielle Beauftragung der Schnittstellenarbeit durch die Hierarchie soll erreicht werden, dass die Zusammenarbeit auch ohne ein persönliches Verhältnis der Prozesspartner funktioniert. Der Leitgedanke ist, die Abfrage des Inputs zur Aufgabe im Prozess des Leistungsabnehmers zu machen. Reibungs- und Zeitverlust sollen dadurch vermieden werden. Es werden folgende Handlungsbedarfe adressiert:

*I-b) Kritische Themen und Konflikte können nicht ignoriert werden.*

*II-a) Annahme von Verantwortlichkeit sicherstellen.*

*II-b) Inaktivität vermeiden.*

*II-c) Ablaufklarheit schaffen.*

*V-c) Formalisierung von Verantwortungswechsel, Schnittstellen und Kooperationspunkten.*

<u>Beispiel:</u> Für den Aufbau eines Komponenten-Mengengerüsts im Produktdatensystem müssen die Konstrukteure ein Bauteil zum richtigen Zeitpunkt mit der richtigen Version im System veröffentlichen. Hierzu werden im Vorfeld des jeweiligen Zeitpunkts Reifegradanforderungen etc. festgelegt und vereinbart. Der Umfang der Leistungsübergabe ist also genau festgelegt. Im Prozessablauf wird zu einem bestimmten Zeitpunkt ein Veröffentlichungsaufruf an den Konstrukteur gesendet. Der Termin entspricht der Zeitschiene für die jeweilige Komponente. Wenn der Konstrukteur nach diesem Aufruf nicht innerhalb einer festgelegten Zeitspanne die Veröffentlichung durchführt, erscheint systemseitig eine Meldung, die automatisch an die Führungskraft gesendet wird.

#### *6) Standardvorgehen für Sonderfälle*

<u>Zweck:</u> Die Produktentwicklung ist ein komplexer Prozess. Das Auftreten von unerwünschten Situationen und ungeplanten Ereignissen lässt sich trotz methodischer Vorgehensweise nicht vollständig vermeiden. Bei solchen Sonderfällen handelt sich um unbekannte Herausforderungen, die häufig mit Umfeldveränderungen (anderen Randbedingungen) einhergehen. Die Soll-Prozesse können nicht mehr wie geplant umgesetzt werden. Es sind Sondermaßnahmen notwendig, die nicht in den Standardprozessen abbildbar sind.

In solchen Sonderfällen besteht eine hohe Wahrscheinlichkeit, dass die kulturellen Handlungsbedarfe in China verstärkt auftreten:

- Es herrscht keine Ablaufklarheit.
- Das Risiko, einen Fehler zu machen und das Gesicht zu verlieren, ist hoch.
- Die Bereitschaft, Verantwortung oder Initiative zu übernehmen, ist gering.
- Zur Lösung des Problems müssen häufig Personen schnell und in ungewohnter Konstellation zusammenkommen, d. h. das Vertrauensverhältnis ist nicht gewährleistet.
- Pragmatische Vorgehensweisen führen zu keiner dauerhaften und reproduzierbaren Lösung.

Es wird daher ein Standardvorgehen definiert, wie bei Sonderfällen vorzugehen ist. Dieses Vorgehen stellt eine standardisierte Ausleitung des Sonderfalls an einen zuvor definierten Ansprechpartner dar. Es wird vorgegeben, wie mit der Situation vom Ablauf her umgegangen wird, nicht wie die Situation gelöst werden kann. Wenn die Lösung immer gleich ist, wäre es kein Sonderfall. Die Vorgehensweise zur Lösung wird von dem Ansprechpartner und seinem Team für Sonderfällt festgelegt.

Als Vorbild für diese Vorgehensweise dient die Funktion der Stopp- oder Reißleine in der Fließbandproduktion zum Aufzeigen eines Problems.[270] Der Soll-Prozess der Produktion läuft normal weiter, während der Vorarbeiter oder Meister an die Station kommt, die das Problem aufgezeigt hat, und sich um die weitere Bearbeitung kümmert.

Anwendung: Es wird eine Stabsstelle eingerichtet, die für Sonderabläufe zuständig ist. Es handelt sich dabei um ein kleines, abteilungsübergreifendes Kompetenzteam, welchem aus jeder Organisationseinheit ein Mitarbeiter zugeordnet wird: Hierfür wird eine neue Rolle *Sonderablauf-Verantwortlicher* eingeführt. Diese Rolle ist benannter Standardansprechpartner für Sonderfälle, die in dieser Organisationseinheit auftreten. Die Rolle wird kontaktiert, wenn eine Situation auftritt, die nicht durch Standardprozesse bearbeitet werden kann, sodass die weitere Vorgehensweise sowie die Erreichung der Ziele und Vorgaben innerhalb der geplanten Zeit nicht sichergestellt werden kann. Das Kompetenzteam übernimmt die weitere Bearbeitung des Sonderfalls und in der Linienfunktion kann normal weitergearbeitet werden. Der Prozess des Kompetenzteams kann sich bspw. an das Vorgehensmodell zur Bewältigung von Krisen in der Produktentwicklung[271] orientieren.

In der Organisation muss verankert werden (Dokumentation und Kommunikation), dass die Kontaktierung dieses Teams das Standardvorgehen in solchen Situationen ist. Es darf nicht der Eindruck entstehen, dass dies zum Gesichtsverlust führt, da sonst eine Hemmschwelle für die Kontaktaufnahme entsteht.

Die empirische Untersuchung hat gezeigt, dass es in China häufiger zu (kleineren) Schwierigkeiten, Problemen etc. kommt. Wenn in solchen Fällen die Vorgehensweise nicht klar ist bzw. niemand formal verantwortlich ist, kann es passieren, dass die Situation ignoriert und nicht gelöst wird. Wenn dadurch keine unmittelbaren Konsequenzen entstehen, bleibt die Situation unbemerkt und es kommt langfristig zu einem „Anwachsen der Probleme“. Dies gilt es zu verhindern, deswegen ist die Etablierung einer solchen Stabsstelle in China besonders wichtig. Entscheidend ist jedoch die Zusammensetzung des Teams:

---

[270] Vgl. Baudin (2002), S. 168.

[271] Vgl. Lindemann (2009), S. 216 ff.

- Die Besetzung muss über einen längeren Zeitraum konstant gehalten werden, damit ein persönliches Netzwerk entstehen kann.
- Das Team kann bzw. sollte auch deutsche Mitglieder haben, um eine Diversität für die Problemlösungstechniken zu ermöglichen.
- Die chinesische Expertise ist jedoch zwingend notwendig, damit die chinaspezifischen Faktoren angemessen berücksichtigt bzw. interpretiert werden können.
- Bi-kulturelle Chinesen sind besonders gut geeignet. Sie sind offen für die westliche Kultur und neue Problemlösungen und es treten nicht die Handlungsbedarfe ein, die durch die Etablierung dieses Teams umgangen werden sollen.
- Bei den Teammitgliedern sollte darauf geachtet werden, dass sie keine hierarchische Distanz zur Arbeitsebene haben, also höchstens Teamleiter sind, um keine hierarchischen Hemmschwellen zu erzeugen.
- Eine organisatorische Eingliederung der Stabsstelle bei einem Funktionsinhaber ist jedoch sinnvoll, um ggf. den nötigen Durchgriff zu haben.

<u>Wirkung:</u> Ein solches Sondervorgehen ist nicht mit einer Task-Force in Deutschland gleichzusetzen. Eine Task-Force wird vom oberen Management einberufen und wird nur in gravierenden Fällen angewandt, wie bspw. bei Gefährdung des Produktionsstarts, einer Rückrufaktion oder längerfristigen Produktionsunterbrechungen. Es handelt sich bei den Sonderfällen um Probleme im operativen Prozessablauf. Die empirische Untersuchung hat gezeigt, dass in solchen unklaren oder problembehafteten Situationen die Prozesse in Verzug geraten, weil keine systematische Klärung eigenverantwortlich herbeigeführt wird. Es kommt zu Inaktivität oder zu improvisierten Vorgehensweisen. Beides gefährdet die Zielerreichung der Produktentwicklung. Durch die Anwendung dieser Gestaltungsempfehlung wird eine adäquate Problemlösung ermöglicht, sodass es nicht zu einem Anwachsen der Probleme und damit zu Konsequenzen kommt, mit denen sich das obere Management beschäftigen muss. Folgende Handlungsbedarfe werden adressiert:

*I-a) Gesichtswahrende Abläufe etablieren.*

*I-b) Kritische Themen und Konflikte können nicht ignoriert werden.*

*II-a) Annahme von Verantwortlichkeit sicherstellen.*

*II-b) Inaktivität vermeiden.*

Beispiel: Es gibt zahlreiche Beispiele für Situationen, in welchen solche Sonderfälle in China auftreten. Z. B. wenn aufgrund von Hardware-Erprobung eine außergewöhnlich hohe Anzahl von Fehlermeldungen auftritt, die im Standardprozess nicht alle abgearbeitet werden können oder ein Versuchsfahrzeug plötzlich nicht zur Verfügung steht. Die gleiche Herausforderung entsteht, wenn im Prototypenbau ein falscher Teilestand ankommt und der Versuchsfahrzeugbau nicht durchgeführt werden kann.

### 7.2.3 Gestaltung der Rollen im Prozess

Jeder Prozess in der Produktentwicklung hat mindestens eine Rolle. In der Regel arbeiten jedoch mehrere Mitarbeiter in verschiedenen Rollen in einem Prozess zusammen, bspw. ein Entwickler und ein Einkäufer. Die Rolle bleibt über die Zeit konstant, unabhängig davon, welcher Mitarbeiter sie ausführt.

Zur kulturspezifischen Gestaltung der Entwicklungsprozesse im deutsch-chinesischen Umfeld gehört daher auch die Anpassung der Rollen im Prozess bzw. deren Rollendefinition. Die Gestaltungsempfehlung *transaktionale Prozesssteuerung* hat bereits die Einführung eines Prozesssteuerungsverantwortlichen (PSV) und eines Prozessumsetzungsverantwortlichen (PUV) vorgegeben. Für Das *Standardvorgehen bei Sonderfällen* wurde die Einführung einer zusätzlichen Rolle in Form eines Sonderablauf-Verantwortlichen dargestellt. Im Folgenden werden weitere gestalterische Maßnahmen im Hinblick auf die Rollen in den Prozessen und ihre Definition vorgeschlagen.

#### *7) Katalysator-Rolle in Entwicklungsteams*

Zweck: Die Grundidee dieser Gestaltungsempfehlung ist die Einführung einer zusätzlichen Rolle in den Entwicklungsteams, einer Katalysator-Rolle, die der Zurückhaltung und geringen Eigeninitiative entgegenwirken soll.

Die Grundsätze der kreativen Teamarbeit[272] kollidieren mit dem Bedürfnis, das Gesicht zu wahren und das „Nicht-Heraustreten-Wollen" aus einer Gruppe und es kommt zur Zurückhaltung. Diese wird größer, wenn Führungskräfte anwesend sind. In der Produktentwicklung ist es jedoch wichtig, dass neue Ideen entstehen und geäußert werden. Auch wenn ein Vorschlag beim ersten Eindruck abwegig erscheint und nicht weiter verfolgt wird, könnte er den Gedanken eines anderen Teammitglieds anregen. Durch die gezielte Einführung und Gestaltung der Rolle des Moderators wird Lösungsfindung im Team unterstützt.

---

[272] Vgl. Neises und Willich (2000), S. 333ff.

Anwendung: Wenn ein kreativer und diskursiver Austausch zwischen den chinesischen Kollegen gewünscht ist, sollten Führungskräfte und deutsche Kollegen nicht an einer Besprechung teilnehmen. Um eine kreative Debatte anzuregen, wird eine Art Moderator in Form einer zusätzlichen Rolle, der *Katalysator-Rolle*, eingesetzt. Die Katalysator-Rolle wird dabei durch einen deutschen Praktikanten wahrgenommen. Ein Praktikant steht in der Hierarchie unter den chinesischen Mitarbeitern (es muss allen Anwesenden klar sein, dass es sich um einen Praktikanten handelt). Falls notwendig wird er zu Beginn der ersten Besprechung als Praktikant vorgestellt.

Der Praktikant fungiert in der Rolle des Katalysators als methodischer Helfer und Impulsgeber. Ein deutscher Student hat aufgrund seines kulturellen Hintergrunds keine Hemmungen, Vorschläge zu machen, voranzutreiben oder Dinge aufzugreifen, die falsch sein können, aber vielleicht ein Teil des Lösungsweges sind. Die Erfahrungen haben gezeigt, dass die Diskussionsbereitschaft innerhalb eines chinesischen Teams durch Einführung dieser Rolle steigt. Die Äußerungen des Praktikanten werden aufgenommen und bieten die Basis für Gegenvorschläge oder eine Weiterentwicklung von Ansätzen. Diese Rolle kann sowohl bei Einzelbesprechungen oder Workshops implementiert werden.

Darüber hinaus kann der studentische Katalysator als Verbindung zwischen einer deutschen Führungskraft und einem chinesischen Team agieren, ohne dass eine hierarchische Zurückhaltung entsteht. Die Führungskraft kann mit dem studentischen Moderator mögliche Gesprächsinhalte und -richtungen besprechen oder gezielte Ideen und Hinweise mitgeben, die durch ihn im Team vorgetragen werden.

Die Herausforderung liegt darin, einen geeigneten Studenten zu finden. Evtl. muss ein eigenes Studentenprogramm mit gezielten Schulungen und Benefits etabliert werden, um sicherzustellen, dass immer genügend qualifizierte Studenten verfügbar sind. Ein Kandidat sollte grundsätzlich folgende Anforderungen erfüllen:

- Aufgeweckt, kreativ, mutig, keine Angst vor Gesichtsverlust, keine Zurückhaltung, hohe kognitive Auffassungsfähigkeit.
- Interkulturelle Eignung: Westliche kulturelle Prägung, allerdings mit interkultureller Sensibilität für den chinesischen Kulturraum.
- Mittlere Fachkompetenz: Er soll die Diskussion nur anregen, nicht inhaltlich führen. „Einfache Fragen“ stellen ist ein probates Mittel.

Wirkung: Die Untersuchung der Zusammenarbeit in der Praxis hat gezeigt, dass in interkulturellen Besprechungen und Workshops eine starke Zurückhaltung bei den chinesischen Kollegen entsteht. Diese steigt, wenn höhere Hierarchie anwesend ist. Kritische Themen werden nicht offengelegt sowie direkt und konfrontativ ausdiskutiert, bis eine Lösung gefunden wird. Durch die Einführung eines Studenten als Katalysator in chinesischen Entwicklungsteams soll ein kreativer und kritischer Austausch von Ideen gefördert werden. Der Student stellt sich selbst als „Reibungspunkt" zur Verfügung und sorgt dafür, dass die Teammitglieder ihr Gesicht wahren können. Dies erhöht auch die Akzeptanz für Fehler. Er stellt gleichzeitig die Schnittstelle der deutschen Führungskraft in das chinesische Team dar, ohne dass diese selbst anwesend ist. Folgende Handlungsbedarfe werden adressiert:

*I-a) Gesichtswahrende Abläufe etablieren.*
*II-b) Inaktivität vermeiden.*
*II-d) Akzeptanz von Fehlern schaffen.*

### *8) Gestaltung durchgängiger Rollen*

Zweck: Das Ziel dieser Gestaltungsempfehlung ist es, die personelle Kontinuität zu erhöhen und damit die Basis für das Entstehen von Beziehungen und Netzwerken zu schaffen.

Viele Rollen im Entwicklungsprozess sind zeitlich befristet und werden anschließend von anderen Rollen abgelöst. Der Grund dafür sind i. d. R. andere fachliche Anforderungen. Die Änderung der Rolle führt auch zu einem personellen Wechsel. Ein typischer Wechsel der Rollen erfolgt standardmäßig zwischen dem Ende der Serienentwicklung (Produktionsstart) und der nachfolgenden Weiterentwicklung. Die Rollenwechsel sollen eine bessere Spezialisierung ermöglichen. Insgesamt gibt es in der Produktentwicklung in Deutschland jedoch viele Rollen, die von unterschiedlichen Fachspezialisten ausgeführt werden, aber letztlich ähnliche Verantwortlichkeiten beinhalten.

Die Grundidee ist daher, durchgängig gestaltete Rollen zu etablieren und somit die planmäßigen Verantwortungswechsel im operativen Prozessablauf zu verringern. Es ist nicht Gegenstand dieser Gestaltungsempfehlung, die außerplanmäßigen Wechsel, bspw. wenn ein Mitarbeiter die Stelle wechselt, zu verhindern.

Anwendung: Die planmäßigen Rollenwechsel werden in China minimiert. Es wird dafür eine Abwägung durchgeführt zwischen Vorteilen der Änderung einer Rolle (Skaleneffekte / Kostenvorteile / Fachkompetenz) und den entstehenden Kosten aufgrund der Veränderung auf der persönlichen Ebene (Reibungsverluste, Beziehungsaufbau). Diese Kosten fallen aufgrund der hohen Bedeutung von persönlichen Beziehungen in China deutlich höher aus als in Deutschland. Es muss teilweise bewusst eine Entscheidung gegen die fachlich beste Rollendefinition getroffen und mehrere Rollen zu einer Rolle mit einem breiteren Spektrum zusammengefasst werden, um eine durchgängige Besetzung zu ermöglichen (Abbildung 47).

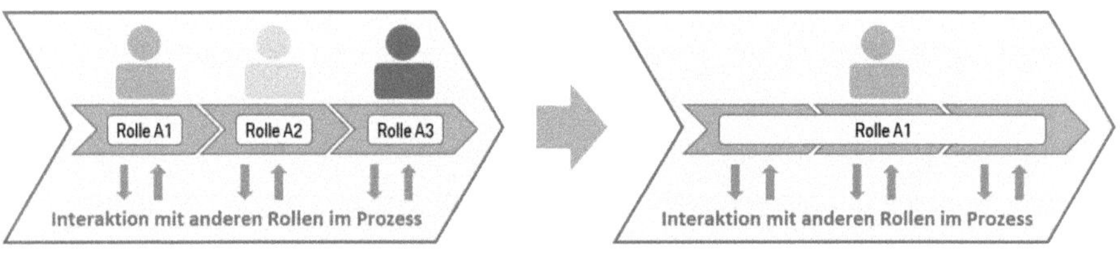


**Person, die eine Rolle ausführt** (unterschiedliche Farben stehen für unterschiedliche Personen)

Abb. 47: Gestaltung einer durchgängigen Rolle

Durch eine durchgängige Besetzung einer Rolle lassen sich weitere Aspekte realisieren:

- Es entstehen eingespielte Teams, die aufgrund des persönlichen Netzwerks vertrauensvoll zusammenarbeiten.
- Das Risiko des Gesichtsverlustes sinkt und die Zusammenarbeit ist besser organisierbar.
- Getroffene Vereinbarungen sind verbindlich, weil sie durch eine persönliche Beziehung gefestigt werden.
- Schnittstellenpositionen sind konstant besetzt und erhöhen die Verlässlichkeit.
- Mitarbeiter, die eine Verantwortung angenommen haben, bleiben möglichst lange in der Rolle, die Verantwortung umzusetzen.
- Eine durchgehende Verantwortung führt zu einer besseren Fokussierung auf den End-Kunden bzw. Leistungsabnehmer.

Falls die fachlichen Anforderungen der Rollen in der Breite nicht durch eine Person wahrgenommen werden können, erfolgt eine Bündelung der Anforderungen in einer zentralen Rolle, dem Fachbereichs-Ansprechpartner. Er ist der konstante Prozessanwender im operativen Ablauf und kontaktiert zu den fachspezifischen Inhalten die verschiedenen Ansprechpartner im Fachbereich. Prinzip: „One Face to the customer." Dadurch wird verhindert, dass verschiedene Fachspezialisten die jeweiligen Rollen wahrnehmen und somit die personelle Kontinuität erhöht (Abbildung 48).

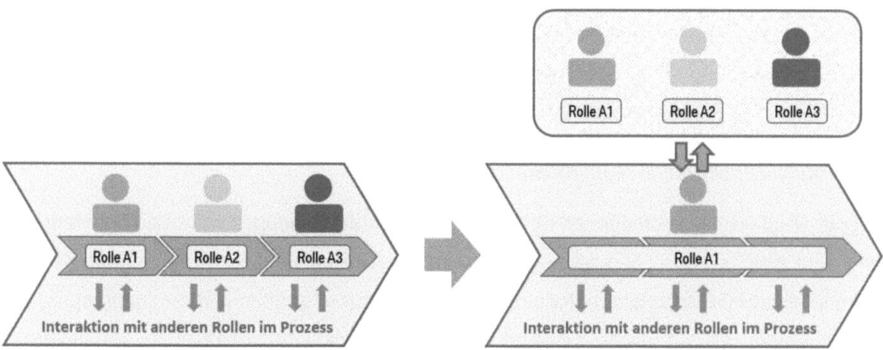


Abb. 48: Bündelung einer durchgängigen Rolle des Prozessanwenders

In Deutschland ist es üblich, dass Projektteams nach Beendigung des Projekts aufgelöst werden. In einem Nachfolgeprojekt werden bspw. Mitarbeitern aus verschiedenen Vorgängerprojekten zusammengeholt. In den Interviews wurde die Empfehlung geäußert, dass die Projektteams in China über das Ende eines Projekts hinaus zusammengehalten werden sollen. Um eine hohe personelle Konstanz zu ermöglichen, bearbeiten dieselben Personen vom Vorgängerprojekt auch das Nachfolgeprojekt. Das ist besonders bei Koordinations- und Projektmanagementrollen wichtig.

Wirkung: Die empirischen Erkenntnisse haben deutlich gemacht, dass die persönliche Beziehung die Grundvoraussetzung für die Zusammenarbeit mit Chinesen ist. Die vorgestellte Gestaltungsempfehlung berücksichtigt die hohe Beziehungsorientierung, indem durchgängig gestaltete Rollen eine personelle Konstanz ermöglichen. Etwaige Reibungs- und Zeitverluste, die durch den notwendigen Aufbau einer Beziehung bei der ersten Zusammenarbeit entstehen, werden somit verringert. Diese Maßnahme wird durch die Bildung homogener Entwicklungsprozesse (*Prozesshomogenisierung*) unterstützt, weil aufgrund der homogenen Tätigkeiten eine durchgängige Rollengestaltung erleichtert wird. Folgende Handlungsbedarfe werden adressiert:

*V-a) Kopplung von Verantwortlichkeiten bzw. Vereinbarungen an die Person berücksichtigen.*

*V-b) Personelle Konstanz etablieren, Beziehungen berücksichtigen.*

Beispiel: Vor allem der personelle Wechsel zum Produktionsstart wird in China als kritisch gesehen. Im Sinne der Spezialisierung ist das sinnvoll, weil es um die Entwicklung des Produkts parallel zur laufenden Serienproduktion geht, aber nicht im Hinblick auf die persönliche Ebene. In der Serienbetreuung kurz nach Produktionsstart steht die kurzfristige Problembewältigung (Troubleshooting) im Fokus. Daher muss ein Team sofort funktionieren. Zeit- und Reibungsverluste für den Beziehungsaufbau bergen ein hohes Risiko.

### *9) Kulturspezifische Rollenbesetzung*

Zweck: Mitglieder verschiedener Kulturen haben unterschiedliche kulturbedingte Verhaltens- und Arbeitsweisen. Sie bevorzugen demzufolge verschiedene Arten von Tätigkeiten. Das Ziel dieser Gestaltungsempfehlung ist es, die Mitarbeiter anhand ihrer kulturgeprägten Eigenschaften mit den jeweils für sie passenden Entwicklungsprozessen zu kombinieren, sodass sie eine Rolle im Prozess ausführen, die ihren kulturellen Arbeitsweisen entspricht.

Die vorliegende empirische Untersuchung hat deutlich gezeigt, dass die kulturell geprägten Eigenschaften von Deutschen und Chinesen im Arbeitsumfeld sehr unterschiedlich sind. Im Rahmen der vorliegenden Gestaltungsempfehlung lassen sich drei Gruppen bilden, in die Mitarbeiter anhand ihrer kulturbedingten Eigenschaften unterschieden werden (Abbildung 49). Die Gruppenzugehörigkeit ist nicht eindeutig nach Kulturen getrennt, sondern es werden in einer Gruppe vermehrt Mitglieder der einen Kultur, aber auch Mitglieder der anderen Kultur eingeordnet. Die Grenzen zwischen den Gruppen sind daher fließend.

Abb. 49: Darstellung unterschiedlicher Mitarbeitergruppen je nach Kultur

Die Produktentwicklungsprozesse haben unterschiedliche Charakteristika und stellen daher unterschiedliche Anforderungen an die Rolle, die den Prozess ausführt (den Prozessanwender). Die Entwicklungsprozesse können ebenfalls in bestimmte Kategorien eingeteilt werden (Tabelle 28). Anhand der Kategoriezugehörigkeit eines Prozesses können die Anforderungen der Rollen im Prozess an die Mitarbeiter ermittelt werden und eine Besetzung mit einem Mitarbeiter aus der kulturellen Gruppe (Abbildung 49), die diese Anforderungen am besten erfüllt, vorgenommen werden.

Anwendung: Diese Gestaltungsempfehlung zielt nicht darauf ab, die Prozesse und Rollen auf die chinesischen kulturellen Besonderheiten anzupassen, sondern ohne Anpassung der Prozesse eine geeignete Rollenbesetzung unter Berücksichtigung der kulturellen Prägung vorzunehmen. Diese Vorgehensweise ist daher limitiert durch die Verfügbarkeit der Mitarbeiter, da eine kulturspezifische Rollenbesetzung nur möglich ist, wenn ein Mitarbeiter verfügbar ist, der sowohl die geeignete kulturelle Prägung als auch die entsprechende fachliche Qualifikation aufweist.

Grundsätzlich werden zuerst die anderen Gestaltungsempfehlungen soweit wie möglich angewendet und die Rollen ausschließlich nach fachlichen Anforderungen besetzt. Wenn eine Anpassung der Prozesse nicht zu einer Verbesserung führt, wird die kulturspezifische Rollenbesetzung durchgeführt. Die Vorgehensweise ist in Abbildung 50 dargestellt.

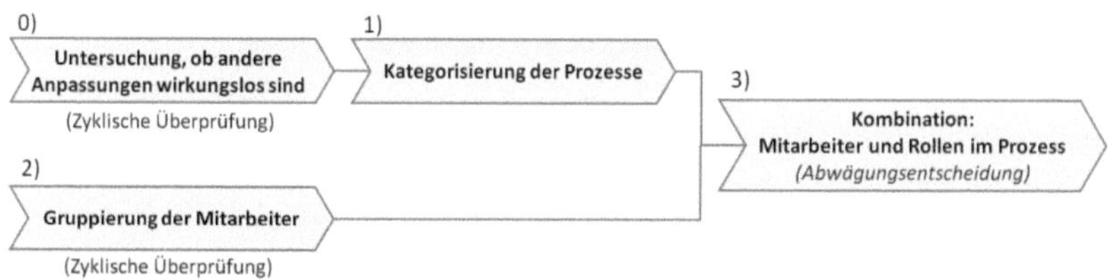


Abb. 50: Vorgehensweise zur kulturspezifischen Rollenbesetzung

1) Kategorisierung der Prozesse

Bevor eine Zuordnung der Prozesse in die Kategorien durchgeführt wird, ist eine *Prozesshomogenisierung* durchzuführen. Dadurch wird die Einordnung der Prozesse in eine Kategorie verbessert bzw. überhaupt möglich, weil die Inhalte einheitlich sind.

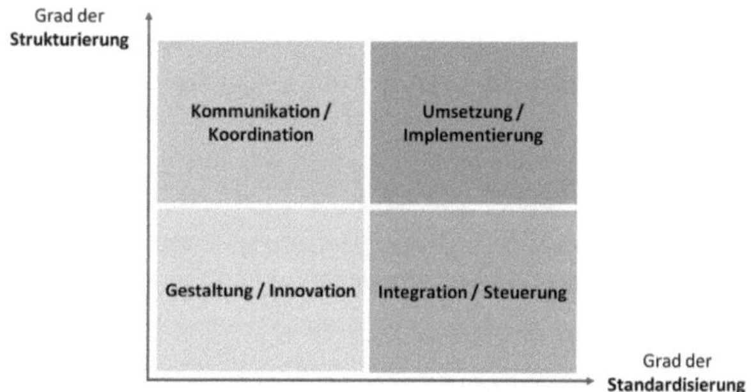


Abb. 51: Kategorisierung der Produktentwicklungsprozesse

In Abbildung 51 werden vier übergeordnete Kategorien für die Entwicklungsprozesse dargestellt. Diese Kategorien werden in Tabelle 28 anhand der Ausprägung der Prozessmerkmale beschrieben. Die Zuordnung erfordert eine prozessspezifische Einzelfallprüfung. Wenn Ausprägungen auf einen Prozess zutreffen, kann dieser in die entsprechende Kategorie einsortiert werden. Es müssen dabei nicht alle Ausprägungen zutreffen, sondern es wird eine Abwägung vorgenommen, welche Merkmalsausprägungen einer Kategorie am zutreffendsten sind. Eine Kategorie enthält somit verschiedene Prozesse, deren Rollen ein ähnliches Anforderungsprofil an den Prozessanwender stellen.

**Gestaltung / Innovation**

- Wechselnde Arbeitsabläufe, geringe Konstanz der Arbeitsinhalte
- Hoher Innovationsgrad: Gestaltung und Kreativität sind Herausforderungen
- Lösungsraum ist offen: Ergebnis ist nicht ex ante spezifizierbar oder messbar
- Hohe Unsicherheiten, Prozess-Erfolg / Ergebnisse zeigen sich langfristig
- Erheblicher Entscheidungs- und Gestaltungsspielraum für den Prozessanwender
- Viele beteiligte Bereiche / Prozesspartner → zahlreiche, wechselnde Schnittstellen
- Stark divergierende Ziele, Lösungen müssen im Spannungsfeld erst entwickelt werden→ hohes Konfliktpotential
- Strukturierung und Standardisierung im Prozess nur bedingt möglich und auch nicht gewünscht
- Beispiele: Design, Konzeptgestaltung und -auslegung, Produktstrategie

**Integration / Steuerung**

- Grundlegende Vorgehensmuster für die Arbeitsabläufe sind definiert und erprobt
- Mittlerer Innovationsgrad: Situationsabhängige Anwendung der Abläufe auf neue Inhalte, Flexibilität ist Herausforderung
- Lösungsraum ist definiert: Ergebnis ist ex ante spezifizierbar
- Mittlere Unsicherheiten, Prozess-Erfolg / Ergebnisse zeigen sich mittelfristig
- Mittlerer Entscheidungs- und Gestaltungsspielraum vorhanden, aber eindeutig abgrenzbar
- Viele beteiligte Bereiche / Prozesspartner → zahlreiche Schnittstellen
- Lösungen der Zielkonflikte sind im Spannungsfeld auszuarbeiten → Mittleres bis hohes Konfliktpotential
- Strukturierung und Standardisierung im Prozess möglich, aber technische Wechselwirkungen und neue Herausforderungen können eine Abweichung notwendig machen
- Beispiel: Technische Vernetzung / Zusammenführung verschiedener Komponenten zu Systemen oder Lieferanten / Dienstleister Steuerung

**Kommunikation / Koordination**

- Ähnliche Arbeitsabläufe und wechselnde Arbeitsinhalte (mit unterschiedlichen Zielgrößen)
- Geringer Innovationsgrad: Kommunikation und Organisation sind Herausforderungen
- Lösungen sind ex ante spezifizierbar, teilweise messbares Ergebnis

- Geringe Unsicherheiten, Prozess-Erfolg / Ergebnisse zeigen sich kurz- bis mittelfristig
- Überschaubarer Entscheidungs- und Gestaltungsspielraum für Prozessanwender
- Viele beteiligte Bereiche / Prozesspartner → zahlreiche Schnittstellen
- Zielkonflikte werden aufgezeigt, indem die Plan-Ziel-Vergleiche transparent werden
- Hoher Abstimmungsaufwand und Informationsfluss
- Strukturierung und Standardisierung im Prozess gut möglich und zielführend
- Beispiel: Projektmanagement (Berichte erstellen, Informationstransparenz herstellen, Abstimmung erzielen)

**Umsetzung / Implementierung**

- Routinierte Arbeitsabläufe und standardisierte (konstante) Arbeitsinhalte
- Hoher repetitiver Anteil (bspw. Iterationen der gleichen Aktivitäten)
- Geringer Innovationsgrad: Termingerechte und fehlerfreie Umsetzung sind Herausforderungen
- Lösungen sind ex ante spezifizierbar, messbares Ergebnis
- Geringe Unsicherheiten, Prozess-Erfolg / Ergebnis zeigt sich kurzfristig
- Wenig bis kein Entscheidungs- und Gestaltungsspielraum
- Wenige beteiligte Bereiche / Prozesspartner → überschaubare Schnittstellen
- Zielkonflikte sind bereits gelöst → geringes Konfliktpotential
- Strukturierung und Standardisierung im Prozess gut möglich und zielführend
- Beispiel: Dokumentenmanagement, Freigabesteuerung, Datenerfassung

Tab. 28: Kategorien zur Einordnung der Prozesse in der Produktentwicklung

<u>2) Gruppierung der Mitarbeiter und 3) Kombination von Mitarbeiter und Rolle im Prozess</u>

Die Zuordnung der Mitarbeiter in die kulturellen Gruppen erfolgt nicht stereotype nach Zugehörigkeit zum Kulturraum, sondern wird individuell durch die Führungskraft eingeschätzt. Dies ist notwendig, weil sich die äußeren Schichten der kulturellen Prägung über die Zeit verändern können (wie in Kapitel 3 gezeigt). Dies geschieht bspw. durch lange Auslandsaufenthalte oder internationale Zusammenarbeit. Die kulturelle Einordnung ist daher in regelmäßigen Abständen zu überprüfen.

In Abbildung 52 wird eine Mitarbeiter-Eigenschaftslinie dargestellt. Entlang der Eigenschaftslinie werden die einzelnen Mitarbeiter verortet, je nachdem, welche kulturellen Arbeitsweisen sie bevorzugen. Die Mitarbeiter liegen alle im Bereich der Eigenschaftslinie, da es sich bei der Verortung um eine Entweder-Oder-Entscheidung handelt. Die Ordinate beschreibt Arbeitsweisen, die der deutschen Kultur zugeordnet werden. Je stärker ein Mitarbeiter diese Eigenschaften aufweist, desto höher ist er dort einzuordnen. Die gleiche Vorgehensweise wird in Bezug auf die Abszisse für die Arbeitsweisen der chinesischen Kultur angewendet.

Entlang der Mitarbeiter-Eigenschaftslinie werden die drei definierten kulturellen Gruppen eingezeichnet. Die mittelgraue Gruppe oben links umfasst Mitarbeiter, die überwiegend chinesische Arbeitsweisen bevorzugen. Dort wird ein Mitarbeiter verortet, der bspw. harmonie- und konsensorientiert arbeitet, während ein Mitarbeiter, der unten rechts verortet wird, eine hohe Konflikt- und Dissensbereitschaft aufweist. Die Mitarbeiter der hellgrauen Gruppe besitzen Eigenschaften, die sowohl der chinesischen, als auch der deutschen Kultur zugeschrieben werden. Die Gruppen haben jeweils einen unterschiedlichen Fokus bei den Arbeitsweisen:

- Mittelgraue Gruppe: wiederkehrende Ausführung von Tätigkeiten. Der Fokus liegt auf termingerechter und fehlerfreier Abarbeitung gewohnter Abläufe in konstanter Qualität.
- Hellgraue Gruppe: Rolle eines initiierenden Impulsgebers und Kommunikationskanals. Der Fokus liegt auf der kulturübergreifenden Schnittstellenkoordination.
- Dunkelgraue Gruppe: Der Fokus liegt auf produktgestalterischen Tätigkeiten oder Aufgaben mit hoher strategischer Relevanz.

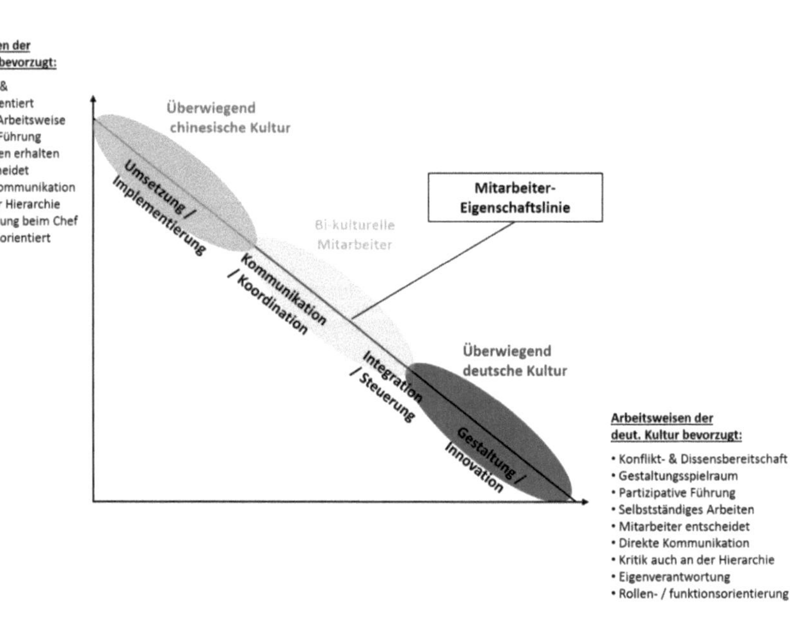


Abb. 52: Kulturelle Mitarbeitereigenschaftslinie

Entlang der Eigenschaftslinie sind die Prozesskategorien aus Tabelle 28 dargestellt. Dies zeigt die vorgeschlagene Kombination der Prozesskategorien mit den kulturgeprägten Mitarbeitergruppen. Ob eine kulturspezifische Rollenbesetzung letztlich durchgeführt wird, ist häufig eine Abwägungsentscheidung gegenüber der fachlichen Qualifikation, weil kein Mitarbeiter verfügbar ist, der beide Kriterien vollständig erfüllt. Es wird betrachtet, ob eine Besetzung nach fachlicher Qualifikation oder kultureller Prägung wirksamer ist und was dies ggf. für Konsequenzen auf andere Rollenbesetzungen hat.

Wirkung: Durch die gezielte Zusammenführung der Rollen und Mitarbeiter mit einer bestimmten kulturellen Prägung wird verhindert, dass die identifizierten prozessualen Handlungsbedarfe auftreten. Die Arbeitsweisen im Prozess entsprechen der kulturellen Prägung des Mitarbeiters, deswegen ist keine Anpassung des Prozesses mehr notwendig.

Darüber hinaus wird durch diese Gestaltungsempfehlung das Arbeiten in einem kulturhomogenen Umfeld gefördert. Wenn in einem Prozess mehrere Rollen mit ähnlichem Anforderungsprofil vorliegen und entsprechend durch die Mitarbeiter aus der gleichen Gruppe besetzt werden, wirkt sich dies positiv auf die Zusammenarbeit aus.

Die Umsetzung dieser Gestaltungsempfehlung ist jedoch stark limitiert durch die Verfügbarkeit der Mitarbeiter. Der Einsatz erfolgt in Kombination mit zwei anderer Gestaltungsempfehlungen erfolgt: Eine *Prozesshomogenisierung* erleichtert die kulturspezifische Rollenbesetzung, weil die Anforderungen an die Mitarbeiter einheitlich sind, und eine *durchgängige Rollengestaltung* fördert die langfristige Wirkung.

### 7.2.4 Gestaltung der Prozessdokumentation

Prozesswissen in der Produktentwicklung unterteilt sich in Wissen über den Prozess und Wissen, das während dem Prozessablauf notwendig ist. Im vorliegenden Fall geht es um das Wissen über den Prozess. Durch Dokumentation wird das Wissen über den Prozessablauf personenunabhängig verfügbar.[273] In großen Unternehmen mit vielen Mitarbeitern und starker Arbeitsteilung ist die schriftliche Dokumentation der Prozesse daher ein notwendiges Regelungsinstrument, um Abläufe verbindlich festzulegen und in der Unternehmung zu kommunizieren.

Es existieren verschiedene Dokumentationsformen für Prozesse. Bei der Dokumentation von Produktentwicklungsprozessen liegt der Fokus auf dem Bearbeitungsobjekt und dem

[273] Vgl. Eppler et al. (2008), S. 379 ff.

sachlogischen Ablauf im Prozess inkl. der zugeteilten Verantwortlichkeiten. Die Grundlage stellen Prozesstabellen dar, in denen die einzelnen Prozessschritte und die relevanten Informationen beschrieben werden. Die Prozesshierarchie kann durch eine Darstellung der verschiedenen Ebenen in unterschiedlichen Tabellen erfasst werden. Darüber hinaus werden teilweise grafische Prozessbeschreibungen erzeugt, z. B. Wertschöpfungsketten-diagramme oder Flussdiagramme. Sie umfassen eine abstrahierte Darstellung der einzelnen Elemente (Arbeitsschritte, Ergebnisse, Entscheidungen etc.) in ihrer Ablaufreihenfolge und stellen die logischen Verknüpfungen bzw. Zusammenhänge dar.[274]

Bei der Dokumentation von Prozessen sind sechs Grundsätze zur ordnungsgemäßen Modellierung[275] zu berücksichtigen (Abbildung 53). Im Folgenden werden die Grundsätze der Relevanz und der Wirtschaftlichkeit aufgegriffen und die kulturellen Auswirkungen dargestellt. Relevanz bedeutet, dass ein Prozessmodell alle relevanten Aspekte der Realwelt berücksichtigt. Der Grundsatz der Wirtschaftlichkeit besagt, dass der Detaillierungsgrad der Dokumentation von der Veränderlichkeit abhängt. Wenn auf einer höheren Ebene mehr Beständigkeit herrscht, kann von der Modellierung der darunterliegenden Ebenen abgesehen werden. Es existiert daher ein Spannungsfeld zwischen der Aufnahme aller relevanten Informationen und einer Wirtschaftlichkeit der Prozessdokumentation.

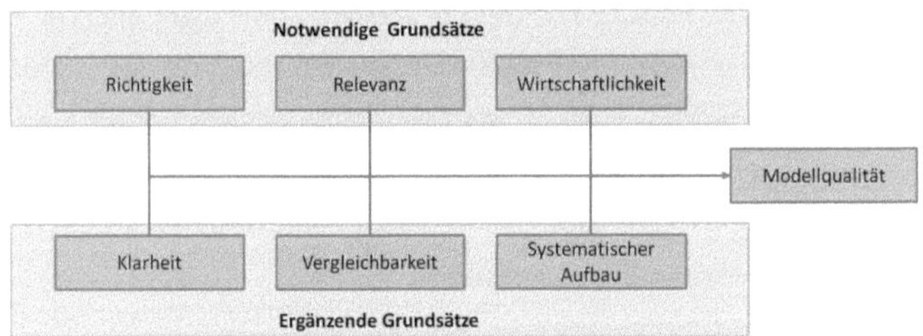


Abb. 53: Grundsätze zur Prozessmodellierung[276]

Der Grundsatz der Relevanz ist relativ und hängt bei einer internationalen Produktentwicklung vom kulturellen Umfeld ab. Im Folgenden wird am Beispiel China erläutert, dass in diesem kulturellen Umfeld mehr und detaillierte Informationen relevant sind und in die Dokumentation aufgenommen werden müssen. Die steigende Relevanz begründet daher einen höheren Aufwand bei der Dokumentationserstellung. Es müssen zusätzliche Aufwendungen erbracht werden, um die Dokumentation an die gestiegenen Anforderungen

[274] Vgl. Koch (2011), S. 51 ff.
[275] Vgl. Koch (2011), S. 49 f.
[276] Siehe Koch (2011), S. 51.

anzupassen. Die Wirtschaftlichkeit ist trotz des höheren Aufwand gegeben, weil die höhere Detaillierungstiefe zu einem steigenden Nutzen der Prozessdokuemntation führt. Die Wirtschaftlichkeit ist somit eine Folge der Relevanz.

***10) Kulturspezifische Prozessdokumentation in China***

Die hohe Relevanz einer detaillierten Prozessdokumentation in einer interkulturellen Produktentwicklung in China wird durch drei Faktoren verursacht:

- Bei einer Internationalisierung des Produktentwicklungsprozesses ist es grundsätzlich relevant, mehr explizite Dokumentation zu erstellen. Wissen, Prozesse und Abläufe müssen umfangreicher dokumentiert werden und die notwendigen Kapazitäten sind bereitzustellen. Es steckt ein Großteil des Wissens in den Abläufen der Organisation. Die Dokumentation ist die Grundvoraussetzung für einen Transfer.[277]

- Die vorliegende empirische Untersuchung hat gezeigt, dass die Dokumentation der Entwicklungsprozesse in China von besonderer Bedeutung ist. Eine genauere Beschreibung und Vorgabe der Arbeitsabläufe führt aufgrund der kulturellen Prägung zu einer verbesserten Prozessdurchführung.

- Die vorgestellten Gestaltungsempfehlungen stellen besondere Anforderungen an die Dokumentation der Prozesse und Rollen. Die Dokumentation der Prozessanpassungen ist vor allem für die entsendeten deutschen Mitarbeiter relevant, damit sie nachvollziehen können, welche Änderungen an den Abläufen vorgenommen wurden.

Die gestiegene Relevanz der Prozessdokumentation rechtfertigt somit den höheren Aufwand bei der Dokumentationserstellung. Die Wirtschaftlichkeit ist gegeben, weil die Prozessdokumentation den besonderen Anforderungen gerecht werden muss, da es ansonsten zu Problemen und Herausforderungen in den operativen Arbeitsabläufen kommen kann. Als Grundlage dient die Prozessdokumentation, die aus Deutschland übernommen wird und anschließend entsprechend den Anforderungen anzupassen ist.

Die Dokumentation der Entwicklungsprozesse in Deutschland umfasst i. d. R. das Prozessziel bzw. die Beschreibung des Meilensteins am Prozessende und die Leitplanken des Ablaufs, also welche Rahmenbedingungen eingehalten werden müssen, welche Rolle

[277] Vgl. Hansen und Ahmed-Kristensen (2011), S. 215 ff.

(Abteilungskurzzeichen und Rolle) verantwortlich ist und was die groben Ablaufschritte sind. Die Zwischenräume oder etwaige Lücken in der Darstellung werden im Ablauf durch den Anwender selbst gestaltet.

Das übergeordnete Ziel der Prozessmodellierung in China ist es, durch die Dokumentation der schriftlichen Anweisungen eine verlässliche Informationsquelle zu schaffen. Diese kann jederzeit zur Orientierung herangezogen werden und hat einen offiziellen Charakter, sodass sich die Mitarbeiter darauf berufen können. Es wird dadurch:

- Handlungssicherheit und Ablaufklarheit geschaffen. Das fördert das Gesichtwahren und beugt etwaiger Inaktivität vor.
- Eine strukturierte Vorgehensweise vorgegeben und pragmatischen und nicht strukturierten Herangehensweisen vorgebeugt.

Es werden folgenden Anforderungen an die Prozessdokumentation in China gestellt:

- Erhöhung der Dokumentationstiefe.
- Personalisierung der Prozessdokumentation.
- Erhöhung der Dokumentationsbreite.

**Dokumentationstiefe erhöhen:** Die Detaillierungstiefe der Prozessmodellierung im chinesischen Kulturumfeld umfasst auch Subprozesse, Arbeitsschritte und Aktivitäten, die durchzuführen sind, um das Prozessziel zu erreichen. Dadurch wird Ablaufklarheit beim Prozessanwender sichergestellt. Eine lückenlose Dokumentation aller Aktivitätsschritte, inkl. zeitlichen Ablaufplans, stellen eine strukturierte Herangehensweise und eine synchronisierte Vorgehensweise in den unterschiedlichen Prozessen sicher. Die Prozessbeschreibung deckt alle Varianten ab und mögliche Eventualitäten werden in Standardvorgehen für Sonderabläufe überführt. Freiheitsgrade sind nicht zielführend, durch die Dokumentation wird Sicherheit und Routine in den Prozessabläufen erzeugt. Die weiteren Anforderungen an die Prozessdokumentation ergeben sich aus den anderen Gestaltungsempfehlungen. Die wichtigsten zu dokumentierenden Punkte sind:

- Iterationen als Soll-Prozess (*iterative Prozessstruktur*).
- Entscheidungspunkte und die entsprechenden Vorgehensweisen (*Gestaltung von Entscheidungspunkten*).

- Die Vereinbarung der Holschuld an den Prozessschnittstellen (*Gestaltung von Prozessschnittstellen*).

- Der *„Reißleinen-Prozess"* bzw. die Anwendung bei auftretenden Sonderfällen. (*Standardvorgehen für Sonderfälle*).

- Die angepassten und neu eingeführten Rollen: PSV, PUV, Katalysator, Sonderablauf-Verantwortlicher sowie die Anpassung der Rolle der Führungskraft.

**Personalisieren:** Es wird empfohlen, die Prozessdokumentation zu personalisieren. Aufgrund der hohen Personenorientierung ist es förderlich, wenn neben den Abteilungskurzzeichen und Rollen auch die Namen der Mitarbeiter in der Prozessdokumentation enthalten sind. Dies erhöht zwar den Dokumentationsaufwand und vor allem die Pflege deutlich, jedoch wird dadurch Verbindlichkeit geschaffen. Dies ist vor allem an Schnittstellen wichtig, weil diese Übergabepunkte im interkulturellen Umfeld ein besonderes Risiko darstellen.

**Dokumentationsbreite erhöhen:** Neben der Erhöhung der Dokumentationstiefe ist es in China weiterhin notwendig, auch die Dokumentationsbreite zu verbessern. An bestimmten Stellen des Prozessmodells wird die *Erstellung von ergänzenden Dokumenten* empfohlen, die zusätzlich zur textuellen Beschreibung des Prozessablaufs vorliegen:

- *Grafische Ablaufdarstellungen* visualisieren den Prozessverlauf. Sie eignen sich besonders gut im chinesischen Umfeld, weil sie das Verständnis verbessern. Dies zeigt sich auch durch die bildlichen Schriftzeichen in der chinesischen Sprache.[278] Eine gute grafische Darstellung wird bspw. durch die Prozessdarstellung in Form von ereignisorientierten Prozessketten (ePK)[279] ermöglicht. Der Fokus bei dieser Darstellung liegt auf dem Ablauf. Die Prozesse werden als aufeinanderfolgende Aktivitäten, Vorgänge oder Tätigkeiten dargestellt, die jeweils in Bezug zu einem Ereignis stehen. Es wird immer eine verantwortliche Rolle zugeordnet.

- *Ergebnis-Templates* unterstützen die Strukturierung des Prozessoutputs (Vollständigkeit der Informationen, einheitliche Struktur). Sie erleichtern weiterhin die Vorgabe eines angestrebten Qualitätsniveaus bzw. geben dem Prozessanwender eine klar Vorgabe, welches Level zu erreichen ist.

---

[278] Vgl. Peill-Schoeller (1994), S. 76.

[279] Vgl. Koch (2011), S. 56 ff.

- Ein formales Dokument zur *Entscheidungskompetenz* beinhaltet die Entscheidungsverantwortung eines Mitarbeiters, die von der Führungskraft offiziell schriftlich erteilt wird. Dieses Dokument wird auch an die beteiligten Prozesspartner kommuniziert. Dadurch wird die Übergabe von Verantwortung an die Mitarbeiterebene verbessert und die Hemmschwelle zur Wahrnehmung von Entscheidungsverantwortung reduziert.

Die Dokumentationserstellung dient gleichzeitig der Mitarbeiterbefähigung. Eine gängige Methode in der Praxis ist die Nachbereitung eines Trainings durch die Dokumentation des Gelernten. Dadurch werden die Inhalte verinnerlicht und es kann eine Lernkontrolle durchgeführt werden. Die Aufnahme des Wissens wird kontrolliert, indem die Dokumentation von der Führungskraft überprüft wird.[280] Diese Vorgehensweise kann auf die Erstellung der Prozessbeschreibungen transferiert werden. Es empfiehlt sich eine schrittweise Vorgehensweise. Die tabellarische Prozessbeschreibung des Ablaufs wird gemeinsam durch die deutsche Führungskraft und den chinesischen Mitarbeiter erstellt. Im Nachgang wird die grafische Visualisierung (bspw. Prozess-Flussdiagramm oder ePK) vom Mitarbeiter erstellt und anschließend mit der Führungskraft besprochen. Dieses Vorgehen hat nicht nur den Vorteil einer wirksamen Nachbereitung, die dem chinesischen Kollegen Sicherheit gibt, sondern es reduziert gleichzeitig den Dokumentationsaufwand für die deutsche Führungskraft. Darüber hinaus hat sich in der Praxis gezeigt, dass die chinesischen Mitarbeiter einen großen Mehrwert in detaillierten Prozessdokumentationen inkl. Visualisierung sehen und daher bereit sind, Aufwand in die Erstellung zu investieren.

### 7.2.5 Anforderungen an die Rolle der Arbeits-Führungskraft

Die aus dem Stammsitz der Entwicklung entsendeten Mitarbeiter verantworten in der internationalen Produktentwicklung in China fast ausschließlich leitende Funktionen (auf unterschiedlichen Ebenen). Die vorliegende empirische Untersuchung hat jedoch gezeigt, dass eine gute Führungskraft in Deutschland nicht automatisch auch eine gute Führungskraft sein muss, wenn sie nach China entsendet wird. Zudem haben viele der dargestellten Gestaltungsempfehlungen eine Auswirkung auf die Rolle der Führungskraft in der deutsch-chinesischen Produktentwicklung. Die Rollenbeschreibung muss dementsprechend angepasst werden. Es fallen andere und zusätzliche Aufgaben in ihren Verantwortungsbereich, sodass eine Verschiebung der Kapazitäten vorgenommen werden muss. Es handelt sich bei diesem Kapitel nicht um eine alleinstehende Gestaltungsempfehlung,

---

280 Vgl. Inkpen (2008), S. 82.

sondern es werden die unterschiedlichen Anforderungen an eine Führungskraft in China zusammenfassend dargestellt.

Eine sogenannte Arbeits-Führungskraft (Gruppenleiter) ist eine Führungskraft auf der Ebene direkt über den Mitarbeitern. Ein Gruppenleiter in Deutschland ist laut Ehrlenspiel (2003) stark mit steuernden und koordinativen Tätigkeiten belastet. Er bezeichnet ihn als Konstruktionsmanager, der sich in der Praxis überwiegend mit Organisations- und Führungsproblemen beschäftigt und nicht mit den Inhalten und Ergebnissen der Konstrukteure.[281] Die empirischen Erkenntnisse haben gezeigt, dass Führung in China bedeutet, die Mitarbeiter inhaltlich anzuweisen und zu kontrollieren. D. h. die deutsche Führungskraft muss aktiv am Prozessablauf mitwirken und bspw. gewisse Entscheidungen selbst treffen, die sie in Deutschland delegieren würde. Es wird eine andere Einstellung zur eigenen Rolle von den Führungskräften verlangt. Dies muss aus der Rollenbeschreibung hervorgehen.

Eine deutsche Führungskraft muss sich in China zudem intensiv mit der Gestaltung der Arbeitsprozesse auseinandersetzen. Bestimmte Führungskräfte werden als Verantwortliche für die Anwendung der vorgestellten Gestaltungsempfehlungen eingeteilt sein. Es muss die notwendige Arbeitskapazität dafür eingeräumt und in der Rollendefinition festgehalten werden. Auch wenn die Führungskraft nicht für die Prozessanpassung verantwortlich ist, haben diese doch erhebliche Auswirkungen auf ihre Rolle. Es ist daher notwendig, dass

- Die Führungskraft ein entsprechendes Bewusstsein für die notwendigen Anpassungen der Entwicklungsprozesse entwickelt.
- Die Führungskraft darüber informiert ist, welche Prozessänderungen im Hinblick auf die kulturellen Randbedingungen umgesetzt wurden. Andernfalls besteht das Risiko, dass die Führungskraft Optimierungen durchführen möchte und dabei die vorgenommen Anpassungen negativ beeinflusst.

Darüber hinaus müssen die Rückwirkungen der Prozessgestaltung auf die Rolle der Führungskraft berücksichtigt werden, damit eine bewusste Erhöhung des Führungsaufwands an der richtigen Stelle von der Führungskraft herbeigeführt und akzeptiert wird. Folgende Gestaltungsempfehlungen haben eine direkte Auswirkung auf die Rolle der Führungskraft:

---

[281] Vgl. Ehrlenspiel (2003), S. 264 ff.

- Im Rahmen der *transaktionalen Prozesssteuerung* wurde die Rolle des Prozesssteuerungsverantwortlichen eingeführt. Normalerweise existieren Prozessrollen nur auf Mitarbeiterebene. Diese Rolle wird von der jeweiligen Führungskraft ausgeführt und bedeutet daher eine Umstellung für die Führungskraft.

- Die Rolle des PSV ist verantwortlich für die Beauftragung und Abnahme der Iterationen bei einer *iterativen Prozessstruktur.*

- Die *Gestaltung der Entscheidungspunkte* führt dazu, dass viele Entscheidungen, die in Deutschland vom Mitarbeiter getroffen werden auf die Führungsebene gehoben werden. Die Anwendung dieser Gestaltungsempfehlung muss mit der Führungskraft vereinbart werden, damit es nicht zu einer Rückdelegation kommt.

- Die Rollenbeschreibung der Führungskraft muss den Umgang mit einer möglichen *Katalysatorrolle* berücksichtigen.

- Die *kulturspezifische Rollenbesetzung* hat eine große Wirkung auf die Rolle der Führungskraft in China. Sie ist zuständig für die kulturelle Einordnung ihrer Mitarbeiter und die Kombination mit einer kulturell passenden Rolle in einem Prozess.

## 7.3 Abschließende Betrachtung der Gestaltungsempfehlungen

Die dargestellten Gestaltungsempfehlungen schlagen Maßnahmen zur Anpassung der Prozesse einer deutsch-chinesischen Produktentwicklung in China mit kollaborativer, interkultureller Zusammenarbeit vor. Der notwendige oder förderliche Grad der chinaspezifischen Anpassung der Prozessgestaltung kann in der Praxis zwischen den verschiedenen Entwicklungsprozessen variieren. Die Anwendung der Konzepte in der Praxis bedarf einer fallweisen Untersuchung. Es muss eine situationsspezifische Feinjustierung bei der Anwendung vorgenommen werden, damit entsprechend auf die interkulturellen Herausforderungen eingegangen werden kann, ohne jedoch den Charakter der Produktentwicklung grundlegend einzuschränken. Die Umsetzung der Gestaltungsempfehlungen in der Praxis obliegt daher der jeweiligen Führungskraft bzw. dem Prozessverantwortlichen. Sie sind am besten mit den Abläufen und den kulturellen Randbedingungen vertraut.

Bei den vorgestellten Gestaltungsempfehlungen handelt es sich um Lösungsansätze, deren empirische Validierung über die Anwendbarkeit und Wirkung in der Praxis noch aussteht. Die Ansätze wurden mit Erfahrungsträgern aus dem beruflichen und dem wissenschaftlichen Umfeld besprochen, die sowohl über Fachwissen im Bereich Prozessmanagement, als auch über Chinaerfahrung verfügen und von diesen grundsätzlich für tauglich befunden. Darüber hinaus haben erste praktische Anwendungsfälle (abseits einer wissenschaftlichen Erhebung) gezeigt, dass die Gestaltungsempfehlungen anwendbar und förderlich sind. Eine empirische Validierung der Gestaltungsempfehlungen stellt daher einen Ansatzpunkt für zukünftige Forschung dar. Eine weiterführende Untersuchung kann aufbauend auf den Erkenntnissen dieser Arbeit, die Anwendung der Gestaltungsempfehlungen in der Praxis untersuchen und bspw. folgende Fragestellungen behandeln:

- Welche Auswirkungen und Besonderheiten treten bei der praktischen Umsetzung der vorgestellten Gestaltungsempfehlungen auf?
- Welche Wirkung ist durch die Gestaltungsempfehlungen im Hinblick auf die identifizierten Handlungsbedarfe in der Praxis zu beobachten?
- Wie lässt sich der Nutzen durch die Gestaltungsempfehlungen quantifizieren und im Verhältnis zum Aufwand betrachten?

Insbesondere die letzte Fragestellung ist für die industrielle Praxis von großer Relevanz. Einerseits ist die Umsetzung von Prozessveränderungen mit einem großen Aufwand verbunden und andererseits sind die Lösungskonzepte darauf ausgerichtet gewisse Potentiale für die Produktentwicklung bewusst nicht zu realisieren, um eine kulturspezifische Gestaltung der Entwicklungsprozesse zu ermöglichen. Eine empirische Untersuchung der wirtschaftlichen Aspekte (Aufwand im Vergleich zum Nutzen) ist daher von Bedeutung.

Es kann zusammenfassend festgehalten werden, dass die vorgestellten Gestaltungsempfehlungen erfolgversprechende Ansätze für die Anpassung der Entwicklungsprozesse im interkulturellen deutsch-chinesischen Kontext darstellen. Durch die Berücksichtigung der unterschiedlichen kulturellen Prägung bei der Gestaltung der Entwicklungsprozesse kann das Auftreten und die Auswirkung der in Kapitel 6 dargestellten interkulturellen Herausforderungen vermieden bzw. verringert und somit eine Verbesserung für die Produktentwicklung erzielt werden.

# 8 Zusammenfassung und Ausblick

Die vorliegende Arbeit hat gezeigt, dass im Rahmen der Internationalisierung der Produktentwicklung nach China der Faktor Kultur eine große Bedeutung hat. Kulturelle Unterschiede zwischen Deutschland und China führen zu Herausforderungen in der gemeinsamen Produktentwicklung, weil bestehende Prozesse nicht wie geplant ablaufen können.

Das **Ziel dieser Arbeit** ist es, durch eine entsprechende Gestaltung der Entwicklungsprozesse bzw. Arbeitsabläufe unter Berücksichtigung der kulturellen Unterschiede eine Verbesserung der gemeinsamen deutsch-chinesischen Produktentwicklung herbeizuführen. Für die aufgezeigte Forschungslücke der kulturgerechten Anpassung von Entwicklungsprozessen (Kapitel 4) stellen die Ergebnisse der vorliegenden Untersuchung einen wesentlichen Beitrag dar.

Im Rahmen der Arbeit wurden mehrere **Kernergebnisse** erzielt. Die Wirkung von Kultur auf die Produktentwicklung wurde herausgearbeitet und die interkulturellen Herausforderungen zwischen Deutschen und Chinesen in der Zusammenarbeit einer gemeinsamen Produktentwicklung aufgezeigt. Die damit verbundenen Handlungsbedarfe für den Produktentwicklungsprozess wurden identifiziert. Darauf aufbauend wurden die Möglichkeiten zur Berücksichtigung des Faktors Kultur bei der Gestaltung der internationalen Produktentwicklung gezeigt und Gestaltungsempfehlungen für die Entwicklungsprozesse erarbeitet, welche auf die Bewältigung der interkulturellen Herausforderungen ausgerichtet sind.

Die **Vorgehensweise** in der vorliegenden Arbeit gestaltet sich wie folgt: Zu Beginn der Untersuchung wurde die wissenschaftliche Literatur zum Thema Produktentwicklung analysiert und die charakteristischen Eigenschaften im Vergleich zu anderen Aktivitäten in den Wertschöpfungsprozessen herausgearbeitet. Es wurde weiterhin gezeigt, dass die Produktentwicklung aufgrund ihres spezifischen Charakters besonders sensitiv gegenüber kulturellen Einflüssen ist: Aufgrund des großen Anteils menschlicher Arbeit und der hohen Interaktionsintensität wirken sich kulturelle Faktoren sehr direkt auf die Zusammenarbeit aus. Im nächsten Schritt wurde die Literatur zum Thema Kultur untersucht und die Wirkungsweisen von Kultur als gesellschaftliches Phänomen erarbeitet. Dies erfolgte mit einem Schwerpunkt auf der Literatur zum Vergleich der deutschen und chinesischen Kultur. Anschließend wurde die Literatur zur deutsch-chinesischen Zusammenarbeit bei industriellen Aktivitäten untersucht und die kulturbedingten Herausforderungen herausgearbeitet.

Diese interkulturellen Herausforderungen wurden im Folgenden auf die Besonderheiten der Produktentwicklung projiziert. Es wurden interkulturelle Herausforderungen für die deutsch-chinesische Produktentwicklung sowie die damit verbundenen Konsequenzen und Risiken abgeleitet. Die theoretischen Ableitungen wurden im Rahmen einer empirischen Studie verifiziert und ergänzt. Es erfolgte eine Darstellung der interkulturellen Herausforderungen einer deutsch-chinesischen Produktentwicklung und die Ableitung von Handlungsbedarfen. Aufbauend auf diesen Erkenntnissen wurden Gestaltungsempfehlungen für die Entwicklungsprozesse erarbeitet, welche eine Berücksichtigung von kulturellen Unterschieden bei der Gestaltung einer internationalen Produktentwicklung ermöglichen.

Folgende **Erkenntnisse** wurden im Rahmen der vorliegenden Untersuchung erzielt:

Die Produktentwicklungsprozesse in Deutschland sind geprägt durch ein hohes Maß an interdisziplinärer Zusammenarbeit. Die stark vernetzten und parallelen Abläufe werden in wechselnden Teams mit unterschiedlichen Personen aus vielen verschiedenen Fachbereichen durchgeführt. Aufgrund der hohen Beziehungsorientierung und des Gruppengedankens ist in China hingegen ein rollenorientiertes Arbeiten in verschiedenen Teams mit vielen personellen Wechseln nicht möglich. Die Zahl der im Prozess beteiligten Rollen muss daher reduziert und die Durchgängigkeit der Verantwortung der Rollen über den kompletten Prozess sichergestellt werden. Darüber hinaus ist eine spezielle Gestaltung der Prozessschnittstellen notwendig, die eine konsequente, rückwärtsterminierte Holschuld zwischen den Prozesspartnern vereinbart.

Die integrativen Vorgehensweisen in der Produktentwicklung führen dazu, dass die Ziele der unterschiedlichen involvierten Fachbereiche häufig im Konflikt zueinander stehen und gleichzeitig von einer großen Zahl dynamischer Faktoren abhängen. Die Prozesse einer deutschen Produktentwicklung sind darauf ausgerichtet, dass im Rahmen der Abläufe die Ziele durch die Mitarbeiter selbstständig verfolgt sowie Zielkonflikte und auftretende Probleme in der direkten Konfrontation sachlich ausdiskutiert werden, um dadurch den bestmöglichen Kompromiss für das Produkt zu erzielen. Aufgrund des starken Harmoniestrebens der chinesischen Mitarbeiter werden die Ziele nicht konsequent verfolgt, um Konflikte nicht offen austragen zu müssen. Das führt dazu, dass Zielkonflikte auf der Mitarbeiterebene nicht aufgelöst werden. Die Führungskraft ist daher für die Zieleverfolgung und die Auflösung von Zielkonflikten verantwortlich und steuert den Mitarbeiter über abgeleitete Aufgaben mit kurzfristigem zeitlichem Horizont. Sie bekommt häufige und schnelle Rückmeldung durch prozessuale Iterationen, sodass sie den Prozessfortschritt kontrollieren und steuern kann.

Der Produktentwicklungsprozess ist grundsätzlich durch eine begrenzte deterministische Planbarkeit und dem hohen Bedarf an situativen Entscheidungen zum Vorgehen geprägt. In einem deutschen Umfeld sind die Prozesse so gestaltet, dass ein hohes Maß an eigeninitiativen Entscheidungen auf der Mitarbeiterebene erforderlich ist. Diese Arbeitsweise ist aufgrund der hohen Hierarchieorientierung in China nicht üblich. Die Verantwortung wird bei den Führungskräften zentralisiert und Entscheidungen auf der Mitarbeiterebene deswegen nicht getroffen. In der Folge muss eine spezielle Vereinbarung für die Entscheidungspunkte im Prozess getroffen werden. Eine Möglichkeit dazu ist, die Ertüchtigung des Mitarbeiters zur Entscheidung, indem das Entscheiden zum Teil der Aufgabe wird. Die andere Möglichkeit ist, die Notwendigkeit zur eigenverantwortlichen Entscheidung durch den Mitarbeiter zu reduzieren, indem Entscheidungsbedarfe durch Prozessvorgaben an die verantwortliche Führungskraft geleitet werden.

Die Produktentwicklung ist naturgemäß charakterisiert durch Neuartigkeit und durch Unsicherheit. Bestehende Lösungen müssen hinterfragt, neue Wege eigeninitiativ eingeschlagen und dabei bewusste Risiken eingegangen werden. Hierfür sind diskursive Arbeitsweisen notwendig. Eine offene Kultur zwischen Mitarbeitern und Führungskräften fördert das kritische gegenseitige Hinterfragen, auch bei Führungskräften. Fehler werden in gewissem Umfang als Bestandteil des Konkretisierungsprozesses betrachtet, wenn sie einen notwendigen Schritt auf dem Weg zu einer Innovation darstellen. Aufgrund der großen Bedeutung des Gesichtsverlusts in China werden bestehende Lösungen nicht hinterfragt und nicht vorgegebene bzw. nicht erprobte Vorgehensweisen abgelehnt. Gestaltungsfreiräume auf der Mitarbeiterebene werden nicht genutzt und können im Gegenteil sogar zur Unzufriedenheit und Demotivation führen. Wenn in Prozessen Neuartigkeit gefordert ist, kann eine neu eingeführte Katalysator-Rolle den kreativen und diskursiven Austausch gezielt anregen. Zudem kann in Prozessen mit hoher Unsicherheit eine spezielle Besetzung der Prozessrollen vorgenommen und prozessuale Umleitungspunkte in Sonderabläufe (in ein nicht chinesisch geprägtes Team) etabliert werden.

Die vorliegende Untersuchung hat gezeigt, dass die Produktentwicklung in Deutschland stark auf die deutschen kulturellen Besonderheiten ausgerichtet ist und sich durch die spezielle Gestaltung die deutsche kulturelle Prägung zunutze macht. In China ist es notwendig, an bestimmten Stellen die Gestaltung der Produktentwicklung sowie deren Prozesse anzupassen und Potentiale bewusst nicht zu realisieren, dafür aber stabilere Abläufe und somit eine Integration der chinesischen Kultur zu ermöglichen.

Es wurde gezeigt, dass Prozesse einer Produktentwicklung in ihrem Charakter sehr unterschiedlich sind. Darüber hinaus kann die chinesische Kultur sich in unterschiedlichen Ausprägungen zeigen, z. B. können sich die äußeren Schichten der kulturellen Prägung durch internationale Zusammenarbeit langsam verändern. Es liegt daher viel Verantwortung bei Führungskräften, die vor Ort die operativen Arbeitsabläufe gestalten und leben müssen. Sie benötigen das nötige Fingerspitzengefühl, um die richtigen Anpassungen vorzunehmen. Die vorliegende Arbeit hat gezeigt, dass es notwendig ist, kulturgerechte Veränderungen (Anpassungen) in gewissem Umfang umzusetzen. Die Einstellung auf die andere Kultur ist eine Gratwanderung. Es muss prozessspezifisch eine Abwägung getroffen werden, sodass auf die kulturellen Besonderheiten eingegangen wird, ohne die Lösungsentwicklung zu stark einzuschränken. Auf der anderen Seite ist es dabei auch zulässig, die chinesischen Mitarbeiter in gewissem Umfang durch die Arbeitsweisen zu fordern, sodass sie ihre kulturelle Komfortzone verlassen müssen.

Die vorliegende Untersuchung unterliegt aufgrund des eingangs definierten Untersuchungsgegenstands bestimmten Limitationen. Der Untersuchungsfokus wurde gezielt spezifiziert, um für die identifizierte Forschungslücke einen zentralen Beitrag zu leisten. Für weitere Studien wird empfohlen den Untersuchungsfokus zu verändern und bspw.

- Forschung anstelle der Produktentwicklung
- empirische Untersuchung am Beispiel anderer Industrien
- andere Länder bzw. Kulturen

zu betrachten. Darüber hinaus wurde in Kapitel 7.4 bereits die weitere Forschung zur Umsetzungsbegleitung der vorgeschlagenen Gestaltungsempfehlungen in der Praxis empfohlen. Weitere relevante Themenstellungen für zukünftige Untersuchungen sind z. B.

- Die kulturspezifische Gestaltung der Aufbauorganisation und das Zusammenspiel mit der vorgeschlagenen Gestaltung der Ablauforganisaton.
- Die Betrachtung eines kontinuierlichen Verbesserungsprozesses zur Weiterentwicklung der vorgestellten Gestaltungsempfehlungen. Es stellt sich die Frage, wie sich die kulturell geprägten Arbeitsweisen über die Zeit der internationalen Zusammen-

arbeit verändern und wie diese Änderungen in der Prozessgestaltung berücksichtigt werden könnten.

Wenn der eingangs der Arbeit dargestellte Trend der Internationalisierung der Produktentwicklung nach China weiterhin anhält, sind Forschungen im Bereich der kulturellen Unterschiede und der Auswirkung auf die industrielle Wertschöpfung nicht nur spannend, sondern auch weiterhin von großer Bedeutung für die Praxis.

# Anhang

Interviewleitfaden:

## 1. Hintergrund

Kulturelle Unterschiede stellen erhebliche Anforderungen an die lokale Durchführung unternehmerischer Aktivitäten in China. Dies trifft in besonderem Maße auf die Produktentwicklung zu, die aufgrund ihres neuartigen Charakters sensitiv gegenüber äußeren Einflüssen ist. Im Rahmen meiner Forschung beschäftige ich mich mit den interkulturellen Herausforderungen zwischen Deutschen und Chinesen sowie deren Auswirkungen auf die gemeinsame Produktentwicklung in der Automobilindustrie. Basierend auf einer theoretischen Analyse der Besonderheiten der Produktentwicklung und den kulturellen Unterschieden werden interkulturelle Handlungsbedarfe einer gemeinsamen, deutsch-chinesischen Produktentwicklung identifiziert. Die Darstellung dieser Handlungsbedarfe in der Praxis wird im Rahmen von leitfadengestützten Experteninterviews untersucht. Es werden ausschließlich Expats befragt, um das Auftreten der Handlungsbedarfe aus einer einheitlichen Perspektive zu betrachten. Aus den Erkenntnissen (Literatur und Praxis) werden Empfehlungen abgeleitet, wie die Entwicklungsprozesse unter Berücksichtigung der Interkulturalität, bei der Verlagerung von Deutschland nach China angepasst werden sollten. Es ist das Ziel, einen Methodenbaukasten mit konkreten Prozessgestaltungsansätzen zu entwickeln, um die Arbeitsprozesse auf die interkulturellen Randbedingungen in einer internationalen Produktentwicklung einzustellen und möglichen Auswirkungen entgegenzuwirken.
Dieses Interview dient zu Untersuchung der interkulturellen Herausforderung in der kollaborativen, deutsch-chinesischen Produktentwicklung in China. Dazu habe ich einen Leitfaden für die Gesprächsstruktur vorbereitet. Ich würde Sie bitten, die Fragen so präzise wie möglich zu beantworten, Namen spielen dabei keine Rolle. Natürlich haben Sie auch die Möglichkeit, auf eine Frage nicht zu antworten. Besonders hilfreich ist es für mich, wenn Sie Ihre Einschätzungen mit kurzen Beispielen hinterlegen. In den Fragen wird häufig von „Ihren chinesischen Kollegen“ gesprochen. Dies meint allgemein die chinesischen Mitarbeiter in Ihrem Umfeld, nicht nur die, für die Sie verantwortlich sein. Bitte berücksichtigen Sie daher bei Ihren Einschätzungen die Gesamtheit aller chinesischen Kollegen. Es ist nicht das Ziel dieser Befragung, Ihre Mitarbeiter zu bewerten oder Ihre Rekrutierung in Frage zu stellen, sondern die Herausforderungen der operativen Zusammenarbeit zu ermitteln.

## 2. Interviewte Person

Name:
Alter:
Nationalität bzw. Herkunft:
Unternehmen:
Abteilung:
Position / Funktion:
Dauer der Tätigkeit in China:
Davon in der (Produkt-) Entwicklung:
Dauer der bisherigen Tätigkeit in dieser Industrie / im jetzigen Unternehmen / in der Entwicklung:

## 3. Angaben zum Interview

Ort:
Datum:
Dauer:
Räumlichkeit:

Anwesende Personen:
Etwaige Unterbrechungen :

## 4. Interview

### Erleben von Interkulturalität

*Im ersten Abschnitt sollen die Erfahrung und Kenntnisse des Interviewten mit dem interkulturellen Umfeld eingeordnet werden sowie die Randbedingungen und Berührungspunkte mit interkulturellen Situationen kurz erfasst werden.*

(1) Hatten Sie vor Ihrer Zeit in China bereits die Möglichkeit länger im Ausland tätig zu sein?
   a. Wenn ja, wann wo und wie lange?
(2) In welcher Weise haben Sie mit interkulturellen Situationen zu tun?
(3) Wie lange haben Sie bereits mit der chinesischen Kultur zu tun bzw. sind Sie in diesem interkulturellen Umfeld tätig
(4) Wie intensiv sind Ihre Kontakte (auf beruflicher Ebene)?
(5) Für wie unterschiedlich halten Sie generell die deutsche und die chinesische Kultur auf einer Skala von 1 bis 10?
(6) Haben Sie an einem interkulturellen Training teilgenommen?

### I – Dissenskultur

*In diesem Abschnitt wird die Dissenskultur von chinesischen Mitarbeitern untersucht. Der offene Dissens als sachliche Diskussion im Sinne der besten Lösung für das Produkt, ist eine der Grundprinzipien interdisziplinärer Projektarbeit im Rahmen der Produktentwicklung. Es wird daher betrachtet in wie weit sich diese Arbeitsweise mit der chinesischen Kultur vereinen lässt.*

1. Wie ist der Umgangston der chinesischen Kollegen, vor allem in „gemischten" Meetings?
2. Wie beurteilen Sie die Dissenskultur der chinesischen Kollegen?
3. Wie beurteilen Sie die Art und die Klarheit der Kommunikation der chinesischen Kollegen?
   - Vor allem wenn es um negative / kritische Themen geht?
4. Welche Unterschiede bei der Gesprächs und Diskussionsbeteiligung oder der Art und Weise der Meinungsäußerung fallen Ihnen auf?
5. Wie entscheidungsfreudig sind die chinesischen Kollegen (insb. bei Themen mit Konfliktpotential)?

→ Wenn Interviewpartner die kulturellen Herausforderungen bestätigt:

6. Wie beobachten Sie, dass die deutschen Kollegen mit einer zurückhaltenden und einer nach Harmonie strebenden Haltung umgehen?
7. In wie weit beeinflusst eine indirekte / zurückhaltende Kommunikationsweise sowie eine harmonische (konfliktverhindernde) Haltung die Produktentwicklung?
8. Zu welchen Problemen kann es kommen wenn kritische Themen aufgrund des Harmoniestrebens nicht rechtzeitig aufgezeigt und ausdiskutiert werden?

## II – Eigenverantwortung / -initiative

*In Deutschland verstehen sich die Mitarbeiter nicht als ausführendes Organ des Chefs, sondern fühlen sich für das Ergebnis Ihrer Arbeit verantwortlich. Die Übertragung von Verantwortung wirkt sich häufig positiv auf die Motivation aus. Die Bereitschaft Verantwortung zu übernehmen kann je nach kulturellem Hintergrund unterschiedlich sein. Hohe Machtdistanz führt häufig zu großem Respekt vor Verantwortung und deren Trägern, sowie zur Angst davor Verantwortung nicht erfüllen zu können. Im Folgenden wird betrachtet welche Auswirkungen das Thema Verantwortung i n der deutsch-chinesischen Produktentwicklung hat.*

9. Wie beurteilen Sie die Eigeninitiative der chinesischen Kollegen?
10. Wie reagieren die chinesischen Kollegen in unklaren Situationen oder bei Problemen?
11. Welche Arbeits- und Berichtsweise wird von den chinesischen Mitarbeitern bevorzugt?
12. Wie sind die Bereitschaft zur Verantwortungsübernahme und das Verantwortungsbewusstsein für die eigene Aufgabe / Ergebnis bei den chinesischen Kollegen?

→ Wenn Interviewpartner die kulturellen Herausforderungen bestätigt:

13. Wie beeinflussen die Arbeitsweise der chinesischen Kollegen die Abläufe in der Produktentwicklung nach westlichem Vorbild?
14. Was sind die Konsequenzen der geringen Bereitschaft zur Eigeninitiative und Verantwortungsübernahme für die Produktentwicklung?

## III – Führungskultur / Hierarchiedenken

*In diesem Abschnitt werden die unterschiedlichen Führungskulturen betrachtet. Ziel ist es festzustellen, ob die in Deutschland übliche Führung von Mitarbeitern auch von den chinesischen Mitarbeitern angenommen wird bzw. zielführend ist. Die Mitarbeiterführung in Deutschland zeichnet sich durch Gestaltungsspielraum und Entscheidungsfreiheit bei der Zielerreichung aus, Hierarchieebenen sind dabei zweitrangig.*

15. Wie beurteilen Sie die Hierarchieorientierung der chinesischen Kollegen?
16. Welche unterschiedlichen Formen der Kommunikation und Zusammenarbeit stellen Sie fest, je nachdem ob es sich um einen gleichgestellten Kollegen oder eine Führungskraft handelt?
17. Wie ist die Verantwortungs- und Entscheidungsaufteilung zwischen Mitarbeiter und Führungskraft?
18. Welche Erwartungshaltung haben die chinesischen Kollegen gegenüber Ihrer Führungskraft bzw. welche Art der Mitarbeiterführung wird bevorzugt?
19. Welcher Führungsstil eignet sich Ihrer Meinung nach in China am besten?

→ Wenn Interviewpartner die kulturellen Herausforderungen bestätigt:

20. Inwiefern kollidiert die chinesische Erwartungshaltung an die Führungsleistung mit der Vorstellung von eigenverantwortlicher Arbeit in der Produktentwicklung?
21. Wie ist diese Art und Weise der Mitarbeiterführung mit den Besonderheiten Produktentwicklung, z. B. Themenvielzahl, Führungsspanne oder Projektarbeitsweisen vereinbar?

## IV – Struktur der Herangehensweise / Qualitätsanspruch

*Die Deutschen sind für ihre Gründlichkeit bekannt. Situationen werden analysiert, bewertet und es wird ein Plan unter Abwägung aller Aspekte erstellt. Man könnte auch sagen die Deutschen neigen dazu die Dinge überzuformalisieren. Made in China steht im Gegensatz dazu häufig für einen geringen Qualitätsanspruch. Dies lässt sich teilweise durch die Kultur erklären, daher soll im Folgenden ermittelt werden in wie fern sich dieses Verhalten in der Praxis der Produktentwicklung zeigt.*

22. Wie gehen die chinesischen Kollegen an eine Aufgabe / Problem heran?
23. Wie beurteilen Sie die Strukturiertheit und die langfristige Ausrichtung mit der Themen bearbeitet werden?
24. Welche Art von Aufgaben / Abläufen verursachen die meisten operativen Herausforderungen?
25. Was ist Ihre Einschätzung wann ein chinesischer Kollege ein Produkt oder einen Prozess als gut bzw. erfolgreich bewertet?
26. Wie beurteilen Sie das Anspruchsdenken bezüglich Qualität (des Arbeitsergebnisses) bei den chinesischen Kollegen?

→ Wenn Interviewpartner die kulturellen Herausforderungen bestätigt:

27. Wie wird auf den Qualitätsanspruch der chinesischen Kollegen reagiert und welche Herausforderung bringt dies in der Produktentwicklung (v. a. für Premiumautobmobile) mit sich?

### V – Verbund von Person und Sache

*Im deutschen Kulturraum werden Person und Sache getrennt voneinander betrachtet. Es kann auf fachlicher Basis intensiv diskutiert und argumentiert werden, ohne dass das persönliche Verhältnis darunter leidet. Aus beruflicher Sicht steht die Funktion im Mittelpunkt, nicht der Mitarbeiter. Dies bedeutet auch, dass Mitarbeiter in der laufenden Zusammenarbeit ausgetauscht werden können und bereits Erarbeitetes weiterhin gültig ist. In China sind persönliche Beziehungen von sehr hoher Bedeutung. In diesem Abschnitt wird daher untersucht welche Rolle der hohe Personenbezug in der Praxis der Produktentwicklung spielt.*

28. Welche Bedeutung / Auswirkung haben persönliche Beziehungen für die Zusammenarbeit in China?
29. Wie zeigt sich eine hohe Personenorientierung bei der operativen Zusammenarbeit?
30. Welche Auswirkungen haben personelle Wechsel (auf die Zusammenarbeit) mit chinesischen Kollegen?

→ Wenn Interviewpartner die kulturellen Herausforderungen bestätigt:

31. In wie weit stellt die hohe Personenorientierung verbunden mit dem Bedürfnis nach einer vertrauensvollen Beziehung eine Herausforderung für die Produktentwicklung da?

### Abschließende Fragestellung

32. Gibt es weitere interkulturelle Herausforderungen mit denen Sie sich im Alltag konfrontiert sehen?
33. Stellen Sie zwischen den chinesischen Kollegen auch kulturelle Unterschiede fest?
34. Was ist Ihr Eindruck, wie sich die chinesischen Kollegen in den Strukturen der BMW Produktentwicklung zurechtfinden?
35. Können Sie Beispiele nennen, bei denen in der Praxis durch entsprechende Gestaltung von Vorgängen und Abläufen auf kulturelle Unterschiede reagiert wurde?

# Literaturverzeichnis

Agrawal, V. K. und Haleem, A. (2003). *Culture, Environmental Pressures, and the Factors for Successful Implementation of Business Process Engineering and Computer-Based Information Systems.* In: *Global Journal of Flexible Systems Management* 41/2, S. 27-47.

Albers, S. und Gassmann, O. (Herausgeber) (2005). *Handbuch Technologie- und Innovationsmanagement - Strategie - Umsetzung - Controlling.* Wiesbaden: Gabler.

Albert, M.-T. (Herausgeber) (2000). *Deutsch-chinesische Joint-ventures zwischen Erfolgsdruck und den Mühen der Ebene - Interkulturelle Qualifizierung für den chinesischen Arbeitsmarkt.* Frankfurt/M: IKO - Verlag für Interkulturelle Kommunikation.

Allweyer, T. (2005). *Geschäftsprozessmanagement - Strategie, Entwurf, Implementierung, Controlling.* 1. Auflage. Herdecke: W3L-Verl.

Alon, I., Herbert, T. T. und Munoz, J. M. (2007). *Outsourcing to China - Opportunities, threats, and strategic fit.* In: *Zagreb international review of economics & business* 10(1), S. 33-66.

Athreye, S. und Prevezer, M. (2008). *R&D offshoring and the domestic science base in India and China.* CGR Working Paper 26. In: School of Business and Management Centre for Globalisation Research. http://webspace.qmul.ac.uk/pmartins/CGRWP26.pdf. Abruf am November 2014.

Austermann, D. G. (2009). *Einflussfaktoren der Produktentwicklung.* Dissertation, Technische Hochschule, Aachen.

Baudin, M. (2002). *Lean assembly - The nuts and bolts of making assembly operations flow.* New York: Productivity Press.

Berger, M. und Nones, B. (2008). *Der Sprung über die große Mauer - Die Internationalisierung von F&E und das chinesische Innovationssystem.* Graz: Leykam.

Bichlmaier, C. (2000). *Methoden zur flexiblen Gestaltung von integrierten Entwicklungsprozessen*, Techn. Univ, München, München.

Bielinski, J. (2010). *Forschungs- und Entwicklungstätigkeiten von multinationalen Unternehmen in China*, Univ, Hannover.

Blessing, L. und Chakrabarti, A. (2009). *DRM, a design research methodology.* London: Springer.

Boutellier, R., Gassmann, O. und Zedtwitz, M. (2008). *Managing global innovation - Uncovering the secrets of future competitiveness.* 3. Auflage. Berlin: Springer.

Brocke, J. v. und Sinnl, T. (2011). *Culture in business process management - A literature review.* In: *Business process management journal* 17(2), S. 357-377.

Chen, G. und Tjosvold, D. (2002). *Conflict Management and Team Effectiveness in China - The Mediating Role of Justice.* In: *Asia Pacific Journal of Management* 19(4), S. 557-572.

Chen, P. und Partington, D. (2004). *An interpretive comparison of Chinese and Western conceptions of relationships in construction project management work.* In: *International Journal of Project Management* 22(5), S. 397-406.

Czernich, N. (2014). *Forschung und Entwicklung deutscher Unternehmen im Ausland - Zielländer, Motive und Schwierigkeiten.* In: Expertenkommission Forschung und Entwicklung (EFI). http://www.stifterverband.de/pdf/fue_im_ausland.pdf.

Diez, W., Reindl, S. und Brachat, H. (2012). *Grundlagen der Automobilwirtschaft - Das Standardwerk der Automobilbranche.* 5. Aufl., Stand 04/2012. München: Springer Automotive Media.

Dong, L. und Glaister, K. W. (2007). *National and corporate culture differences in international strategic alliances: perceptions of Chinese partners.* A publication of the Faculty of Business Administration, National University of Singapore. In: *Asia Pacific Journal of Management* 24(2), S. 191-205.

Dröscher, M. und Drauz, K. (2009). *Aufbau eines F&E Zentrums in China - Erfahrungen von Evonik Degussa.* In: Ernst, H., Dubiel, A. T. und Fischer, M. (Herausgeber). *Industrielle Forschung und Entwicklung in Emerging Markets - Motive, Erfolgsfaktoren, Best-Practice-Beispiele.* 1. Auflage. Wiesbaden: Gabler, S. 131-144.

Ehrhardt, A. und Klossek, A. (2004). *Die Relevanz kultureller Unterschiede in der deutsch-chinesischen Zusammenarbeit.* In: Nippa, M. (Herausgeber). *Markterfolg in China - Erfahrungsberichte und Rahmenbedingungen.* Heidelberg: Physica-Verlag, S. 51-69.

Ehrlenspiel, K. (2003). *Integrierte Produktentwicklung - Denkabläufe, Methodeneinsatz, Zusammenarbeit.* 2. Auflage. München: Hanser.

Emrich, C. (2004). *Prozessmanagement und Unternehmenserfolg - Erfolgsfaktoren zur strategischen Fitness von Unternehmen.* 1. Auflage. Wiesbaden: Dt. Univ.-Verl.

Engeln, W. (2006). *Methoden der Produktentwicklung.* München: Oldenbourg Industrieverl.

Eppinger, S. D. und Chitkara, A. R. (2006). *The New Practice of Global Product Development.* In: MIT Press. https://mitsloan.mit.edu/pdf/50437SloanEE.pdf.

Eppler, M. J., Seifried, P. und Röpnack, A. (2008). *Improving knowledge intensive processes through an enterprise knowledge medium.* In: Meckel, M. und Schmid, B. F. (Herausgeber). *Kommunikationsmanagement im Wandel : Beiträge aus 10 Jahren.* Wiesbaden: Gabler, S. 371-389.

Ernst, H., Dubiel, A. T. und Fischer, M. (Herausgeber) (2009). *Industrielle Forschung und Entwicklung in Emerging Markets - Motive, Erfolgsfaktoren, Best-Practice-Beispiele.* 1. Auflage. Wiesbaden: Gabler.

Ernst, H., Dubiel, A. T. und Fischer, M. (2009). *Strategische Bedeutung lokaler F&E in Emerging Markets - Wie Unternehmen Innovationen aus ihren lokalen Standorten weltweit nutzen können.* In: Ernst, H., Dubiel, A. T. und Fischer, M. (Herausgeber). *Industrielle Forschung und Entwicklung in Emerging Markets - Motive, Erfolgsfaktoren, Best-Practice-Beispiele.* 1. Auflage. Wiesbaden: Gabler, S. 25-41.

Evanschitzky, H., Eisend, M., Calantone, R. J. und Jiang, Y. (2012). *Success factors of product innovation - An updated meta-analysis.* In: *The journal of product innovation management : an internat. publication of the Product Development & Management Association* 29(6), S. 21-37.

Eversheim, W. und Schuh, G. (2005). *Integrierte Produkt- und Prozessgestaltung.* Berlin: Springer.

Fischermanns, G. (2010). *Praxishandbuch Prozessmanagement.* 9. Auflage. Gießen: G. Schmidt.

Flick, U. (Herausgeber) (2000). *Qualitative Forschung - Ein Handbuch.* Orig.-Ausg. Reinbek bei Hamburg: Rowohlt-Taschenbuch-Verl, Rororo Rowohlts Enzyklopädie, 55628.

Flick, U. (2009). *An introduction to qualitative research.* 4. Auflage. Los Angeles, Calif: Sage.

Gammeltoft, P. (2006). *Internationalisation of R&D: Trends, Drivers and Managerial Challenges.* In: *International Journal of Technology and Globalisation* 21-2, S. 177-199.

Gassmann, O. (1997). *Internationales F&E-Management*, Univ, München, St. Gallen.

Gassmann, O. und Han, Z. (2004). *Motivations and barriers of foreign R&D activities in China.* In: *R&D Management* 34(4), S. 423-437.

Gassmann, O. und Keupp, M. M. (2005). *Globales Management von Innovationen.* In: Albers, S. und Gassmann, O. (Herausgeber). *Handbuch Technologie- und Innovationsmanagement - Strategie - Umsetzung - Controlling.* Wiesbaden: Gabler, S. 207-226.

Gassmann, O. und Zedtwitz, M. v. (1999). *New Concepts and Trends in International R&D Organization.* In: *Research Policy* 282-3, S. 231-250.

Gaul, H.-D. (2001). *Verteilte Produktentwicklung - Perspektiven und Modell zur Optimierung*, Friedrich-Alexander-Universität, Erlangen-Nürnberg.

Gerybadze, A., Meyer-Krahmer, F. und Reger, G. (1997). *Globales Management von Forschung und Innovation.* Stuttgart: Schäffer-Poeschel.

Gierhardt, H. (2001). *Global verteilte Produktentwicklungsprojekte*, Techn. Univ, München.

Grabowski, H., Lossack, R.-S., Hornber, O. und Ehrler, A. (2003a). *Integriertes Framework zur Unterstützung dynamischer Produktentwicklungsprozesse.* In: *Industrie Management* 19(5), S. 9-12.

Grabowski, H., Lossack, R.-S., Sander, M., Bumeder, B. und Dietz, E. (2003b). *Kulturelle Einflüsse auf den Produktentwicklungsprozess in Virtual Enterprises.* In: *Industrie Management* 19(3), S. 30-33.

Griffin, A. und Hauser, J. (1996). *Integrating R&D and marketing: a review and analysis of the literature.* In: Journal of product innovation management 13(3) S. 191-215.

Gusig, L.-O. und Kruse, A. (2010). *Fahrzeugentwicklung im Automobilbau - Aktuelle Werkzeuge für den Praxiseinsatz ; mit 28 Tabellen und 55 Übungsfragen.* München: Hanser.

Hahn, E. D. und Bunyaratavej, K. (2010). *Services cultural alignment in offshoring - The impact of cultural dimensions on offshoring location choices.* In: *Journal of operations management* 28(3), S. 186-193.

Han, X. (2006). *Führungskräfteentwicklung im Vergleich deutscher und chinesischer Unternehmenskultur*, Univ, Lüneburg, Lüneburg.

Hansen, L. und Ahmed-Kristensen, S. (2011). *Global product development - The impact on the product development process and how companies deal with it.* In: *International journal of product development* 15(4), S. 205-226.

Heftrich, F. (2000). *Moderne F&E-Zusammenarbeiten in der Automobilindustrie*, Univ, Siegen, Siegen.

Helfenstein, M. (2008). *A comparative analysis of R&D in China.* Fribourg: iimt Univ. Press.

Herbig, P. A. und Dunphy, S. (1998). *Culture and Innovation.* In: *Cross Cultural Management: An International Journal* 5(4), S. 13-21.

Herbig, P. A. und McCarty, C. (1993). *The Innovation Matrix.* In: *Journal of Global Marketing* 6(4), S. 69-90.

Herbig, P. A. und Miller, J. C. (1992). *Culture and Technology: Does the Traffic Move in Both Directions.* In: *Journal of Global Marketing* 6(3), S. 75-104.

Hirzel, M. (2008). *Erfolgsfaktor Prozessmanagement.* In: Hirzel, M., Kühn, F. und Gaida, I. (Herausgeber). *Prozessmanagement in der Praxis - Wertschöpfungsketten planen, optimieren und erfolgreich steuern.* 2. Auflage. Wiesbaden: Gabler Verlag, S. 11-22.

Hirzel, M. (2008). *Prozess-Architektur.* In: Hirzel, M., Kühn, F. und Gaida, I. (Herausgeber). *Prozessmanagement in der Praxis - Wertschöpfungsketten planen, optimieren und erfolgreich steuern.* 2. Auflage. Wiesbaden: Gabler Verlag, S. 73-81.

Hirzel, M., Kühn, F. und Gaida, I. (Herausgeber) (2008). *Prozessmanagement in der Praxis - Wertschöpfungsketten planen, optimieren und erfolgreich steuern.* 2. Auflage. Wiesbaden: Gabler Verlag.

Hofstede, G. (2014a). *Dimensions of national Cultures.* http://www.geerthofstede.com/dimensions-of-national-cultures. Abruf am 14/11/2014.

Hofstede, G. (2014b). *National Culture Comparison: China versus Germany.* http://geert-hofstede.com/china.html. Abruf am 14/11/2014.

Hofstede, G. (1993). *Cultural contraints in management theories.* In: *Academy of Management Executive* 7(1), S. 81-94.

Hofstede, G. (2001). *Culture's consequences - Comparing values, behaviors, institutions, and organizations across nations.* 2. Auflage. Thousand Oaks: Sage Publ.

Hofstede, G., Hofstede, G. und Minkov, M. (2010). *Cultures and organizations - Software of the mind ; intercultural cooperation and its importance for survival.* 3. Auflage. New York, NY: McGraw-Hill.

Hogrebe, F. und Nüttgens, M. (2009). *Business Process Maturity Model (BPMM): Konzeption, Anwendung und Nutzenpotenziale.* In: *HMD* 46(266), S. 17-25.

Hopf, C. (2000). *Qualitative Interviews - ein Überblick.* In: Flick, U. (Herausgeber). *Qualitative Forschung - Ein Handbuch.* Orig.-Ausg. Reinbek bei Hamburg: Rowohlt-Taschenbuch-Verl (Rororo Rowohlts Enzyklopädie, 55628), S. 349-360.

Hoppe, M. H. (1993). *The effects of national culture on the theory and practice of managing R&D professionals abroad.* In: *R&D Management* 23(4), S. 313-325.

House, R. J. (Herausgeber) (2004). *Culture, leadership, and organizations - The GLOBE study of 62 societies.*

Huang, Q., Davison, R. M. und Gu, J. (2008). *Impact of personal and cultural factors on knowledge sharing in China.* A publication of the Faculty of Business Administration, National University of Singapore. In: *Asia Pacific Journal of Management* 25(3), S. 451-471.

Inkpen, A. C. (2008). *Managing knowledge transfer in international alliances.* In: *Thunderbird International Business Review* 50(2), S. 77-90.

Jassawalla, A. R. und Sashittal, H. C. (2002). *Cultures that support product-innovation processes.* In: *Academy of Management Executive* 16(3), S. 42-54.

Jayaganesh, M. und Shanks, G. *A Cultural Analysis of ERP-enabled Business Process Management Strategy and Governance in Indian Organisations.*

Jing, C. (2006). *30 Minuten für mehr Chinakompetenz.* Offenbach: GABAL.

Jones, G. K. und Davis, H. J. (2000). *National culture and innovation - Implications for locating global R&D operations.* In: *Management international review : mir ; journal of international business* 40(1), S. 11-39.

Kaasa, A. und Vadi, M. (2008). *How does culture contribute to innovation? Evidence from European countries.* Tartu: Tartu Univ. Press.

Kedia, B. L., Keller, R. T. und Jullan, S. D. (1992). *Dimensions of national culture and the productivity of R&D units.* In: *The Journal of High Technology Management Research* 3(1), S. 1-18.

Kern, E.-M. (2005). *Verteilte Produktentwicklung - Rahmenkonzept und Vorgehensweise zur organisatorischen Gestaltung.* Berlin: GITO Verl. für industrielle Informationstechnik und Organisation.

Kern, E.-M. (Herausgeber) (2012). *Prozessmanagement individuell umgesetzt - Erfolgsbeispiele aus 15 privatwirtschaftlichen und öffentlichen Organisationen.* 1., 2012. Berlin: Springer Berlin.

Kleist, S. (2006). *Management kulturübergreifender Geschäftsbeziehungen*, Univ, Wiesbaden, Münster.

Koch, S. (2011). *Einführung in das Management von Geschäftsprozessen - Six Sigma, Kaizen und TQM.* 1. Auflage. Berlin u.a: Springer.

Kostova, T. (1999). *Transnational Transfer of Stategic Organizational Practices - A contextual perspective.* In: *Academy of Management Review* 24(2), S. 308-324.

Krishnan, V. und Ulrich, T. (2001). *Product Development Decisions: A Review of the Literature.* In: *Management Science*(47), S. 1-21.

Krystek, U. und Zur, U. (1997). *Internationalisierung - Eine Herausforderung für die Unternehmensführung.* Berlin: Springer.

Lacity, M. C., Willcocks, L. P. und Zheng, Y. (Herausgeber) (2010). *China's Emerging Outsourcing Capabilities - The Services Challenge.* Basingstoke: Palgrave Macmillan.

Lamnek, S. (2005). *Qualitative Sozialforschung - Lehrbuch.* 4. Auflage. Weinheim: Beltz PVU.

Lange, G. H. und Weber, T. (2009). *Aufbau von F&E deutscher Unternehmen in Schwellenländern - Erfolgsfaktoren und Herausforderungen in der Automobilindustrie aus Sicht von A.T. Kearney.* In: Ernst, H., Dubiel, A. T. und Fischer, M. (Herausgeber). *Industrielle Forschung und Entwicklung in Emerging Markets - Motive, Erfolgsfaktoren, Best-Practice-Beispiele.* 1. Auflage. Wiesbaden: Gabler, S. 87-107.

Li, J. und Zhong, J. (2003). *Explaining the Growth of International R&D Alliances in China.* In: *Managerial and Decision Economics* 242-3, S. 101-115.

Lindemann, U. (2009). *Methodische Entwicklung technischer Produkte - Methoden flexibel und situationsgerecht anwenden.* 3. Auflage. Berlin, Heidelberg: Springer-Verlag Berlin Heidelberg.

Liu, M.-D. (1997). *Rekrutierung und Qualifizierung von Fachkräften für die direkten und indirekten Prozessbereiche im Rahmen von Technologie-Transfer-Projekten im Automobilsektor in der VR China - Untersucht am Beispiel Shanghai-Volkswagen*, Universität, Bremen.

Liu, X. (2008). *Chinas Autobauer auf der Überholspur - Szenarien zur Konsolidierung der chinesischen Automobilindustrie bis 2015.* 1. Auflage. Marburg: Tectum-Verlag.

Liu, Y. (2010). *Ost trifft West.* 5. Auflage. Mainz: Schmidt.

Lutz, M. J. (2008). *Steuerung internationaler Forschungs- und Entwicklungsnetzwerke.* Dissertation, Technische Universität, Berlin.

Mauritz, H. (1996). *Interkulturelle Geschäftsbeziehungen*, Univ, Wiesbaden, Bayreuth.

Mayring, P. (2010). *Qualitative Inhaltsanalyse - Grundlagen und Techniken.* 11. Auflage. Weinheim: Beltz.

Meckel, M. und Schmid, B. F. (Herausgeber) (2008). *Kommunikationsmanagement im Wandel : Beiträge aus 10 Jahren.* Wiesbaden: Gabler.

Meng, F. (2003). *Interkulturelle Konflikte in deutsch-chinesischen Joint Ventures - Lösungsstrategien*, Univ, Göttingen, Cottbus.

Müthel, M. (2006). *Erfolgreiche Teamarbeit in deutsch-chinesischen Projekten.* Wiesbaden: Deutscher Universitäts-Verlag/GWV Fachverlage GmbH.

Nakata, C. und Sivakumar, K. (1996). *National Culture and New Product Development - An Integrative Review.* In: *Journal of Marketing* 60, S. 61-72.

Neises, A. (2000). *Ungewöhnliche Wege bei der Zusammensetzung und Moderation von Entwicklungsteams.* In: VDI (Herausgeber). *Erfolgreiche Produktentwicklung - Methoden und Werkzeuge zur Planung und Entwicklung von markgerechten Produkten*, S. 333-371.

Nippa, M. (Herausgeber) (2004). *Markterfolg in China - Erfahrungsberichte und Rahmenbedingungen.* Heidelberg: Physica-Verlag.

Österle, H. (1995). *Business engineering - Prozeß- und Systementwicklung ; [Geschäftsstrategie, Prozeß, Informationssystem].* Berlin: Springer.

Osterloh, M. und Frost, J. (2006). *Prozessmanagement als Kernkompetenz - Wie Sie Business Reengineering strategisch nutzen können.* 5. Auflage. Wiesbaden: Gabler Verlag / GWV Fachverlage GmbH Wiesbaden.

Peill-Schoeller, P. (1994). *Interkulturelles Management - Synergien in Joint Ventures zwischen China und deutschsprachigen Ländern.* Berlin: Springer.

Pfeifer, T. (2001). *Qualitätsmanagement - Strategien, Methoden, Techniken.* 3. Auflage. München: Hanser.

Ralston, D. A., Egri, C. P., Stewart, S., Terpstra, R. H. und Yu Kaicheng (1999). *Doing Business in the 21st Century with the New Generation of Chinese Managers: A Study of Generational Shifts in Work Values in China.* In: *Journal of International Business Studies* 30(2), S. 415-427.

Reisch, B. (1991). *Kulturstandards lernen und vermitteln.* In: Thomas, A. (Herausgeber). *Kulturstandards in der internationalen Begegnung.* Saarbrücken: Fort Lauderdale: Breitenbach, S. 71-101.

Rothlauf, J. (2012). *Interkulturelles Management - Mit Beispielen aus Vietnam, China, Japan, Russland und den Golfstaaten.* 4. Auflage. München: Oldenbourg.

Rothwell, R. und Wissema, H. (1986). *Technology, culture and public policy.* In: *Technovation : the international journal of technological innovation, entrepreneurship and technology management.*

Schäppi, B., Andreasen, M., Kirchgeorg, M. und Radermacher, F.-J. (2005). *Handbuch Produktentwicklung.* München: Hanser.

Schein, E. (2010). *Organizational Culture and Leadership.* 4. Auflage. San Francisco: Jossey-Bass Business & Management.

Schlenker, F. (2000). *Internationalisierung von F&E und Produktentwicklung*, Univ, Wiesbaden, Hohenheim.

Schmelzer, H. und Sesselmann, W. (2010). *Geschäftsprozessmanagement in der Praxis - Kunden zufriedenstellen, Produktivität steigern, Wert erhöhen ; [das Standardwerk].* 7. Auflage. München: Hanser.

Schmidt, G. (2012). *Prozessmanagement - Modelle und Methoden.* 3. Auflage. Berlin: Springer.

Scholz, J. (Herausgeber) (1995). *Internationales Change Management - Internationale Praxiserfahrung bei der Veränderung von unternehmen und Humanressourcen.* Stuttgart: Schäffer-Poeschel.

Schönmann, S. (2012). *Produktentwicklung in der Automobilindustrie - Managementkonzepte vor dem Hintergrund gewandelter Herausforderungen.* 1. Auflage. Wiesbaden: Gabler.

Schulz, A. (2004). *Interkulturelle Managementstrategien für multinationale Unternehmen in China - Grundlagen, Instrumente, Erfolgsfaktoren.* Düsseldorf: VDM Verlag Dr. Müller.

Schumann, J. H., Hammes, D., Wangenheim, F. v. und Steinbach, A. (2009). *Lösungsansätze für Herausforderungen interkultureller Zusammenarbeit am Beispiel des Offshorings von IT-Dienstleistungen.* In: *Personal- und Organisationsentwicklung bei der Internationalisierung von industriellen Dienstleistungen*, S. 7-25.

Shane, S. (1993). *Cultural Influences on National Rates of Innovation.* In: *Journal of business venturing* 8(1), S. 59-73.

Shi, H. (2003). *Kommunikationsprobleme zwischen deutschen Expatriates und Chinesen in der wirtschaftlichen Zusammenarbeit*, Univ, Würzburg.

Sohm, S., Linke, B.-M. und Klossek, A. M. (Herausgeber) (2009). *Chinesische Unternehmen in Deutschland - Chancen und Herausforderungen.* Gütersloh: Bertelsmann-Stiftung.

Specht, G. und Beckmann, C. (1996). *F & E-Management.* Stuttgart: Schäffer-Poeschel.

Steven, M. (2008). *BWL für Ingenieure.* 3. Auflage. München: Oldenbourg.

Stiefel, P. (2011). *Eine dezentrale Informations- und Kollaborationsarchitektur für die unternehmensübergreifende Produktentwicklung.*

Stigler, H. und Felbinger, G. (2005). *Der Interviewleitfaden im qualitativen Interview.* In: Stigler, H. und Reicher, H. (Herausgeber). *Praxisbuch empirische Sozialforschung in den Erziehungs- und Bildungswissenschaften.* Innsbruck: Studien-Verl, S. 129-133.

Stigler, H. und Reicher, H. (Herausgeber) (2005). *Praxisbuch empirische Sozialforschung in den Erziehungs- und Bildungswissenschaften.* Innsbruck: Studien-Verl.

Sun, Y. (2010). *Foreign research and development in China - A sectoral approach.* In: *International journal of technology management* 51(2/4), S. 342-363.

Sun, Y., Zedtwitz, M. v. und Simon, D. F. (2007). *Globalization of R&D and China: An Introduction.* In: *Asia Pacific Business Review* 13(3), S. 311-319.

Taube, M. (2004). *China als Ziel deutcher Direktinvestitionen - Gesamtwirtschaftliche Rahmenbedingungen und operative Herausforderungen.* In: Nippa, M. (Herausgeber). *Markterfolg in China - Erfahrungsberichte und Rahmenbedingungen.* Heidelberg: Physica-Verlag, S. 29-48.

Thoma, B. und O'Sullivan, D. (2011). *Study on Chinese and European automotive R&D–comparison of low cost innovation versus system innovation.* In: *Procedia-Social and Behavioral Sciences* 25, S. 214-226.

Thomas, A. (Herausgeber) (1991). *Kulturstandards in der internationalen Begegnung.* Saarbrücken: Fort Lauderdale: Breitenbach.

Thomas, H. (2000). *Lernkulturen im politisch-sozialen Kontext.* In: Albert, M.-T. (Herausgeber). *Deutsch-chinesische Joint-ventures zwischen Erfolgsdruck und den Mühen der Ebene - Interkulturelle Qualifizierung für den chinesischen Arbeitsmarkt.* Frankfurt/M: IKO - Verlag für Interkulturelle Kommunikation, S. 55-62.

Timlon, J. A. und Åkerman, N. (2010). *Barriers and Enablers when Transferring R&D Practices from the West to China.* In: Lacity, M. C., Willcocks, L. P. und Zheng, Y. (Herausgeber). *China's Emerging Outsourcing Capabilities - The Services Challenge.* Basingstoke: Palgrave Macmillan, S. 236-263.

Trompenaars, F. und Hampden-Turner, C. (1998). *Riding the waves of culture - Understanding cultural diversity in business.* 2. Auflage. London: Nicholas Brealey.

Ullrich, C. G. (1999). *Deutungsmusteranalyse und diskursives Interview.* In: Zeitschrift für Soziologie, S. 429-447.

Ulrich, K. und Eppinger, S. (2000). *Product design and development.* 2. Auflage. Boston: Irwin/McGraw-Hill.

Utz, H. W. und Drecher, A. (2004). *Vertrauen und Kommunikation - Schlüssel für den Erfolg deutsch-chinesischer Joint Venture aus der Sicht eines Mittelstandsunternehmens.* In: Nippa, M. (Herausgeber). *Markterfolg in China - Erfahrungsberichte und Rahmenbedingungen.* Heidelberg: Physica-Verlag.

Varma, A., Budhwar, P., Pichler, S. und Biswas, S. (2009). *Chinese host country nationals' willingness to support expatriates - The role of collectivism, interpersonal affect and guanxi.* In: *International journal of cross cultural management* 9(2), S. 199-216.

VDI (Herausgeber) (2000). *Erfolgreiche Produktentwicklung - Methoden und Werkzeuge zur Planung und Entwicklung von markgerechten Produkten.*

Vermeer, M. (2007). *China.de - Was Sie wissen müssen, um mit Chinesen erfolgreich Geschäfte zu machen.* 2. Auflage. Wiesbaden: Gabler.

Vogl, C. (2001). *Deutsch-chinesische Joint Ventures unter besonderer Beachtung interkultureller Aspekte*, Univ, Weiden, Regensburg.

Walsh, K. (2007). *China R&D: A High-Tech Field of Dreams.* In: *Asia Pacific Business Review* 13(3), S. 321-335.

Wang, J. (2009). *Interkulturelle Integration nach Unternehmensfusionen und -übernahmen.* In: Sohm, S., Linke, B.-M. und Klossek, A. M. (Herausgeber). *Chinesische Unternehmen in Deutschland - Chancen und Herausforderungen.* Gütersloh: Bertelsmann-Stiftung, S. 52-59.

Wang, J., Wang, G. G., Ruona, W. E. und Rojewski, J. W. (2005). *Confucian Values and the Implications for International HRD.* In: *Human Resource Development International* 8(3), S. 311-326.

Wang, J., Solan, D. und Xu, B. (2014). *Cross-culture integration and global new product development.* In: *Review of business & finance studies : RBFS* 5(1), S. 93-98.

Weggel, O. (1989). *Die Asiaten.* München: Beck.

Weidmann, W. F. (1995). *Interkulturelle Kommunikation und nationale Kulturunterschiede in der Managementpraxis.* In: Scholz, J. (Herausgeber). *Internationales Change Management - Internationale Praxiserfahrung bei der Veränderung von unternehmen und Humanressourcen.* Stuttgart: Schäffer-Poeschel, S. 39-65.

Westwood, R. und Low, D. R. (2003). *The Multicultural Muse - Culture, Creativity and Innovation.* In: *International Journal of Cross Cultural Management* 3(2), S. 235-259.

Witzel, A. (2000). *Das problemzentrierte Interview*, Forum Qualitative Sozialforschung. http://nbn-resolving.de/urn:nbn:de:0114-fqs0001228. Abruf am 14/04/2014.

Woesler, M. (2004). *Deutsch-chinesische Kulturkompetenz - Gesellschaft.* 1. Auflage. Bochum: Europäischer Universitäts-Verlag.

Xie, J., Song, X. M. und Stringfellow, A. (1998). *Interfunctional Conflict, Conflict Resolution Styles, and New Product Success: A Four-Culture Comparison.* In: *Management Science* 44(12), S. 192-206.

Xing, F. (1995). *The Chinese cultural system: Implications for cross-cultural management.* In: *SAM Advanced Management Journal (07497075)* 60(1), S. 14-20.

Yavas, B. F. und Rezayat, F. (2003). *The Impact of Culture on Managerial Perceptions of Quality.* In: *International Journal of Cross Cultural Management* 3(2), S. 213-234.

Yuan, X. (1999). *Industrielle Beziehungen Chinas am Scheideweg.* Dissertation, Eberhard-Karls-Universität, Tübingen.

Zedtwitz, M. v. (2004). *Managing foreign R&D laboratories in China.* In: *R&D Management* 34(4), S. 439-452.

Zedtwitz, M. v. und Gassmann, O. (2002). *Market versus Technology Drive in R&D Internationalization: Four Different Patterns of Managing Research and Development.* In: *Research Policy* 31(4), S. 569-588.

Zedtwitz, M. v., Gassmann, O. und Boutellier, R. (2004). *Organizing global R&D: challenges and dilemmas.* In: *Journal of International Management* 10(1), S. 21-49.

Zedtwitz, M. v., Ikeda, T., Gong, L., Carpenter, R. und Hämäläinen, S. (2007). *Managing Foreign R&D in China - Managers of international R&D and innovation in China relate the lessons they have learned: what works and what doesn't.* In: *Research Technology Management* 50(3), S. 19-27.

Zhang, M. Y. und Dodgson, M. (2007). *'A Roasted Duck Can Still Fly Away': A Case Study of Technology, Nationality, Culture and the Rapid and Early Internationalization of the Firm.* In: *Journal of World Business* 42(3), S. 336-349.

Zimmermann, A., Holman, D. und Sparrow, P. (2003). *Unravelling Adjustment Mechanisms - Adjustment of German Expatriates to Intercultural Interactions, Work, and Living Conditions in the People's Republic of China.* In: *International Journal of Cross Cultural Management* 3(1), S. 45-66.

Zinzius, B. (2007). *China-Handbuch für Manager - Kultur, Verhalten und Arbeiten im Reich der Mitte.* Heidelberg: Springer.

# WISSENS-, QUALITÄTS- UND PROZESSMANAGEMENT

Herausgegeben von Univ.-Prof. Dr.-Ing. habil. Dr. mont. Eva-Maria Kern, MBA, München

Band 1
Wendelin Schmid
**Wissensmanagementbedarf von Geschäftsprozessen** – Operationalisierung, Einflussfaktoren und Managementimplikationen am Beispiel Operations
Lohmar – Köln 2013 ◆ 232 S. ◆ € 56,- (D) ◆ ISBN 978-3-8441-0296-3

Band 2
Roland Kallweit
**Wissensorientierte Gestaltung der Produktentwicklung** – Entwicklung eines Ansatzes für die militärische Luftfahrtindustrie in Deutschland
Lohmar – Köln 2015 ◆ 276 S. ◆ € 58,- (D) ◆ ISBN 978-3-8441-0401-1

Band 3
Martin Schollmayer
**Die Internationalisierung der Produktentwicklung unter Berücksichtigung interkultureller Herausforderungen in China**
Lohmar – Köln 2016 ◆ 248 S. ◆ € 56,- (D) ◆ ISBN 978-3-8441-0443-1